权威·前沿·原创

皮书系列为
"十二五""十三五"国家重点图书出版规划项目

北京科普蓝皮书

BLUE BOOK OF
BEIJING SCIENCE POPULARIZATION

北京科普发展报告
（2018~2019）

ANNUAL REPORT ON BEIJING SCIENCE POPULARIZATION
DEVELOPMENT (2018-2019)

主　　编／北京市科技传播中心
执行主编／李　群　孙　勇　高　畅

社会科学文献出版社
SOCIAL SCIENCES ACADEMIC PRESS（CHINA）

图书在版编目（CIP）数据

北京科普发展报告. 2018－2019 ／北京市科技传播中心主编. －－北京：社会科学文献出版社，2019.5
（北京科普蓝皮书）
ISBN 978－7－5201－4651－7

Ⅰ.①北… Ⅱ.①北… Ⅲ.①科学普及－研究报告－北京－2018－2019 Ⅳ.①N4

中国版本图书馆 CIP 数据核字（2019）第 065175 号

北京科普蓝皮书
北京科普发展报告（2018~2019）

主　　编／北京市科技传播中心
执行主编／李　群　孙　勇　高　畅

出 版 人／谢寿光
组稿编辑／周　丽
责任编辑／颜林柯

出　　版／社会科学文献出版社·经济与管理分社（010）59367226
　　　　　地址：北京市北三环中路甲29号院华龙大厦　邮编：100029
　　　　　网址：www.ssap.com.cn
发　　行／市场营销中心（010）59367081　59367083
印　　装／天津千鹤文化传播有限公司

规　　格／开　本：787mm×1092mm　1/16
　　　　　印　张：20.25　字　数：309千字
版　　次／2019年5月第1版　2019年5月第1次印刷
书　　号／ISBN 978－7－5201－4651－7
定　　价／148.00元

本书如有印装质量问题，请与读者服务中心（010－59367028）联系

主要编撰者简介

李　群　应用经济学博士后，中国社会科学院数量经济与技术经济研究所综合室主任、研究员、博士研究生导师、博士后合作导师，主要研究方向：经济预测与评价、人力资源与经济发展、科普评价。科技部、中组部、原人事部、全国妇联、全国总工会、北京市科委等部门有关领域的咨询专家，教育部研究生学位点评审专家及研究生优秀毕业论文评审专家、国家博士后科学基金评审专家、国家社科基金重大项目评审专家、北京市自然科学基金项目评审专家、科普专项基金项目评审专家，《数量经济技术经济研究》《南开管理评论》《中国科技论坛》《系统工程理论与实践》《数学的实践与认识》等杂志审稿专家。主持国家社科基金项目、国家软科学项目、中国社科院重大国情调研项目等课题6项，主持省部级课题29项。构建了一些学术创新模型和概念，例如L-Q灰色预测模型、扰动模糊集合和评价模型取得一定的社会反响，在经济社会领域得到了积极的应用。出版专著6部，主编蓝皮书4部，发表论文、报纸理论文章、中国社科院要报等170余篇（部）。完成多项交办的研究任务，为制定国家政策提供有力支撑，并产生一定的影响。获省部级青年科技奖和科技进步奖，全国妇联优秀论文一等奖、特等奖，中国社科院信息对策研究成果多次获奖。2016年获得全国科普先进工作者表彰。指导博士生毕业论文获得2016年度中国社科院研究生院博士生优秀毕业论文一等奖。

主要代表作：《不确定性数学方法研究及其在社会科学中的应用》（中国社会科学出版社，2005）、《人力资源对经济发展的支撑作用：从量化分析角度考量》（2013）、《中国科普人才发展调查与预测》（《中国科技论坛》，2015）、《基于DEA分析的中国科普投入产出效率评价研究》（《数学的实践与认识》，2015)、《我国公民科学素质基准测评抽样与指标体系实证研究》（《数学的实践与认识》，2013）和 "Analysis of the Relationship between Chinese College Graduates and Economic Growth" [*Journal of Systems Science and Information* (UK)，2011]。

摘　要

党的十九大强调要"倡导创新文化"，"弘扬科学精神，普及科学知识"，为我们推进科普工作提供了根本准则。习近平总书记指出："科技创新、科学普及是实现创新发展的两翼，要把科学普及放在与科技创新同等重要的位置。"总书记运用形象的比喻，深刻揭示了科学普及对于创新发展的重要意义。

北京推进全国科技创新中心建设，同样需要科技创新和科学普及同向发力、协同配合。科学普及，既是全国科技创新中心建设的重点任务，也是全国科技创新中心建设的基础性工程。

为此，北京市科技传播中心联合中国社会科学院发布第二部北京科普蓝皮书《北京科普发展报告（2018～2019）》。本书在第一部的基础上，进一步强化了学术性、原创性和前沿性。以服务全国科技创新中心建设为核心，以提升公民科学素质、加强科普能力建设为目标，构建了北京科普能力评价指标体系，从而为深化"科普北京"品牌、优化科普供给质量、完善科普基础设施提供理论支撑。以北京科普发展指数等数据为依托，重点从北京16区科普工作评价、京津冀协同发展中北京科普的引领作用等热点问题入手，进行多角度专题分析，就北京科普高质量发展等相关重要议题做出探讨和展望。

本书在内容上分为总报告、理论探讨、热点追踪和典型案例四大部分，共计18篇研究报告。总报告站在全局高度，从科普资源建设、科普传播能力提升和科普产业发展等角度，对北京科普事业的最新发展进行归纳。针对贯彻科普新发展理念、实现科普多元化国际化、实施科普生态圈战略和坚持科普工作联席会议、提升"科普北京"品牌效应给出政策建议。总报告测

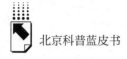
算了北京及全国最新科普发展指数，并首次将北京公民科学素质调查结果纳入报告。理论探讨篇以实现北京科普高质量发展的重要理论为研究对象，对科普供给侧结构性改革、科普资源平台化建设、科普产业生态战略规划、在科普工作中运用新型信息技术等展开探究。热点追踪篇以北京科普发展的重点议题为研究对象，就提升北京科普的国际影响力、北京市科普工作联席会议改革创新、京津冀科普协同发展、北京科普人才队伍建设和科普影视创作进行了探索和展望。典型案例篇从北京开展科普工作的实践出发，对科技周活动、北京科普资源整合等方面的经验进行归纳。

本报告力图理论联系实际，多角度、多层次地对北京科普事业的发展成果和经验进行归纳总结，以应对北京科普发展新形势、新任务为导向，从第一手统计数据和调查资料入手，对北京科普工作进行全面总结，对未来北京科普发展提出系列建议，为北京更好地开展科普工作提供数据支撑、理论支撑，力求为北京及全国科普管理者、工作者和科研人员提供有益参考。借此向在本报告的策划、出版过程中提供意见、建议的诸位专家学者和为分报告的研究撰写做出不懈努力的各位作者表示衷心感谢。

目 录

Ⅰ 总报告

Ⅱ 理论探讨

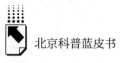
Ⅲ　热点追踪

Ⅳ　典型案例

皮书数据库阅读 **使用指南**

总报告

General Report

B.1

北京科普事业发展报告（2018~2019）

李群　孙勇　高畅　邓爱华*

摘　要：　推进全国科技创新中心建设，需要科技创新和科学普及这两只"翅膀"同向发力。本报告根据历年北京公民科学素质调查结果，分析全面推进科普事业发展、提升北京公民科学素质所面临的形势和所承担的任务；从科普资源建设、科普传播能力提升和科普产业发展等角度对北京科普事业发展进行归纳。经测算，2016年北京科普发展指数为5.08，是全国唯一科普指数突破5.00的地区。得益于全国科技创新中心建

---

* 李群，应用经济学博士后，中国社会科学院基础研究学者，中国社会科学院数量经济与技术经济研究所研究员、博士研究生导师、博士后合作导师，主要研究方向：经济预测与评价、人力资源与经济发展、科普评价。孙勇，副研究员，北京市科技传播中心副主任（主持工作），主要研究方向：科技传播与科学普及、科技创新政策。高畅，博士，副研究员，北京市科技传播中心副主任，主要研究方向：科技传播与科学普及、科技创新战略。邓爱华，硕士，北京市科技传播中心发展研究部主任，主要研究方向：科技传播与科学普及。

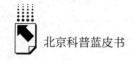

设，各类科普资源加大投入，北京 2016 年科普指数增长率高于往年平均水平，较 2015 年增长 11.6%。北京继续引领全国科普发展，其中科普活动和科普人才队伍建设为北京科普事业提供了较大动力，北京核心功能区和城市发展新区是北京科普发展的主引擎。最后，本报告从加快科普供给侧结构性改革、科创科普融合、科普产业高质量发展和北京科普品牌建设等方面给出建议。

关键词： 北京科普　公民科学素质　科普资源建设　科普综合评价

一　引言

"弘扬科学精神，普及科学知识"——党的十九大报告再次对科普工作提出要求。2016 年 5 月 30 日，习近平总书记在"科技三会"上指出："科技创新、科学普及是实现创新发展的两翼，要把科学普及放在与科技创新同等重要的位置。"总书记运用形象的比喻，深刻揭示了科学普及对于创新发展的重要意义。

本报告以服务全国科技创新中心建设为核心，以提升公民科学素质、加强科普能力建设为目标，构建了北京科普能力评价指标体系。采用科学合理的计算方法，运用最新统计数据对北京及全国科普发展指数进行测算。通过测算，2016 年北京科普发展指数为 5.08，得益于全国科技创新中心建设，各类科普资源大力投入，北京 2016 年科普指数增长率高于往年平均水平，较 2015 年增长 11.6%。北京继续引领全国科普能力建设、科普管理创新和科普供给侧改革，是全国唯一科普指数突破 5.00 的地区。科普活动和科普人才是推动北京科普指数快速上升的主要因素，东城、西城、朝阳、海淀是北京科普四强区。

北京推进全国科技创新中心建设，同样需要科技创新和科学普及这两只"翅膀"同时发力、协同配合。科学普及，既是全国科技创新中心建设的重点任务，也是全国科技创新中心建设的基础工程。"基础不牢、地动山摇"，如果没有科学精神、科学思想、科学方法以及科学知识的深入人心，如果没有全民科学素质的普遍提高，全国科技创新中心就好像建在沙滩上的大厦一样根基不稳。全国科技创新中心的大厦需要全民科学素质的日益提高作为支撑，"本根不摇，则枝繁叶茂"。

作为创新文化的重要内容和培育手段，科学普及是科学研究的重要前提。科研人员总是希望及时了解科学技术的最新进展，并以此为基础做出自己的创新、创造。科学普及是创新成果快速应用的"助推器"，富于理性、勇于质疑、勇于创新的科学精神是创新发展不可或缺的内在动力。创新文化的非功利性质保障了知识的传播和共享，使创新者能够"站在巨人的肩膀上"前进。总之，科技创新培育创新实力，科学普及培育创新文化，这些必将为全国科技创新中心建设奠定坚实基础和提供强大动力。

本报告分为四部分：第一部分，对北京历年开展的公民科学素质调查结果进行归纳，分析《公民科学素质纲要》背景下北京科普事业的成就和任务；第二部分，对近年来北京科普组织管理和资源建设的突出亮点进行归纳；第三部分，结合近年来北京和全国科普统计数据，围绕科学普及这一概念的内涵，构建全面反映科普各类工作效果的指标体系，计算北京科普发展指数并进行分析；第四部分，结合北京建设全国科技创新中心，提出一系列政策建议。报告围绕建设全国科技创新中心的重大任务，对北京科普事业的发展情况做出了归纳和评价，为科普工作提供了科学的决策依据和研究材料。

二 北京地区公民科学素质状况

（一）历年北京地区公民科学素质调查结果

2014 年，按照科技部统一部署，北京市依据《中国公民科学素质基准》（征求意见稿），与天津市、上海市、重庆市、四川省和湖南省六省（市）共同编制了《公民科学素质调查问卷》，并进行了公民科学素质试测评工

作。调查问卷共 72 道题目，向北京 16 个区共计发放了 2210 份调查问卷，对回收的问卷进行统计后发现，2014 年北京地区公民科学素质达标率为 30.21%，居六省市第一位。

根据 2015 年《中国公民科学素质基准》的调整内容，调查组进一步优化调查问卷和分层抽样方法，对北京市 16 个区的 2202 个样本开展问卷调查。其中，居委会样本量 1696 个，村委会样本量 506 个；学生（18~20 岁）、领导干部和公务员、城镇劳动人口和农民样本量分别有 418 个、509 个、919 个、356 个。依据"三领域三维度测算体系"法则，计算得出 2015 年北京市公民科学素质达标率为 30.69%，较 2014 年提高 0.48 个百分点。

基于 2017 年国家正式颁布的《中国公民科学素质基准》规定的 26 条基准、132 个基准点和测评方法，测得北京地区公民科学素质达标率为 31.35%，较 2015 年提升 0.66 个百分点（见表 1）。

表 1　历年北京公民科学素质测评情况

单位：%

年份	测评结果
2014	30.21
2015	30.69
2017	31.35

（二）北京地区公民科学素质调查方法

1. 调查问卷设计

2017 年，经过数次修订和研讨，在 2015 年测评方法和题目的基础上进一步完善，设计了此次公民科学素质调查问卷。调查问卷第一部分是调查对象的人口统计学情况，包括性别、年龄、户籍、职业、受教育程度和重点人群六项；第二部分是测评题目，包括科学基础知识，以综合理解科学事业、科学价值观、参与公共事务为基础的科学思想，加之科学生活、科学劳动及其他获取和运用科技知识的能力三个领域的内容，共设 36 道题目。测评题目来源于公民科学素质测评题库（试行），题目覆盖《中国公民科学素质基准》中的 26 条基准，针对科学精神和科学基础知识等很难客观测评的项目增加了出题数量（见表 2）。

表 2　中国公民科学素质基准的出题数量

单位：道

序号	基准内容	基准点序号	出题数量
1	被调查者应当知道世界是可被认知的，能以科学的态度认识世界	1～5	2
2	被调查者应当知道用系统的方法分析问题、解决问题	6～9	2
3	被调查者应当具有基本的科学精神，了解科学技术研究的基本过程	10～12	2
4	被调查者应当具有创新意识，理解和支持科技创新	13～18	1
5	被调查者应当了解科学、技术与社会的关系，认识到技术产生的影响具有两面性	19～23	1
6	被调查者应当树立生态文明理念，与自然和谐相处	24～27	2
7	被调查者应当树立可持续发展理念，有效利用资源	28～31	1
8	被调查者应当崇尚科学，具有辨别信息真伪的基本能力	32～34	2
9	被调查者应当掌握获取知识或信息的科学方法	35～38	1
10	被调查者应当掌握基本的数学运算和逻辑思维能力	39～44	1
11	被调查者应当掌握基本的物理知识	45～52	2
12	被调查者应当掌握基本的化学知识	53～58	2
13	被调查者应当掌握基本的天文知识	59～61	2
14	被调查者应当掌握基本的地球科学和地理知识	62～67	2
15	被调查者应当了解生命现象、生物多样性与进化的基本知识	68～74	2
16	被调查者应当了解人体生理知识	75～78	1
17	被调查者应当知道常见疾病和安全用药的常识	79～88	1
18	被调查者应当掌握饮食、营养的基本知识，养成良好生活习惯	89～95	1
19	被调查者应当掌握安全出行基本知识，能正确使用交通工具	96～98	1
20	被调查者应当掌握安全用电、用气等常识，能正确使用家用电器和电子产品	99～101	1
21	被调查者应当了解农业生产的基本知识和方法	102～106	1
22	被调查者应当具备基本劳动技能，能正确使用相关工具与设备	107～111	1
23	被调查者应当具有安全生产意识，遵守生产规章制度和操作规程	112～117	1
24	被调查者应当掌握常见事故的救援知识和急救方法	118～122	1
25	被调查者应当掌握自然灾害的防御和应急避险的基本方法	123～125	1
26	被调查者应当了解环境污染的危害及其应对措施，合理利用土地资源和水资源	126～132	1

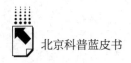

测评题目包括以理解科学事业、科学价值观、参与公共事务为基础的科学思想题目 13 道，科学基础知识题目 14 道，科学生活、科学劳动及其他获取和运用科技知识的能力相关题目 9 道，共有 3 个领域 36 道题目（见表 3）。

表 3　测试题目分布（按领域分）

单位：道

领域	题号	题量
以理解科学事业、科学价值观、参与公共事务为基础的科学思想	1、2、3、4、5、6、7、8、9、10、11、12、13	13
科学基础知识	14、15、16、17、18、19、20、21、22、23、24、25、26、27	14
科学生活、科学劳动及其他获取和运用科技知识的能力	28、29、30、31、32、33、34、35、36	9

2. 调查与抽样方法

调查采用入户访谈、现场填写调查问卷的方法。北京地区公民科学素质调查采取多阶段抽样方法。按照《北京统计年鉴》的人口比例，确定农业户口和非农业户口的比例，分别确定被调查的社区或村委会数量，然后根据区、居（村）委会、街道进行分层随机抽样，调查范围为 16 个区的常住户（见表 4）。

表 4　分层随机抽样方法

调查层级	抽样方法
第一层：确定被调查社区或村委会	在北京所有的区内，分别确定 10 个被调查社区或村委会，通过简单随机抽样选择的方式进行确认，即确定 160 个被调查社区或村委会
第二层：确定调查户	在确定社区或居委会的基础上，若抽取到符合条件的被调查户，按照被调查户排序选择间隔 6 个的方式确定下一被调查户，若没有统计规则排序，如在村委会、城乡接合部等较为复杂的情况下，进行等距随机抽样确定被调查户
第三层：确定被调查对象	在确定被调查户后，在户内随机选择一名符合条件的对象来填写调查问卷（北京市常住居民且年龄为 18~69 岁），当家庭成员有多于 1 位符合条件时，选择生日最接近 10 月 1 日的来保证年龄分布的均匀性

　　此外，在完成整体的抽样后，为了使各个区内的重点人群比例达到统计数量要求，需要按照实际情况对农民、社区居民、城镇劳动者、领导干部和公务员、青少年进行第二次配额。

　　经过随机抽样和入户调查，在北京地区共抽取 160 个街道，发放并回收 2164 份调查问卷，其中：男性 1075 人，女性 1089 人；农业户口 490 人，非农业户口 1674 人；受教育程度为小学及以下的 22 人，初中 337 人，高中 702 人，大专及以上 1103 人。性别、户籍、受教育程度样本分布符合北京实际人口比例，各类重点人群满足统计数量要求（见表 5）。

表 5　北京市公民科学素质调查样本量分配

单位：人

区县	总样本量	街道（镇）抽取量	按户籍划分样本量		4 类重点人群样本量			
			农业户口	非农业户口	学生(18~20岁)	领导干部及公务员	社区居民	农民
东城区	148	13	0	148	28	35	85	0
西城区	202	13	0	202	40	49	113	0
朝阳区	323	27	26	297	63	54	198	8
丰台区	193	11	25	168	37	46	91	19
石景山区	59	5	0	59	12	18	29	0
海淀区	294	16	19	275	46	93	142	13
房山区	154	11	64	90	28	27	47	52
通州区	141	7	64	77	30	35	45	31
顺义区	113	10	48	65	21	21	33	38
昌平区	104	8	39	65	20	20	34	30
大兴区	107	10	47	60	18	23	28	38
门头沟区	51	4	13	38	10	12	19	10
怀柔区	56	6	31	25	10	10	12	24
平谷区	72	7	34	38	14	14	16	28
密云区	88	6	49	39	16	24	9	39
延庆区	59	6	31	28	10	10	15	24
合　计	2164	160	490	1674	403	491	916	354

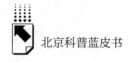

3.试题正确率

对调查问卷 36 道测评题目分 3 个领域的答题正确率进行统计发现：科学生活、科学劳动及其他获取和运用科技知识的能力相关问题答题正确率最高，为 73.33%；被调查对象以理解科学事业、科学价值观、参与公共事务为基础的科学思想领域的答题正确率是 49.40%，公民的具体科学基础知识的答题正确率最低，为 45.21%（见表6）。

表6　科学素质测评分领域试题正确率

测评领域	题量（道）	正确答题量（道）	平均答题正确率（%）
以理解科学事业、科学价值观、参与公共事务为基础的科学思想	13	6.42	49.40
具体科学基础知识	14	6.33	45.21
科学生活、科学劳动及其他获取和运用科技知识的能力	9	6.60	73.33

（三）北京地区公民科学素质达标率

由于抽样人群的结构与实际总体人群存在偏差，需要对测评结果进行修正。以对受教育程度一项进行修正的方法为例：假设某地共抽样 A 份，抽样调查中达标人群受教育程度在小学及以下、初中、高中/中专、大专及以上的人数分别为 A1、A2、A3、A4，抽样调查中这 4 类人群的占比分别为 L1、L2、L3、L4，该地区实际总体人口中这 4 类人群的占比为 K1、K2、K3、K4，则修正后的达标率为：

$$\frac{\left(A1 \times \dfrac{K1}{L1} + A2 \times \dfrac{K2}{L2} + A3 \times \dfrac{K3}{L3} + A4 \times \dfrac{K4}{L4}\right)}{A}$$

根据测算结果，北京市公民科学素质整体达标率为 31.35%，高于 2015 年测评结果 0.66 个百分点，北京市公民科学素质达标率稳步增长。在 2017 年开展公民科学素质测评的 4 个省市中，北京居首位。

从分区达标率来看，东城区、西城区的达标率分别是 34%、26%，接近北京整体公民科学素质水平，在北京市部分生态涵养区如门头沟区、大兴区、密云区，公民科学素质达标率较高，分别是39%、37%、49%（见表7）。首都核心区平均达标率为30%，城市功能拓展区平均达标率为26%，城市发展新区平均达标率为33%，生态涵养区平均达标率为39%。

表7　北京分区域科学素质达标率

单位：人，%

城区	达标人数	总样本数	达标率	城区	达标人数	总样本数	达标率
东城区	52	148	34	通州区	64	141	41
西城区	66	202	26	顺义区	28	113	23
朝阳区	50	323	14	昌平区	22	104	19
丰台区	82	193	41	大兴区	45	107	37
石景山	30	59	37	怀柔区	18	56	30
海淀区	44	294	13	平谷区	28	72	40
门头沟区	23	51	39	密云区	43	88	49
房山区	64	154	42	延庆区	20	59	37

注：公民科学素质测评需要根据样本地区实际人口比例调整，故表中达标率不等同于达标人数/总样本数。

从性别角度而言，北京地区男性科学素质达标率为31.23%，女性为31.18%，略低于男性（见表8）。

表8　北京地区分性别科学素质达标率

单位：%

性别	达标率
男性	31.23
女性	31.18

调查问卷将18～69岁被调查户划分为18～29岁、30～39岁、40～49岁、50～59岁和60～69岁5个区间，发现被调查对象的年龄和科学素质达标率总体上呈倒U形关系：达标率随着被调查对象年龄的增长逐步增长，但在49岁之后有所下降，之后又有回升（见表9）。

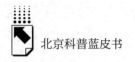
表9　北京地区分年龄段科学素质达标率

单位：%

年龄段	达标率	年龄段	达标率
18～29岁	19.12	50～59岁	28.49
30～39岁	25.09	60～69岁	37.05
40～49岁	38.34		

分户籍达标率情况如下：北京农业户籍人口的公民科学素质达标率为29.56%，非农业户籍达标率为32.38%，高于农业户籍人口达标率（见表10）。由此可见，北京地区由户籍造成的公民科学素质差异正在逐步缩小。

表10　北京地区分户籍科学素质达标率

单位：%

户籍性质	达标率
农业户籍	29.56
非农业户籍	32.38

从职业角度来看，各级各类管理人员（包括国家机关、党群组织负责人/企业事业单位负责人/办事人员）的科学素质达标率最高，为34.53%；其次是离退休人员，为31.69%；专业技术人员，生产工人、运输设备操作及有关人员，商业及服务人员的达标率分别是28.54%、23.77%、25.31%。值得注意的是，农林牧渔水利业生产人员的科学素质达标率为29.41%，较为反常（见表11）。

表11　北京地区分职业科学素质达标率

职业	达标率(%)
1.各级各类管理人员(包括国家机关、党群组织负责人/企业事业单位负责人/办事人员)	34.53
2.专业技术人员	28.54
3.农林牧渔水利业生产人员	29.41

职业	达标率(%)
4. 生产工人、运输设备操作及有关人员	23.77
5. 商业及服务人员	25.31
6. 学生及待升学人员	18.90
7. 离退休人员	31.69

在按照受教育程度测算的达标率中，由于小学及以下人群中北京地区人群整体比例较小，抽样数量较小，因此可信度较低，不进行统计。经测算，初中人口科学素质达标率为30.86%，高中/中专人口科学素质达标率为31.82%，值得注意的是大专及以上人口科学素质达标率为30.91%（见表12）。

表12　北京地区按受教育程度区分的科学素质达标率

单位：%

受教育程度	达标率
初中	30.86
高中/中专	31.82
大专及以上	30.91

从4类重点人群公民科学素质来看，领导干部及公务员的科学素质达标率为34.42%，农民的科学素质达标率为32.78%，城镇劳动者（以社区居民代指）的达标率为28.61%，学生达标率最低，为18.85%（见表13）。

表13　北京市4类重点人群科学素质达标率

单位：%

4类重点人群	达标率
学生(18～20岁)	18.85
领导干部及公务员	34.42
城镇劳动者	28.61
农民	32.78

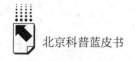

总体来看，在北京科普资源丰富、各类科普活动组织频繁的情况下，科学素质的地域差异、户籍差异、学历差异较小，北京当地居民有多种渠道接触科普知识、科普观念。同时调查发现，科学素质在不同职业、不同年龄的群体中具有较大差异，特别是离退休人员和家务劳动者的科学素质达标率甚至高于普通劳动者和在校学生。基于此得出两个结论：在北京地区，公民获得科普资源的渠道多，弥补了受教育程度、户籍、地区等造成的差异；另外值得注意的是，部分闲暇时间较多的人群拥有较多的时间接受科普教育。这解释了为何农林渔牧劳动者、在家劳动者的科学素质达标率情况高于生产工人和商务从业人员。

三　北京地区科普能力建设进展

2017 年，中央和地方协同推进科普工作的力度明显加大，政府部门、高校院所、企业、科普服务机构、行业协会和社团组织等科普主体深度参与的主动性和积极性明显增强，具有示范带动作用的科普基地、平台明显增多，社会机构和科研人员投身科普的意愿和热情明显提高，科普活动的受众范围扩大，科普资源的开发力度加大，科普成果的质量水平提高，科技传播渠道不断拓展，科普效益的辐射效应放大，与全国科技创新中心相适应的国家科技传播中心作用充分发挥，北京市全市科普工作取得了新的进展。

（一）贯彻新发展理念，构建北京大科普体系

1. 政府部门的引导作用不断显现

北京市科普工作联席会议在加强部门之间沟通协调的同时，注重加强对16 个区科普工作联席会议的政策指导和协作联动，逐步形成了"纵横联动、上下互动、各具特色、相互支持"的工作格局。各部门各区在思想观念上更加重视科普工作，在组织方式上加强人员保障，在体制机制上提高统筹谋划能力，在政策措施上注重项目、基地和人才协同发展，在推进手段上充分

利用信息网络和互联网技术，在经费投入上加大政府科普专项经费的引导作用。各部门各区制定实施规划引导、政策支持、经费投入、公共服务、环境营造、监督评估等各种措施，积极推进科普资源优化配置和开放共享，努力推动形成定位清晰、布局合理、特色突出、满足需求的科普基础设施体系，为科普事业发展提供了坚实的物质基础。

2. 创新主体的参与行动更加积极

高等学校、科研院所、企事业单位充分依托正在建设和投入运行的科技创新平台、重大科技项目和示范应用工程，通过"公众开放日"等活动形式，将科技资源和科技成果转化为科普资源，面向社会公众开展科普服务。例如，2017年5月，中国科学院"第十三届公众科学日"在全国118个院属单位的实验室、植物园、天文台站、博物馆、野外实验台站、大型科学装置同时举行，面向社会公众深入宣传展示中国科学院重大科技成果和科普展项超过1000项，吸引了社会公众50多万人次参观体验和互动交流，展示了科技创新在支撑经济高质量发展方面的重要作用，促进社会公众理解科技创新对经济社会发展的重大意义。

国家重大科技基础设施、国家重点实验室、国家科学中心、国家工程研究中心、国家技术创新中心、国家临床医学研究中心、国家科技资源共享服务平台等国家级科技创新平台，以及重点实验室、工程技术研究中心、企业科技研发机构、设计创新中心、技术创新中心等北京市科技创新平台，积极面向社会开放，激发公众特别是青少年对科学的兴趣和热情，在宣传展示科技创新成果、促进科技资源开放共享、满足公众科普需求等方面发挥了重要作用。例如，首都科技条件平台聚集了890个国家级和北京市级的科技创新平台，引导4.65万台（套）价值272亿元的科研仪器设备、科学数据、科技文献等科技资源开放共享，面向1.7万家企业和创业团队，提供研发设计、技术转移、科技咨询、科学普及等服务，实现服务合同额33.5亿元，比2016年增长了约50%，提高了科技资源利用效率，促进了产、学、研、用相结合，培育了科普服务等新兴服务业态。

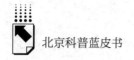
3.科普机构的服务能力显著提升

从事科普资源利用、科普产品研发、科学技术传播、科普展览活动等方面的科普服务机构数量不断增加，基础设施建设不断加强，服务规模不断扩大，服务质量不断提高。据不完全统计，截至 2017 年底，在北京的科技场馆和科普基地、科学探索实验室、社区科普体验厅、科普服务机构、具有科普服务功能的科技创新平台约有 3000 家，开展科普活动的高等学校、科研院所、高新技术企业、事业单位、行业协会、科技社团、医疗卫生机构约有 3.5 万家。其中，北京市命名科普基地累计 371 家，科普场馆展厅面积达到 204.2 万平方米。北京科普基地联盟、城市科学节组委会等科普社会组织表现活跃，通过科普宣传培训、科学节等活动形式开展科技传播、完善科学教育体系。中科直线、国术科技、帕皮科技、索明科普乐园等科普服务机构在科学传播课程和产品研发方面具有突出特色，逐渐形成品牌。例如，北京索明科普乐园有限公司开展科学实验科普课程研发，课程应用于馆外活动 15 次，馆内活动 272 次，直接受众超过 1.3 万人次。

（二）全面加强各类科普资源建设

1.科普人才队伍发展壮大

2017 年，北京市开展了 2016 年度科普统计监测。统计数据显示，全市拥有科普人员 5.5 万人，比 2015 年增加 6700 人，每万人口拥有科普人员 25.31 人，约是全国平均水平的 2 倍。举办"科普工作者培训班"，200 多人参加培训，进一步提升了科普工作者的传播技巧和业务素质。举办北京市科普讲解大赛，60 余人参赛，推荐 6 名优胜者参加国家科普讲解大赛，取得 1 个一等奖、2 个二等奖、2 个三等奖和 1 个优秀奖的好成绩，对提高科普讲解人员的素质和水平起到了激励作用。科学家和科研人员参与科普事业的主动性和积极性提高，科研人员对于科普"不想做、不屑做、不敢做、不会做"的现象有较大改观。例如，由中国科学院物理所 20 位科研一线工作者共同完成物理方面的问答科普图书《一分钟物理学》，为科研人员做科普发挥了示范作用。

2. 科普经费投入稳定增长

2016 年度北京科普统计数据显示，北京地区全社会科普经费筹集额为 25.12 亿元，比 2015 年增加 3.86 亿元，增长了 18.2%。其中，政府拨款 18.04 亿元，占全社会科普经费筹集额的 71.8%，比 2015 年减少了约 5 个百分点；社会力量投入科普经费 7.08 亿元，占全社会科普经费筹集额的 28.2%，比 2015 年提高了约 5 个百分点。政府拨款比例下降、社会力量投入比例上升，"一降一升"的变化，反映出政府资金对于社会力量投入的引导和带动作用。政府拨款的科普专项经费为 12.63 亿元，比 2015 年增加 0.64 亿元，人均科普专项经费达到 58.13 元，是全国平均水平的 12.5 倍。

3. 科普基础设施布局更趋合理

科普基地体系不断完善。2017 年新命名 34 家科普基地，科普基地总数达 371 家，全年服务 9300 多万人次。科普基地展厅面积约为 204.2 万平方米，平均每家科普基地展厅面积 5504 平方米。北京市已形成以中国科技馆等综合性场馆为龙头，自然科学与社会科学相得益彰、综合性与行业性协调发展，门类齐全、布局合理的科普基地体系。科普基地动态化管理日趋完善，对命名周期为 2014~2016 年的 50 个科普基地进行复核，44 家单位通过专家评审和社会公示。科普基地复核评审，对科普基地完善服务设施、提高服务水平起到了激励作用，达到了"以评促建"的效果。有针对性地加大对基地的支持力度，市科委在"科学技术普及"专项中设立了 20 个科普基地服务体系建设项目，支持展厅建设和展品更新，完善了特色基地的基础设施，提高了特色基地的服务水平。

4. 发展社区科普设施

2017 年内支持创建 5 家社区科普体验厅，全市社区科普体验厅总数达到 79 家，覆盖全市 16 个区，体验厅总面积达 2 万多平方米，科技互动展示项目 600 余项，覆盖人口近百万，直接受众超过 50 万人次。建设社区科普体验厅，是打造"30 分钟科普服务圈"的重要举措，促进科技资源、科技成果和科普活动向基层延伸扩散，让社区居民和青少年在家门口就能体验到科技发展进步带来的变化。

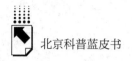

5. 扎实推进青少年科普活动

"翱翔计划"针对学有余力、兴趣浓厚、具有创新潜质的高中学生，充分挖掘和利用北京丰富的社会、教育、文化与科技资源，建立让高中学生"在科学家身边成长"的机制，激发高中学生对科学的兴趣，养成探索科学、热爱科学的习惯，增强创新意识、科学精神与实践能力。2008～2017 年，"翱翔计划"直接培养了 10 批共 2600 余名学员，形成了 1800 余份探究作品，北京市 29 个培养基地、31 个课程基地、140 余所高校和科研院所的 400 余家实验室、900 余名学科教师、700 余名专家（包括 30 余名院士）深度参与到翱翔学员的推选、培养、评价等各个环节中。"雏鹰计划"面向全体中小学校，对科技成果资源进行课程转化，对博物馆与科普场馆的资源进行教学化开发，不断积累和丰富基础教育阶段创新人才培养的课程资源，同时面向全市中小学生开展建言，全市所有区 400 余所中小学校及幼儿园的累计 10 余万名学生积极参与，主动发现问题，形成 30 个主题方向的建言 5 万余条。"小创客"培育活动蓬勃开展，全市 16 个区、61 所学校、480 余名"小创客"提交 318 项创意作品，激发了青少年的科学探索热情。支持有条件的中小学校和科普基地创建"科学探索实验室"，2017 年内新增 5 家，累计达到 78 家，参加科学探究的中小学生约有 20 万人次。

（三）加速重大科技成果科普化，丰富高质量科普产品供给

1. 原创科技成果不断涌现

一大批原创科技成果不断涌现，面向世界科技前沿、面向经济主战场、面向国家重大需求的重大原创成果不断出现。2017 年，北京地区单位获得国家科学技术奖 78 项，占全国通用项目获奖总数的 36.1%。三重简并费米子、5 纳米碳基光电集成电路等一批重量级原创成果竞相涌现。北京量子信息科学研究院、北京脑科学与类脑研究中心、石墨烯研究院等一批新型研发机构纷纷成立。北斗三号卫星、大型硬 X 射线调制望远镜"慧眼"等一批标志性成果和大科学装置相继问世，为科技成果科普化提

供了实物产品和创意源头。

2. 科普展品紧跟社会热点

一批重大科技成果转化为科普展品。支持 60 个原创科普展品推广普及，高温超导、航天发射、蛟龙号、基因编辑等高端科技资源转化为看得见、摸得着、体验得到的科普展品。"天宫二号太空生活仿真交互体验系统研发""空间科学 AR 教学资源库"等科普展品，采用现代多媒体、混合现实、虚拟现实等技术极大地提升展示效果。北京交通大学"双三角锥机器人系列产品研发与演示"应用于北京多个中小学校的校内科技教学，被列入通用技术必修课程、实验班课题课程以及全校选修课程，并在青少年科技馆、少年宫等校外科技教育机构进行校外科技教育与师资培训，累计向 1 万余名中小学生和教师授课。

3. 科普图书质量不断提高

科普图书原创水平不断提高，精品科普图书不断涌现。据统计，全市出版科普图书 3500 多种，年出版总册数 2800 多万册。北京地区累计入围全国优秀科普作品 178 部，占全国的 59.3%。科研人员、科普工作者、专业编辑联合开展科普图书创作的协同机制逐步完善。《万物运转的秘密》《遨游去太空》等科普图书精品受到社会广泛欢迎，《呦呦寻蒿记》和《宇宙图志》被评为 2017 年全国优秀科普作品，《漫画脑卒中》获得 2017 年度北京市科学技术奖中的唯一科普奖项。

4. 科普影视揭示基础前沿

据统计，北京出版科普和科技等方面的音像制品 531 种，科普影视创作持续繁荣。累计入围全国优秀科普微视频作品 61 部，占全国的 46%。创作主体和团队、科学家、科普专家联合开发制作科普视频的协同机制逐步完善。《"墨子"发射：量子通信最强音》微视频在优酷、腾讯、爱奇艺等网络、新媒体与各大场馆、校园活动中累计播放量超过 1 亿次。科技微视频《揭秘大科学装置：托卡马克 EAST》获得中国科教影视"科蕾杯"一等奖，《神奇的纳米世界》荣获"全国优秀科普微视频作品"称号。

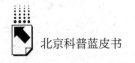

（四）建设立体传媒体系，科技传播能力显著提升

1. 新媒体成为科技传播生力军

市科委积极推进同手机人民网、人民网微博、微信等新媒体的深度合作，及时发布全国科技创新中心建设取得的重大进展、科技创新的重要成果和科技体制机制改革的重要突破。"全国科技创新中心"官方微信公众号的影响力日益提升，围绕全国科技创新中心建设重点工作、重点布局、科技创新成果等内容，策划实施系列专题报道，2017年共推送信息592条，文字量达100余万字，阅读总量达37万人次。目前，公众号长期关注人数达1.16万人。北京涌现出一批站位高、内容好、黏性强的微信公众号等移动客户端科普新媒体。例如，"科普北京"微信公众号向公众提供科学、权威、准确的科普信息，2017年累计发布文章520余篇。"蝌蚪五线谱"微信公众号总关注人数超12万人，总阅读量达300万人次，编印第四届蝌蚪五线谱"光年奖"获奖短篇集《不存在的星球》。果壳网创建"自己研究自己写"的科学传播模式，致力于更深入地与科学家对话，更快、更准确地将科研成果传递出去，让科学更有趣。

"知识分子"微信公众号拥有订阅用户80余万人，2017年其微信及第三方平台总阅读量达4900万人次，微博订阅用户突破50万人，总阅读量超过1亿人次。中国科学院"科学大院"微信公众号提供高端、前沿知识的服务，荣获2017年度"十大科普自媒体"，累计创作和传播600余篇文章和视频，原创率达90%以上。新华网、中国科技网、北京网络广播电视台"北京时间"等网站积极开展"全国科技活动周暨北京科技周活动主场"专题宣传。"2017北京科技周"官方微信平台，综合运用图文消息对科技周主场进行全过程报道，先后在新浪、搜狐、网易、一点咨询等40多个网站或移动客户端发布科技周主场信息，"粉丝"达6000多万人。

2. 科学表演探索科技传播新方式

科学表演将科技传播内容和艺术表现形式结合在一起，是促进科技与文化融合的具体实现途径，对于引导公众理解科学、参与科学起到了独特作用。举行"2017年全国科学实验展演会演活动"并推荐优秀者参加全国展演，北京参赛队伍获得了2个一等奖、2个二等奖和4个三等奖的好成绩。举办"2017科普北京·达人秀大赛"活动，以"科普促进创新"为主题，以舞台剧、实验秀、快板、科学小品等多元化艺术表现形式，推广普及科技成果和科学知识，提高公众对科学的兴趣、关注和理解。组织开展北京市中小学生科技创客活动，来自全市16个区的1500多名中小学生创客参加。举办首届北京市中小学生科学表演创意大赛，通过科普剧和科学秀方式进行科学普及。举办15场科学秀表演以及"广场科普舞起来"展演，观众累计达4.2万人次。

3. 电视广播发出科技传播强音

充分发挥电视媒体的科普独特作用。中央电视台"新闻联播""晚间新闻""朝闻天下""新闻直播间"，以及北京电视台"北京新闻""直播北京""北京您早""晚间新闻""首都经济报道"等电视媒体进行科技创新中心相关报道。在北京电视台新闻频道播出《公众创意坊》系列专题片20集、《设计之都·魅力北京》系列专题片4集、《走进智能时代》系列专题片2集，在北京电视台科教频道播出《创新者说》系列专题片20集，以多种形式深度直观地宣传和展现全国科技创新中心的建设成果。

策划录制10集电视专题节目《北京扬起科普之翼》，并在北京卫视财经频道播出，展示北京科普工作在政策保障、设施完善、品牌汇聚、产业发展、"高精尖"成果科普化等方面的成效，彰显科学技术普及对北京推进全国科技创新中心建设、构建高精尖经济结构、提高城市规划建设管理水平等方面的支撑作用。中央电视台、市科委联合录制《科学这样讲》6集科普节目，并在中央电视台少儿频道播出，以"真人秀"的艺术表现形式，采用轻松活泼的传播方式，将生活中蕴藏的科学知识、科学方法展现给社会大众。中央电视台大型科学实验节目《加油！向未来（第二季）》，将物理、化学、生物等领域的大型室内外科学实验转为益智答题，以通俗易懂的形式解释科学原理、传授科学方法。

广播媒体的科普优势得到加强。北京交通广播103.9"一路畅通"栏目推出《揭秘无人机》《一分钟物理》《中国居民膳食指南》等系列科普节目，受到公众好评。北京人民广播电台制作《照亮新闻深处》广播新闻科普节目，涵盖百姓身边的各类科技热点，全年共制作约260期。市体育局积极响应"三亿人参与冰雪运动"号召，制作《1025动生活》和《界内界外》两档节目，2017年在北京体育广播播出700余期，普及冰雪运动、涵养冰雪文化、寄托冬奥梦想。

4. 强化平面媒体科技传播力量

在重要平面媒体开辟专题、专栏或专版，通过消息、通讯、专访等形式，传播并解读北京建设全国科技创新中心的权威信息。《人民日报》《经济日报》等平面媒体积极报道全市科技创新的突破和进展，新华社《财经国家周刊》杂志策划了《北京科技人才密码》专题报道，从政策支撑、人才培养与引进等方面充分展示北京科技人才战略与成效。《北京日报》《科技日报》推出科技创新中心建设"这五年"专版特别报道。

科技日报社、中国科学报社、北京科技报社等主动发声，传播科学知识，开展大众科普。《科技日报》针对公众科普需求变化，创立《科普时报》，于2017年9月创刊，订阅量超过2万份，成为国家级全媒体科普平台。中国科学报社创建"走进科技馆""科学新知"等科普栏目，在微信公众平台推出了100多期重大创新成果的科普文章。北京科技报社发起京津冀"万名科学小记者"实践活动，以中国科学院等科研院所高端科普资源为基础，以中央电视台、《北京科技报》等主流媒体为展示平台，从小记者报道视角展现京津冀地区的科教资源，宣传北京加强全国科技创新中心建设和京津冀协同发展战略。

（五）"科普+"产业快速发展，助力经济社会进步

1. 科普促进科技文化融合发展

一批科普和文化相融合的活动或知识服务品牌逐渐聚集人气、形成影响力。"科学咖啡馆"活动以科学共识为基础，每期邀请"科学大咖"举行专题讲座，其中包括欧阳自远、曹则贤、刘嘉麒等院士专家，开展交流互动、

碰撞思想火花，2017 年举行了 12 期活动，参加人数达 500 余人。化学工业出版社举办"悦读咖啡馆"读书会，邀请卡尔·萨根奖获得者郑永春、《加油向未来》科学策划人吴宝俊等专家学者分享创作经历、讲述科研记忆。中国科学院计算机网络信息中心和中国科学院科学传播局开设"SELF 格致论道"公益讲坛，提倡以"格物致知"的精神探讨科技、教育、生活和未来的发展，从思想的源头上促进公众参与科学的积极性。讲坛成立以来，130 多位行业精英登台演讲，吸引 8000 名现场观众，视频网络播放量累计 2亿多次，单个视频最高点击量超过 2500 万次。

2. 科普产业得到培育发展

从"科普产品供给、科普服务市场培育"到"科普企业支持、创业氛围营造"的科普产业链正在培育形成。市旅游委以"科普基地 + 旅游商品 + 大众创新"为手段，依托北京旅游业的客流基础与旅游消费能力，开展科普旅游商品评选活动，使科普基地深度对接产品生产企业和直接消费市场，提升科普旅游开放单位旅游商品的品质和知名度，扩大科普商品销售渠道，带动科普教育、休闲旅游行业的经济收入增长。密云区构建以科技馆为核心、以基层科普基地为节点的"一馆九基地"线上线下相结合的科普教育网络，通过科普带动密云旅游和休闲农业的发展。北京 DRC 工业设计创意产业基地打造影视动漫、数字出版等专业服务平台，引导设计企业不断应用新的技术手段和表现方式，开发具有超前性和导向性的设计展品。"公众参与创新行动计划"第三季吸引 1000 余个创新、创业项目，精选 30 个优秀项目进行宣传推广，为大众创业、万众创新营造社会氛围。

3. 科普服务京津冀协同发展

京津冀地区联合推进科普资源共建共享成为新风尚。北京市科委联合天津市科委、河北省科技厅推出"2017 年京津冀科普之旅"活动，遴选了三地 72 家科普基地，推出了 18 条科技内涵丰富的旅游线路，接待游客 5000万人次，向公众展示了全国科技创新中心的魅力和京津冀协同创新的成效。中关村管委会开展"高精尖面对面——京津冀大数据走廊"专题活动，展示了北京、天津、河北创新、创业主体的 300 余项双创项目。北京市科学技术研究院策划组织了"北科院科普京津冀行"主题活动,通过"京津携手共促科技发展""京邯携手共筑科技梦"和河北丰宁"科技创新·科普惠民"活动等形式向当地公众普及科技知识。北京市公园管理中心赴张家口开展"园林科普津冀行"活动,通过现场科普、优秀科普课程进校园、活动征文、夏令营等形式推动园林科普。北京市交通委组织"京津冀交通一体化劳动竞赛",参赛人数达1万人。

4. "科普北京"品牌对全国科普发挥了示范辐射作用

2017年是中国科学院"老科学家科普演讲团"成立20周年,演讲团已经成为全国性的科普品牌,足迹遍布北京16个区,辐射全国1500余个市区县。2017年演讲团演讲场次达300多场,受众达100万人次。截至2017年底,累计演讲场次达到2.5万场,受众达800万人次。中国科学院自动化研究所的"京津冀协同发展——科技创新系列展品"在北京、四川、辽宁、浙江、贵州、广东等9个省份展出。自主研发的20多件展品充分展示了中国科学院在自动化领域取得的重大技术突破和科技成果,直接受众达50万人次。"流动科技馆进辽宁""科普活动进西藏"等活动向1万余人提供科普服务。

5. 国际科普交流合作稳步推进

打造国际化的科普资源和科普产品展示交流平台,向世界展示"科普北京"风采。第七届"北京科学嘉年华"聚集来自16个国家和地区的91家科普机构的420项科学互动体验项目。第37届北京市青少年科技创新大赛吸引了美国、意大利、丹麦等10余个国家和我国香港、澳门、台湾的青少年代表参加,国际化影响不断提升。"中马科普交流""墨西哥科苏梅尔岛天文馆与北京天文馆双边合作交流"等活动,为加强"一带一路"国际科技交流合作奠定了科技人文基础。第五届"北京国际科技电影展"引进美国、加拿大、德国等7个国家和地区的25部优秀科技影片,包括360度球幕、3D巨幕、4D动感以及2D数字等类别,内容涵盖宇宙探索、探月工程、恐龙科考、环境保护等,共展映128场,观影人数达2万多人次,并在北京、天津、河北、上海、江苏5个省份的科技场馆进行展映。

（六）各类科普活动提升"科普北京"品牌影响力

1. 科技周、科普日等群众性科普活动的引领示范作用明显

2017 年 5 月下旬，北京市政府与科技部联合举办"2017 年全国科技活动周暨北京科技周活动主场"，主题是"科技强国，创新圆梦"，围绕科技扶贫精准脱贫成果、科技重大创新成就、优秀科普展教具、科普图书等，展示了 200 余个科普主体提供的 260 余项科技成果和科普产品，围绕科学竞赛、科普讲座和互动体验、典礼活动和科普表演等组织了 22 项主题活动；在汽车博物馆举办新能源汽车分会场；在北京天文馆、中国科学院古脊椎动物与古人类研究所举办以家庭为主参与的"科学之夜"活动。在为期 8 天的活动期间，科技周主场参观体验人数超过 8 万人次，网络关注超过 2000 万人次。同时，全市举行大型标志性科普活动 10 余项、重点科普活动 141 项、基层活动超过 800 项。

"2017 年全国科普日北京主场活动"紧紧围绕"创新驱动发展，科学破除愚昧"主题，充分利用现代信息技术手段，打造主题性、全民性、群众性科普活动，重点开展全国科普日北京主场活动和全国科普日系列联合行动。活动聚集 90 余家国内外科普机构的 420 项科学互动体验项目，观众累计达 6.2 万人次。

一年一度的科技周、科普日，作为公众参与度高、覆盖面广、社会影响力大的群众性科普活动品牌，已经成为推动北京科普事业发展的标志性活动和重要载体，在推动社会公众理解科技、传播科技、应用科技，提高公众科学素质方面发挥了重要作用。

2. 行业品牌科普活动百花齐放

科普工作联席会议成员单位紧密结合首都的城市战略定位和各自职责范围，组织开展了丰富多彩的品牌科普活动。北京市委组织部、北京市科委组织编写了《全国科技创新中心建设读本》干部学习培训教材，向全市干部宣传全国科技创新中心建设。北京市委宣传部、北京市科委举行首都科技盛典，推出一批创新、创业的领军人才、优秀事迹和典型案例。首都文明办深

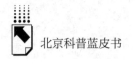

入开展"文明城区""文明村镇""文明单位"评选表彰工作,倡导文明风尚。北京市政府督查室开展"回头看""再督查"等活动,深入基层,发现问题,提出对策和建议。北京市人力社保局持续开展"公务员科学素质大讲堂"活动,围绕环境保护、信息安全、科学管理等14个专题,2017年举办大讲堂22场,参加学习的公务员达6000余人,促进公务员科学素质和科学管理水平稳步提升。北京市发改委开展"北京青少年节能环保主题教育活动",在全市范围开展节能环保科普宣传和教育实践。北京市教委深入推进"翱翔计划""雏鹰计划""青少年科技创新能力建设工程",积极探索基础教育阶段人才培养方式的创新,开设"科技文化夏令营""科学游园会""观星赏月分享天文乐趣""植物百宝箱"等科技体验课程。

北京市经济信息化委承办"2017年世界机器人大会",来自10余个国家和地区的15个行业组织、300余位全球机器人领域知名学者参加会议,邀请了来自10个国家和地区的机器人厂商,展出了仿生机器蜻蜓、智能协作机器人、四足仿生机器人、情感机器人等先进产品,吸引现场观众24万人次。北京市民委加大科技培训力度,促进国家现代农业科技城科技成果在少数民族乡村的转化应用。北京市公安局组织第四届"4.29首都网络安全日"系列宣传活动,普及网络安全知识。北京市民政局开设"96156社区大课堂",由市社区服务中心牵头组织在全市开展,各区街社区服务中心积极配合、严抓落实,共开展课程超过1.3万节次,参与居民达50多万人次。北京市新闻出版广电局组织协调广播电视媒体单位加大对科普工作的宣传力度,举办内容丰富、形式多样的科普阅读主题讲座,联合中国大百科全书出版社发布2017年中华科普好书榜十佳书单,向广大市民推荐优秀的科普阅读书籍。北京市司法局以法律"进校园""进社区""进乡村"等普法宣传活动为载体,加强"科学技术领域相关法律"内容的宣传活动。北京市环保局开展"清洁空气·为美丽北京加油"系列环保主题活动,提升市民环保意识。北京市规划国土委开展"第48个世界地球日""科普沙龙进校园"等科普宣传活动,加强国土规划宣传。北京市城管委举办"垃圾分类我们一起来"主题宣传月活动,倡导垃圾分类。

北京市农委对新型职业农民和全科农技员开展培训，提升农民技能。北京市商务委举办"北京国际服务贸易交易会"，聚焦科学技术、信息服务、健康服务等重点领域，设置展览展示、论坛和洽谈交易活动，推动国际服务贸易进一步开放、创新、融合发展。北京市文化局开展"首图讲坛"品牌文化服务项目，邀请权威学者和知名专家面向市民普及优秀文化。北京市卫生计生委组织全市各级医疗卫生机构、大专院校以及科研单位举办"健康科普大赛"，提升从业人员素质。北京市安全监管局积极推进"安全生产月"活动进企业、进工厂、进班组活动，将安全生产宣教工作向基层末端延伸。北京市文物局承办"5.18国际博物馆日"中国主会场活动以及首个"文化和自然遗产日"活动。北京市园林绿化局组织"绿色科技多彩生活"园林绿化科学普及系列活动。北京市知识产权局为加强知识产权宣传普及，提升全社会的知识产权意识，在第十七个世界知识产权日期间，共组织活动近百项。中关村管委会承办"2017年全国双创周北京会场主题展"，展示了北京、天津、河北等地创新、创业主体的300余项双创项目，进一步营造了良好的双创氛围。北京市气象局开展"3.23世界气象日""防灾减灾知识进社区""第十三届北京市中小学生气象知识竞赛"等活动。

北京市地震局组织了"第二届北京市中学生防震减灾知识挑战赛"。北京经济技术开发区管委会推动开发区以重大产业项目为牵引，对接三大科学城科技创新成果转化，全面启动智能车联、新型显示、集成电路制造等20个技术创新中心建设，推进打造国家智能示范项目，培育智能制造示范企业，建设"中国制造2025"创新引领示范区。北京市总工会在城市副中心建设工程中开展了"当好主力军，建功副中心"主题劳动竞赛。团市委组织第九届"挑战杯"首都大学生课外学术科技作品竞赛。北京市妇联注重科技引领，2017年新认定"首都巾帼现代农业科技示范基地"15个，在家庭文化季、家教主题季期间，开展了46个家庭文明建设服务项目和主题活动。北京市残联开发科技服务网络平台，为农村残疾人实用技术培训和产品销售拓宽渠道。北京市旅游委举办"科普旅游商品创意大赛"，促进科普基地旅游商品转化。北京市科协发挥重点科普活动的示范带动作用，促进重点

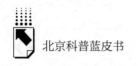

人群科学素质提升，"青少年高校科学营北京营""'非常小答客'——青少年科普知识竞答活动""首都科学讲堂""科普超市行""北京青少年机器人竞赛""青少年科技创新竞赛"等一大批由其主办、承办或支持的科普活动硕果累累。北京市社科联组织举办"北京社科普及周"，用图片讲故事，让知识可视化，吸引大量市民驻足观看。北京市红十字会开展红十字应急救护知识和技能普及课程，惠及40余万人次。

3. 区域特色科普活动精彩纷呈

各区结合自身的功能定位、地域优势和科技资源，开展了各具特色的科普活动。东城区举办"中医药文化节""景山街道科普夏令营""水文化节"等特色科普品牌活动，影响力不断扩大。西城区举办"千名公务员参观中国科学技术馆""反邪教科普广场舞展演""科普歌曲大家唱"等活动。朝阳区打造朝阳区精品"科普之旅"，从奥运、农业、环保、航天、交通、传媒等方面展示朝阳区的科技成果，策划"绿色朝阳从我做起"公益科普宣传系列活动，开展全区性科普宣传活动。海淀区开展"科普之春""科普之夏""科普大篷车巡游"等群众性、社会性和经常性科普活动百余项。丰台区开展"第四届学生科普体验周""科普夏（冬）令营""科普资源牵手工程"等科普活动。石景山区举办"玩转科学"快乐科学体验营、"科普进军营"活动之军事科普知识讲座等活动。

门头沟区开展生态修复主题科普系列活动，向群众展示、传播门头沟在生态修复方面的成果、经验和技术。房山区承办"第17届北京青少年机器人竞赛"和"云科普大讲堂"科普培训活动。通州区立足于京津冀协同发展和北京城市副中心建设需求，举办2017年通州区科技周，展示面积4600余平方米，"农业网络书屋培训""通州疾控精品大课堂进乡镇"等品牌活动有声有色。顺义区以提高各类人群素质为抓手，通过"科普进校园""科普下乡""科普进社区"等活动，进一步提升区域的整体科普水平。大兴区区级科技项目重点支持区域科普工作，开展"青少年创未来空间""科学健身体系建设及科普宣传""首都青少年传统耕织与非遗文化展示体验"等活动和项目建设。

昌平区举办"第一届昌平区青少年 3D 打印比赛""第一届昌平区青少年航模比赛"等科普赛事。平谷区开展"科普进社区""科普进农村""科普赶大集"等科普活动。怀柔区承办"第 37 届北京市青少年科技创新大赛"，全市中小学生代表，以及来自美国、意大利、丹麦等 10 余个国家和我国香港、澳门、台湾的青少年代表共 600 余人参加。密云区充分利用蜜蜂大世界、天葡庄园和玫瑰情园等科普场馆开展科普之旅，针对居民需求开展"周末大讲堂""水资源保护科普知识大讲堂"等科普活动。延庆区开展"2022 年冬奥会、冬残奥会""世界园艺博览会"系列主题科普活动。

4. 利用展会展览开展科普形成特色

通过各类展览展会，从不同角度充分展示全国科技创新中心的建设成果，促使社会公众进一步加深对科技创新的认识和理解。第十九届中国北京国际科技产业博览会（科博会）面向全球配置资源、推介优质项目，探索新经济、新产业，发展新理念、新模式、新引擎，以科技引领绿色发展，推动产业升级、经济转型。第十二届北京国际文化创意产业博览会（文博会）精心搭建了综合活动、展览展示、推介交易、论坛会议、创意活动、分会场"六位一体"的活动平台，全面展示了北京科技与文化融合发展的最新成果。第十九届中国国际高新技术成果交易会（高交会）设立"全国科技创新中心"和"中关村科技创新成果"展区，向国内外传递北京加快建设具有全球影响力的科技创新中心的明确信号。第二十一届北京·香港经济合作研讨洽谈会（京港洽谈会）重点推出全国科技创新中心以及"三城一区"主平台形象，让香港各界人士对全国科技创新中心有了更多更深的认识，为推动京港科技创新合作奠定了坚实基础。

四 北京科普综合评价及科普发展指数测算

构建北京科普发展指数，对有效提升北京地区科普水平及发展潜力、找准北京地区科普工作中的薄弱环节、更好地服务于科普、提升公民科学素质、推动地区社会经济发展具有十分重要的意义。

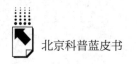

（一）构建北京科普发展评价指标体系

本报告坚持"客观、科学、稳定和延续性"的原则，围绕加快建设全国科技创新中心的主题，强调科普内容和方式的转换、科普投入产出效率的提升，构建了北京科普发展综合评价指标体系和发展指数。

通过归纳学者对科学普及概念的界定，以及国家和北京对科学普及提出的多项发展纲要和方案。本报告提出"科普发展"的概念："政府通过人才培养、财政投入、组织引导、调整优化等方式，不断提升科学普及公益事业的能力的过程。"针对当前国内科普发展不平衡、不充分的突出问题，对科普发展水平的衡量，应当考虑的方面主要有：扩大科普工作覆盖范围，增加科普人员、资金，加强基础设施建设，提升科普各类作品和科普活动组织的水平。根据科普事业发展的基本概念和主要任务，设计了涵盖科普受重视程度、科普人员、科普经费、科普设施、科普传媒、科普活动6个一级指标和23个二级指标的综合评价指标体系（见表14）。

表14　科普发展指标体系

一级指标	二级指标
科普受重视程度	科普人员占地区人口比重
	科普经费投入占财政科学技术支出比重
	科普场馆基建支出占全社会固定资产投入总额比重
科普人员	科普专职人员
	科普兼职人员
	科学家和工程师
	科普创作人员
科普经费	科普专项经费
	年度科普经费筹集额
	年度科普经费使用额
科普设施	科普场馆
	科普公共场所
	科普场馆展厅面积

续表

一级指标	二级指标
科普传媒	科普图书
	科普期刊
	科普（技）音像制品
	科普（技）节目播出时间
	科普网站
科普活动	举办科普国际交流活动
	科技活动周举办科普专题活动
	三类科普竞赛举办次数
	举办实用技术培训
	重大科普活动

（二）北京科普发展评价指标体系权重设定

北京科普发展评价指标体系中，评价指标的权重代表该项指标在整个评价体系中的重要程度，体现了科普发展评价的侧重点，直接影响科普发展指数的计算结果。本报告采取专家打分法，从"大视野、大科普、国际化"的高度，谨慎研究，征集科普领域专家、学者意见，回收专家意见进行整理，分两轮进行打分，获得一级、二级指标权重。

根据本报告构建的北京科普能力建设指标体系，以建设国家科技传播中心为核心，以提升公民科学素质、加强科普能力建设为目标，以打造首都科普资源平台和提升"科普北京"品牌为重点，对各分项指标进行权重设定，经过多轮修正，得到一级权重打分结果（见表15）。

表15 北京科普发展指标一级指标权重

指标	权重	指标	权重
科普受重视程度	0.153	科普设施	0.139
科普人员	0.174	科普传媒	0.116
科普经费	0.203	科普活动	0.215

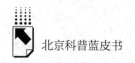

在确定一级指标权重的基础上，进行第二轮专家打分，确定 23 个二级指标权重，权重分配见表 16。

表 16　北京科普发展指标二级指标权重

一级指标	二级指标	权重
科普受重视程度	科普人员占地区人口数比重	0.051
	科普经费投入占财政科学技术支出比重	0.064
	科普场馆基建支出占全社会固定资产投入总额比重	0.038
科普人员	科普专职人员	0.052
	科普兼职人员	0.023
	科学家和工程师	0.056
	科普创作人员	0.043
科普经费	科普专项经费	0.066
	年度科普经费筹集额	0.058
	年度科普经费使用额	0.079
科普设施	科普场馆	0.049
	科普公共场所	0.041
	科普场馆展厅面积	0.049
科普传媒	科普图书	0.018
	科普期刊	0.018
	科普(技)音像制品	0.019
	科普(技)节目播出时间	0.036
	科普网站	0.025
科普活动	举办科普国际交流活动	0.086
	科技活动周举办科普专题活动	0.064
	三类科普竞赛举办次数	0.021
	举办实用技术培训	0.023
	重大科普活动	0.021

资料来源：根据北京科普发展指数课题组综合专家打分结果获得。

（三）北京科普发展指数的数据计算

为了保证测度结果的客观公正，所有指标口径均与国家统计局相关统计制度保持一致。测算数据主要来源于国家和北京市的官方统计机构出版的年度统计报告、统计年鉴，部分数据由北京市科学技术委员会和北京市政府相关部门提供。北京市科技传播中心、中国社会科学院数量经济与技术经济研究所共同设计北京科普发展指数的计算方法，通过合理的计算和处理，科普发展指数应达到以下目标。

1. 历史可比较性和地区可比较性

指标计算在时间上有连贯性，可以衡量一个地区在不同时期各类科普资源投入的变化情况，同时指标能够客观反映不同地区科普事业发展的差异性。

2. 未来研究的可持续性

在获得最新年度数据时，往年科普数据不需要重新计算，计算数据能保持连贯性，且对未来算法调整具有一定的兼容性。

3. 简便易操作和指标稳定性

算法简单，便于理解，统计数据中出现少量变化幅度较大的指标时，指数的计算结果不会出现大幅度波动。

为了达到上述目标，北京科普发展指数课题组聘请多位统计学、科普领域专家学者设计计算方法，经过不断尝试、反复调整计算方法，最终采用"设立标杆期，计算标杆期地区均值，所有数据除以标杆期均值"的三步法，即选择一个年份计算该年份的地区间均值，然后在地区间和时间序列上均除以该均值，计算科普发展指数。北京科普发展指数是采用对标研究方法，根据历史序列数据进行纵向测度比较，为此，需要确定基准年。结合统计数据的可得性，为保证指数的延续性，根据专家组建议，北京科普发展指数的基准年定为 2008 年。

X 年的北京地区科普专职人员发展指数计算方法见公式 1：

$$X\text{年指数}^{\text{北京地区}}_{\text{专职人员}} = \frac{X\text{年实际统计数据}^{\text{北京地区}}_{\text{专职人员}}}{2008\text{年实际统计数据}^{\text{全国均值}}_{\text{专职人员}}} \tag{1}$$

以二级指标"科普专职人员"的发展指数为例，原始数据见表17。

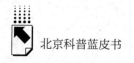

表 17　省级科普专职人员原始数据（示例）

单位：人

地区	2008 年	⋯⋯	2015 年
北京	5814	⋯⋯	7324

资料来源：科学技术部《中国科普统计（2017 年版）》，科学技术文献出版社，2017。

31 个省份的平均科普专职人员数量为 7409.16 人。对表 17 内所有数据除以 2008 年平均科普专职人员数，得到省级科普专职人员发展指数，该指数中，北京 2008 年科普专职人员发展指数为 0.78，2015 年上升至 0.99（见表 18）。

表 18　省级科普专职人员发展指数

地区	2008 年	⋯⋯	2015 年
北京	0.78	⋯⋯	0.99

资料来源：根据《中国科普统计》（2017 年版）和《北京科普统计》（2017 年版）中相关数据，依据北京科普发展指数计算方法得出，下同。

在确定权重后，将通过处理的 23 个指标乘以 n 次权重求和，并做归一化处理，见公式 2：

$$科普发展指数 = \frac{\sum_{i=1}^{23} 指标_i \times 权重_i^n}{\sum_{i=1}^{23} 指标_i^n} \qquad (2)$$

通过这种加权方式，n 越大，权重大的变量在指数中就越突出，通过试验对比，最终认为在 $n = 2$ 的情况下，北京科普发展指数计算结果最为合理。

（四）北京科普发展指数测算结果

通过测算，2016 年北京科普发展指数为 5.08，突破 5.00 大关，较 2015 年提高了 0.53，增长了 11.6%，是自 2008 年以来科普指数增加值最大的年份（见图 1）。

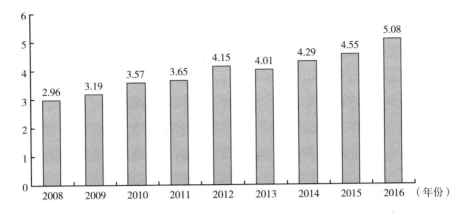

图1 北京科普发展指数（2008～2016年）

进一步观察北京科普人员发展情况，北京科普专职人员和兼职人员在数量和质量方面均有所提升，进而拉动了科普人员发展指数快速增长，从2015年的0.25增长至2016年的0.31，增长幅度为24%，达到北京历史第二高位（见图2）。

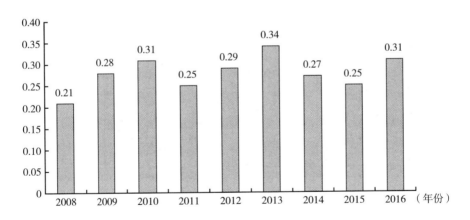

图2 北京科普人员发展指数（2008～2016年）

北京科普经费筹集和使用金额均有不同程度的提升，整体科普经费发展指数也从2015年的3.10增长至2016年的3.47（见图3）。

2016年，北京科普活动发展指数实现了飞跃，从2015年的0.43增长

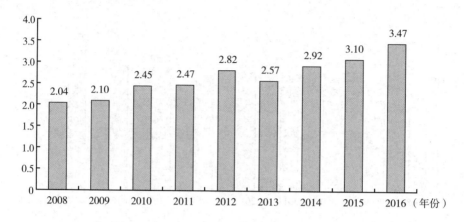

图3 北京科普经费发展指数（2008～2016年）

至2016年的0.52，增长幅度达到21%，体现北京以科普联席会议为枢纽，将人员、资金、场馆等进一步整合优化，并通过各种形式的科普活动来发挥科普效能，促进科普活动发展指数高速提升（见图4）。

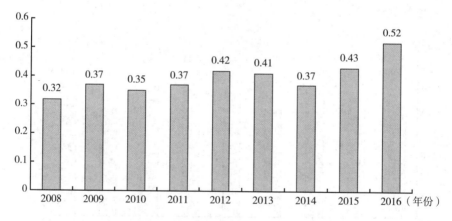

图4 北京科普活动发展指数（2008～2016年）

在2015年北京科普设施指数出现短暂下降后，2016年北京科普设施发展指数回升至0.42，增长幅度为13.5%（见图5）。

此外，2016年北京科普受重视程度发展指数、北京科普传媒发展指数分别为0.03和0.32，在全国各省份中仍然处于较高水平。通过计算各项科

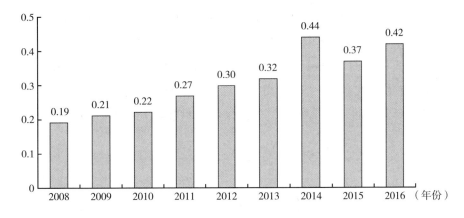

图5 北京科普设施发展指数（2008~2016年）

普发展分指标的增长幅度，来体现2016年各分指标对北京科普发展指数贡献度，可以发现科普人员、科普活动对2016年北京科普发展贡献度最高，均为19%，科普设施建设与科普经费分别贡献17%，科普受重视程度贡献15%，各个指标的贡献度均超过10%，北京科普发展呈现面向高质量科普供给的均衡推进态势（见图6）。

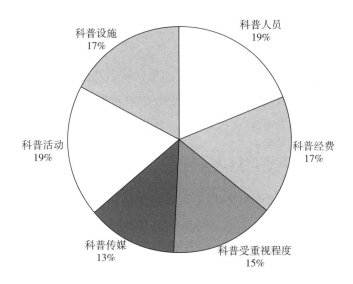

图6 2016年北京科普分指数增长贡献率

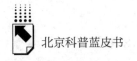
通过观察北京16个区的科普发展指数，可以发现2016年北京科普发展的主引擎是东城区、西城区、朝阳区和海淀区，科普发展指数分别为2.35、3.17、6.58和6.98，得益于大量科普活动组织和科普经费投入，海淀区的科普发展指数为北京16个区最高。在城市发展新区和生态涵养区中，昌平区科普指数为0.89，这主要得益于未来科学城建设和科普资源的大力投入（见图7）。

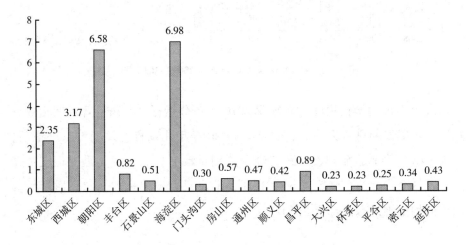

图7　2016年北京分区科普发展指数

观察北京四类区域科普发展情况，北京城市功能拓展区贡献了61%，其次为核心功能区，贡献了22%，城市发展新区和生态涵养区分别贡献了11%和6%（见图8）①。

（五）全国其他省份科普发展指数测算结果

根据《中国科普统计》（2017年版）中的科普统计数据，计算北京及其他省份的科普发展指数，汇总得出中国整体科普发展指数。2016年，中国科普发展指数为44.81，较2015年提升1.01，涨幅为2.3%。自2013年

---

① 由于北京分区科普发展指数和北京全国发展指数是分别测算所得，故各区科普发展指数之和不等于北京整体发展指数。

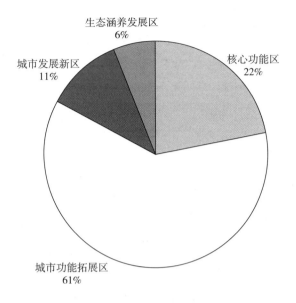

图8 2016年北京城市区域科普发展指数

以来，中国科普发展从数量增长转向质量增长，除北京、上海、云南等省份，全国大部分地区科普发展指数增速放缓（见图9）。

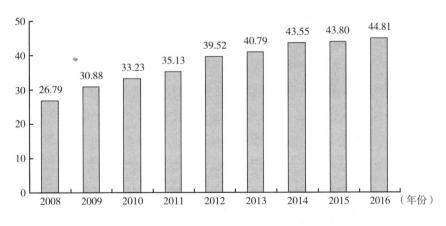

图9 全国科普发展指数（2008~2016年）

2016年中国科普发展指数超过2.00的省份为北京、上海、江苏、广东、浙江、湖北和云南（见图10）。得益于同科技创新产业发展高度关联的科普能力建设，云南省的科普发展指数达到 2.01，是西部地区唯一突破 2.00 大关的省份。

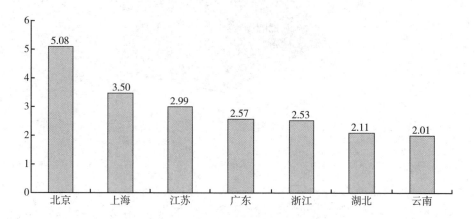

图10　2016 年科普发展指数超过 2.00 的省份

按照东、中、西部划分并汇总科普发展指数，可以发现东部地区科普发展指数稳步提升，从 2015 年的 23.86 增长至 2016 年的 24.06，涨幅为 0.8%；中部地区从 2015 年的 7.89 增长至 2016 年的 8.77，涨幅为 11.2%；由于西部多个省份科普经费、活动组织和传媒数量下降，西部地区出现了负增长，从 2015 年的 12.05 下降至 2016 年 11.98（见图 11）。

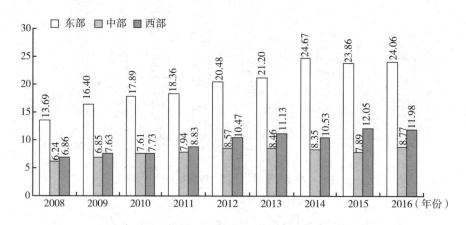

图11　东、中、西部科普发展指数（2008～2016 年）

　　2014 年 2 月中央确定北京的新定位，京津冀科普事业快速发展，京津冀科普发展指数从 2014 年的 6.38 增长至 2016 年的 7.34，增长幅度为 15%（见图 12）。

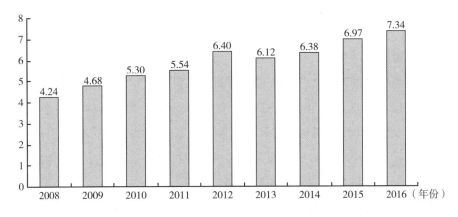

图 12　京津冀科普发展指数（2008～2016 年）

　　通过对 2016 年北京及全国科普发展指数的计算，可以得出以下结论：北京科普事业无论是在质量上还是数量上都快速发展，其中 2016 年科普活动和科普人才队伍建设为北京科普事业提供了较大动力；从区域上看，"东西朝海"是北京科普四强区，北京核心功能区和城市发展新区是北京科普发展的主引擎；放眼全国，北京继续引领全国科普能力建设、科普管理创新和科普供给侧改革，是中国唯一科普指数突破 5.00 的地区；中国整体科普发展指数稳定增长，中、东部地区增幅较高，京津冀地区科普能力增长迅速，需要注意的是西部地区科普发展指数出现了负增长。

五　新时代北京科普事业发展的对策与建议

　　习近平总书记在党的十九大报告中指出："中国特色社会主义进入了新时代。"这是对我国发展新的历史方位的科学判断。对科普工作来说，进入新时代，意味着要主动适应我国社会主要矛盾的变化，以新发展理念，推动

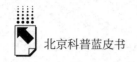

科普人才队伍建设、科普多元化与国际化，继续发挥科普联席会议制度的协调作用，在科普传播、科普与其他领域的生态融合上迈向新的台阶。

（一）以新发展理念统揽科普事业全局，全面推进北京科普供给侧结构性改革与创新

科普供给侧结构性改革需要应对供给总量不足、供需不匹配、科普供给水平亟须高级化的问题。"十三五"期间北京科普工作依然面临挑战，同发达国家相比，科学素质和科普资源仍有差距，科学素质结构性问题凸显。"结构性问题"具体表现在科普资源开发与共享工程和大众传媒科技传播能力建设工程相对较弱，科普资源共建共享长效机制尚未形成，大众传播体系建设尚不完善，科普原创作品和精品创作缺乏。

科普内容也要与时俱进、不断创新，以适应国家战略需要和科技创新带来的变化，满足公众对科学文化日益多元化和复杂化的需求，引导公众培育科学精神、科学思想和科学方法，这也是科普领域的供给侧结构性改革。当前，存在科普内容较为陈旧、单调的现象，很多内容是旧事重提，缺乏新颖性、体验性、互动性。要充分利用新一代信息技术特别是互联网、移动互联网、大数据等技术手段，提高科普资源、产品和服务的数字化、网络化、智能化程度，形成一批有影响力的科普文化品牌。加快科普数字化，发展线上展示与线下体验相结合的科普资源服务模式。提升科普内容与全国科技创新中心建设的重点任务、项目和成果的结合度，深度挖掘科技资源的科普内容。

全面提高科普服务的供给水平。在科普图书出版、科普影视创造、科普基地开放、科学传播活动等方面，不仅要传播科学知识和科学结论，更要传播科学过程以及蕴含其中的科学思想、科学方法、科学精神，既要阐述科技作为第一生产力的支撑作用，也要影响人们的思维习惯、行为方式和精神修养。要鼓励、支持和引导科技工作者和科普从业人员做科学的"园丁"，播撒科学的"种子"，让"崇尚科学、探索求真、勇于创新"的科学精神、科学思想、科学方法广泛传播，为全国科技创新中心建设营造浓厚的环境氛围。

（二）正确认识新时代北京科普人才发展优势与挑战，全面加强科普人才队伍建设

中国科学家和科研人员投身科普的意愿、热情、数量、程度远远不够，存在科技人员对于科普"不愿做、不屑做、不敢做、不会做"的"四不"现象。究其主要原因，一是缺乏对科研人员参与科普的评价激励机制，现有的科研评价考核体系尚未将科普纳入其中，无法发挥对科研人员做科普的"指挥棒"作用；二是对科普存在片面认识，认为只有科研水平不高、科研做不下去了才去做科普，把做科普看成"不务正业"或者"可有可无"；三是科普本身有其自身规律和特点，需要科学严谨、客观规范，更需要新颖生动、深入浅出、喜闻乐见。科普要把专业语言转化为大众语言，才能让社会公众愿意听、听得懂、听得进、听得信。

科学家和科研人员在科学普及中应该居主导位置。如果一个科学家能够把科学研究和科学普及结合起来，对于提高科学研究的知名度和影响力，带动社会公众理解科学、参与科学、应用科学，具有独特的意义。近年来，我国欧阳自远、饶毅、郑永春等一大批知名科学家和"科学网红"积极投身科普，起到了很好的示范作用，带动更多科研人员参与科普。例如，中国科学院"老科学家科普演讲团"是科研人员做科普的典型代表，成立20年来累计演讲场次达2.5万场，观众达800万人次，老科学家身上体现的科技报国的情怀、淡泊名利的境界、勤勉敬业的精神、严谨认真的态度，给观众留下了深刻的印象。

要注重对科普人员的引进聚集，鼓励、引导科学家和科研人员投身科普。依托高等院校、科研机构、科普场馆等，建设科普人才培养培训基地，培育专业化科普人才。各部门各区要根据实际情况和具体条件，设置专职科普岗位，提高科普队伍的业务素质和综合服务水平。加强对科普人员的服务保障，逐步提高专业科普人员的工资待遇，加大对科学普及方面贡献的评价认定力度，畅通从事科普工作的专业技术人才职称晋升通道。

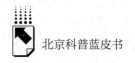

（三）深度挖掘科研成果丰富科普内容，促进全国科技创新中心建设

北京建设全国科技创新中心，科普工作要紧紧围绕"科技创新"这个核心展开。一方面，科普内容要紧跟科技创新中心建设的前沿、热点和重点工作，深度挖掘高校、院所、企业、国家级和北京市级科技创新平台的科技资源和成果，把它们及时转化为科普内容、科普产品；要跟踪宣传科技创新中心建设的最新进展、成效，提升科普的前沿性和先进性，为公众提供更为广阔的科技视野与全新的科普知识。例如，中国科学院"公众科学日"通过开放日的形式打开"院墙"，集中向公众展示科研成果，将大型科研装置、仪器设备、国家重点实验室以及科研活动等供参观者亲身接触，使其能零距离感受科技创新，学习科学知识，体验科学乐趣，科学精神、科学思想像春雨一样"随风潜入夜，润物细无声"。

另一方面，全国科技创新中心建设要求具备创新成果向生产力转化的优质平台和良好机制。因此，科普要面向经济建设主战场，在服务科技成果转化上找结合点，围绕高精尖产业发展和双创需求，借助丰富的科普内容和广泛的宣传推广，通过向公众进行科普展示宣传，为科技创新成果向现实生产力转化提供"催化剂"和"加速器"。让科普真正成为推广科技创新成果和培育创新市场的重要力量，促进科技成果转化和产业化。再如，北京市新技术新产品（服务）首发平台，既是新技术新产品（服务）信息发布和普及推广平台，也是与信息、技术、人才、资金、政策、市场等资源对接平台。

（四）努力实现科普多元化、国际化路径，增强北京科普国际传播力

科学普及要适应分众化、差异化传播趋势，充分利用互联网、新媒体等大众传媒，增强科普的吸引力和感染力。好的科普内容，要通过生动的形式、多样的手段表达出来，一个主题要有多种传播方法，科普工作要活跃起来、有趣起来，充分发挥新媒体的即时性、便捷性、海量性、交互性、共

享性的优势，充分利用信息技术和互联网特别是移动互联网的手段，主动适应公众阅读习惯的变化，通过科普网站、手机、移动电视等媒介和微博、微信等平台，更多采用图示、图片、微视频、动漫、有声读物、互动游戏等形式开发相应的科普产品，提高科普传播效果，加快构建科普传播新格局。

决定科普效果的因素，除了多元主体参与、高质量内容供给以外，还需要创新科普手段和方式。现在，社会公众的需求越来越多样、参与意识越来越强、思想观念越来越多元，科学普及日益呈现人人传播、多向传播、海量传播的特征。单向、平面、受制于时空的传统科普方式已经是"力不从心、难以为继"，科普图书、科学报道仍是主要传播方式，尽管电视台、电台也制作播出了一些科普节目，但是由于制作水平所限和受到播出时段、频道的制约，收视率和收听率不高。

吸收国际化科普推广的经验，是科普推广的重要路径之一。当前，中国创新取得了突飞猛进的进展，为科普发展积累了较强实力，而又没有达到领先和领跑世界的地步。随着"一带一路"建设的推进，中国走向国际化、区域化联动发展迎来重大机遇。在"一带一路"建设的互联、互通、和谐、共融的理念下，在政策沟通、道路联通、贸易畅通、货币流通、民心相通的过程中，借鉴共享"一带一路"国家的科普推广经验，探索科普推广的规律性，追求经验互补、板块共振、经验共享、发展共荣，加快科普升级的步伐，在协同合作中共同成长，有其现实合理性，是值得关注的路径选择。

（五）立足产业生态圈战略，以创新融合态势推动科普产业高质量发展

随着科普与其他领域行业的结合渗透，科普日益呈现产业化特征。当前，科普产业初步成为一个新业态多发、规模快速增长、业务交叉融合、边界日趋扩大的新兴产业。2014 年 10 月，国务院印发《关于加快科技服务业发展的若干意见》，将科学技术普及服务作为科技服务业的重点发展领域，赋予了科普的服务属性和产业形态。2015 年 5 月，北京市政府印发《关于

加快首都科技服务业发展的实施意见》，提出要实施业态培育工程，促进科技咨询和科普服务发展。要加快对科普组织方式、运行机制、商业模式的研究和探索，推动"科普＋其他产业"模式发展，促进科普与教育、文化、旅游、健康、双创、体育、传媒等其他产业和领域的融合发展，丰富科普内涵，培育科普业态。科普同其他领域的融合发展，关键在融为一体、合而为一。要尽快从"相加"阶段迈向"相融"阶段，如京津冀科普之旅、北京农业嘉年华、央视《加油！向未来》电视科普栏目等，用贴近百姓、贴近生活、寓教于乐的方式，达到科普目的，促进新业态的成长。

推动科普产品服务与其他领域深度融合发展，加强科普创意产品研发，推进科普出版、科普影视、科普动漫游戏、科普旅游、科普会展、科普教育、科普创意设计等领域的特色示范园区（基地）建设。发展基于"互联网＋科普服务"的新业态，在移动互联网、新一代信息技术、机器人、3D打印、无人机、绿色纳米技术、智慧城市、远程医疗等领域，积极探索市场化运作的科普发展模式，建立科普产业生态圈。

（六）推广科普工作联席会议、科技周等"科普北京"品牌，扩大辐射引领、带动、服务作用

加强科普工作联席会议的统筹协调、组织指导、资源整合等功能，建立健全部门联席、市区联动、媒体合作、专家协同的工作机制。各成员单位要加强沟通合作，形成更大工作合力。各部门各区要分解重点任务，制定实施科普工作年度计划，明确责任单位和进度安排，有步骤地推进落实科普各项任务。

坚持"政府引导、社会参与、市场机制、创新驱动"，紧紧围绕北京中心工作和重点任务，紧紧围绕满足和引导社会公众的需求，深化"科普北京"品牌，优化科普供给质量，完善科普基础设施，提高科技传播能力，为北京加强"四个中心"功能建设、提高"四个服务"水平、推动首都新发展营造崇尚创新的文化环境、奠定坚实持久的社会基础。各部门各区要为开展科普工作提供有力的服务保障和强大的政策支持。

围绕"三城一区"，建设一批重大科技成果展示推介平台，将科技成果面向社会公众进行宣传，并作为科技计划项目验收考核指标，鼓励支持非涉密的国家级和市级科技计划项目承担单位，及时向社会公布研究进展及成果信息，让科普成为支撑科技创新中心建设的重要载体和有效方式。

参考文献

［1］李群、陈雄、马宗文：《中国公民科学素质报告（2015～2016）》，社会科学文献出版社，2016。

［2］佟贺丰、刘润生、张泽玉：《地区科普力度评价指标体系构建与分析》，《中国软科学》2008年第12期。

［3］李婷：《地区科普能力指标体系的构建及评价研究》，《中国科技论坛》2011年第7期。

［4］张艳、石顺科：《基于因子和聚类分析的全国科普示范县（市、区）科普综合实力评价研究》，《科普研究》2012年第38期。

［5］北京市科技传播中心主编《北京科普发展报告（2017～2018）》，社会科学文献出版社，2018。

［6］王刚、郑念：《科普能力评价的现状和思考》，《科普研究》2017年第1期。

［7］王康友、郑念主编《国家科普能力发展报告（2006～2016）》，社会科学文献出版社，2017。

［8］《国务院关于印发北京加强全国科技创新中心建设总体方案的通知》，国发〔2016〕52号，2016年9月。

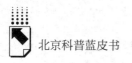

附录1　中国省级科普发展指数（2008～2016年）

（一）中国整体科普发展指数

年份	指数	年份	指数
2008	26.79	2013	40.79
2009	30.88	2014	43.55
2010	33.23	2015	43.80
2011	35.13	2016	44.81
2012	39.52		

（二）中国31个省份科普发展指数

省　份	2008年	2009年	2010年	2011年	2012年	2013年	2014年	2015年	2016年
北　京	2.96	3.19	3.57	3.65	4.15	4.01	4.29	4.55	5.08
天　津	0.50	0.74	0.77	0.93	1.18	1.13	0.99	1.24	1.08
河　北	0.78	0.75	0.96	0.96	1.07	0.98	1.10	1.18	1.18
山　西	0.47	0.40	0.61	0.74	0.74	0.73	0.68	0.53	0.59
内蒙古	0.35	0.51	0.6	0.76	0.82	0.86	0.77	0.97	0.81
辽　宁	0.96	1.26	1.37	1.40	1.51	1.59	1.56	1.63	1.68
吉　林	0.46	0.34	0.44	0.47	0.63	0.63	0.24	0.13	0.16
黑龙江	0.47	0.55	0.56	0.57	0.54	0.60	0.56	0.57	0.72
上　海	1.49	1.72	2.40	2.35	2.74	3.22	5.52	3.37	3.50
江　苏	1.65	2.04	2.20	2.52	2.67	2.90	3.10	3.22	2.99
浙　江	1.55	1.81	2.05	1.86	2.10	2.17	2.32	2.26	2.53
安　徽	0.82	1.02	1.20	1.22	1.10	1.30	1.35	1.25	1.27
福　建	0.89	0.86	0.92	1.11	1.30	1.22	1.40	1.69	1.32
江　西	0.63	0.66	0.79	0.77	0.75	0.75	0.83	0.87	0.91
山　东	0.89	1.31	1.19	1.31	1.57	1.81	2.24	2.21	1.84
河　南	1.15	1.20	1.28	1.33	1.60	1.22	1.34	1.05	1.43
湖　北	1.23	1.57	1.73	1.73	1.78	1.79	2.01	2.15	2.11
湖　南	1.01	1.11	1.00	1.11	1.43	1.44	1.34	1.34	1.58
广　东	1.85	2.42	2.15	1.94	1.86	1.85	1.9	2.26	2.57
广　西	0.90	0.89	0.83	0.81	1.10	1.05	0.89	1.09	1.18
海　南	0.17	0.30	0.31	0.33	0.33	0.32	0.25	0.25	0.29
重　庆	0.46	0.62	0.69	0.74	0.75	1.05	1.07	1.40	1.26

续表

省　份	2008 年	2009 年	2010 年	2011 年	2012 年	2013 年	2014 年	2015 年	2016 年
四　川	1.20	1.40	1.25	1.43	1.96	1.74	1.86	1.67	1.69
贵　州	0.60	0.55	0.55	0.66	0.83	0.91	0.81	1.00	0.92
云　南	1.25	1.16	1.08	1.33	1.44	1.61	1.59	1.89	2.01
西　藏	0.01	0.05	0.04	0.07	0.05	0.10	0.09	0.19	0.16
陕　西	0.71	0.81	0.93	1.05	1.25	1.38	1.22	1.23	1.49
甘　肃	0.48	0.51	0.38	0.52	0.63	0.68	0.69	0.80	0.86
青　海	0.15	0.16	0.40	0.28	0.37	0.27	0.27	0.39	0.34
宁　夏	0.20	0.25	0.23	0.27	0.30	0.34	0.27	0.31	0.34
新　疆	0.55	0.72	0.75	0.91	0.97	1.14	1.00	1.11	0.93

（三）中国31个省份科普人员发展指数

省　份	2008 年	2009 年	2010 年	2011 年	2012 年	2013 年	2014 年	2015 年	2016 年
北　京	0.21	0.28	0.31	0.25	0.29	0.34	0.27	0.25	0.31
天　津	0.08	0.11	0.13	0.11	0.13	0.12	0.12	0.32	0.12
河　北	0.13	0.14	0.14	0.15	0.17	0.17	0.19	0.24	0.23
山　西	0.13	0.11	0.17	0.21	0.21	0.18	0.16	0.14	0.16
内蒙古	0.09	0.11	0.15	0.21	0.17	0.18	0.21	0.17	0.17
辽　宁	0.17	0.20	0.23	0.25	0.28	0.28	0.20	0.22	0.23
吉　林	0.10	0.10	0.12	0.12	0.17	0.17	0.04	0	0.04
黑龙江	0.09	0.10	0.10	0.10	0.09	0.10	0.09	0.08	0.10
上　海	0.16	0.17	0.21	0.23	0.25	0.27	0.29	0.31	0.33
江　苏	0.26	0.29	0.36	0.37	0.4	0.43	0.56	0.68	0.58
浙　江	0.23	0.25	0.25	0.24	0.27	0.29	0.23	0.23	0.30
安　徽	0.20	0.20	0.22	0.28	0.21	0.23	0.30	0.28	0.35
福　建	0.17	0.17	0.16	0.16	0.20	0.14	0.17	0.21	0.19
江　西	0.15	0.16	0.16	0.15	0.15	0.13	0.14	0.17	0.18
山　东	0.19	0.24	0.24	0.20	0.24	0.38	0.46	0.40	0.35
河　南	0.33	0.33	0.31	0.35	0.37	0.32	0.34	0.30	0.33
湖　北	0.26	0.33	0.34	0.32	0.31	0.31	0.33	0.31	0.35
湖　南	0.33	0.32	0.22	0.27	0.32	0.35	0.30	0.29	0.38
广　东	0.27	0.26	0.25	0.26	0.25	0.25	0.25	0.26	0.39
广　西	0.15	0.14	0.13	0.13	0.15	0.13	0.12	0.14	0.15
海　南	0.03	0.05	0.04	0.04	0.04	0.03	0.02	0.02	0.02
重　庆	0.11	0.08	0.09	0.09	0.10	0.10	0.10	0.15	0.16

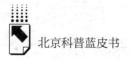

续表

省 份	2008 年	2009 年	2010 年	2011 年	2012 年	2013 年	2014 年	2015 年	2016 年
四 川	0.28	0.30	0.26	0.28	0.35	0.34	0.33	0.31	0.28
贵 州	0.14	0.1	0.08	0.09	0.12	0.09	0.10	0.12	0.13
云 南	0.21	0.22	0.21	0.24	0.24	0.28	0.23	0.26	0.28
西 藏	0	0	0	0.02	0.01	0.01	0.01	0.02	0.02
陕 西	0.15	0.19	0.24	0.28	0.38	0.32	0.30	0.26	0.33
甘 肃	0.10	0.11	0.05	0.10	0.13	0.14	0.13	0.16	0.19
青 海	0.03	0.03	0.02	0.03	0.05	0.04	0.04	0.04	0.03
宁 夏	0.02	0.03	0.03	0.03	0.04	0.06	0.04	0.03	0.05
新 疆	0.07	0.11	0.11	0.13	0.13	0.14	0.12	0.10	0.10

（四）中国31个省份科普经费发展指数

省 份	2008 年	2009 年	2010 年	2011 年	2012 年	2013 年	2014 年	2015 年	2016 年
北 京	2.04	2.10	2.45	2.47	2.82	2.57	2.92	3.10	3.47
天 津	0.13	0.20	0.22	0.21	0.28	0.28	0.29	0.26	0.28
河 北	0.09	0.14	0.25	0.22	0.28	0.22	0.30	0.34	0.47
山 西	0.14	0.14	0.17	0.21	0.21	0.19	0.22	0.13	0.13
内蒙古	0.05	0.10	0.18	0.22	0.28	0.34	0.20	0.38	0.29
辽 宁	0.22	0.46	0.40	0.40	0.43	0.46	0.48	0.56	0.58
吉 林	0.06	0.07	0.11	0.10	0.14	0.14	0.05	0.06	0.03
黑龙江	0.05	0.08	0.09	0.12	0.11	0.16	0.13	0.11	0.20
上 海	0.63	0.75	1.29	1.17	1.43	1.83	4.06	1.85	1.92
江 苏	0.53	0.78	0.87	1.09	1.16	1.19	1.34	1.45	1.28
浙 江	0.60	0.83	0.98	0.87	1.01	1.05	1.25	1.13	1.19
安 徽	0.18	0.28	0.40	0.41	0.39	0.46	0.47	0.44	0.46
福 建	0.31	0.25	0.31	0.44	0.54	0.57	0.73	0.73	0.54
江 西	0.13	0.16	0.21	0.26	0.25	0.25	0.31	0.34	0.32
山 东	0.19	0.25	0.28	0.40	0.60	0.53	0.71	0.74	0.83
河 南	0.20	0.22	0.31	0.34	0.43	0.30	0.40	0.32	0.42
湖 北	0.33	0.47	0.55	0.59	0.58	0.57	0.76	0.95	0.95
湖 南	0.25	0.37	0.30	0.37	0.48	0.45	0.48	0.49	0.65
广 东	0.65	1.23	1.04	0.88	0.86	0.88	0.98	1.28	1.25
广 西	0.18	0.28	0.25	0.27	0.53	0.58	0.39	0.51	0.60

省　份	2008 年	2009 年	2010 年	2011 年	2012 年	2013 年	2014 年	2015 年	2016 年
海　南	0.04	0.1	0.09	0.09	0.09	0.11	0.09	0.12	0.18
重　庆	0.15	0.24	0.29	0.36	0.36	0.52	0.52	0.79	0.68
四　川	0.24	0.37	0.34	0.42	0.57	0.60	0.72	0.64	0.66
贵　州	0.15	0.18	0.20	0.35	0.44	0.58	0.43	0.56	0.51
云　南	0.32	0.32	0.35	0.53	0.62	0.70	0.77	1.01	1.00
西　藏	0	0.03	0.02	0.01	0.01	0.04	0.03	0.10	0.04
陕　西	0.10	0.19	0.21	0.27	0.34	0.43	0.37	0.43	0.47
甘　肃	0.05	0.06	0.04	0.05	0.11	0.13	0.18	0.21	0.24
青　海	0.02	0.03	0.23	0.07	0.13	0.09	0.08	0.20	0.13
宁　夏	0.05	0.07	0.06	0.10	0.09	0.09	0.07	0.08	0.10
新　疆	0.13	0.17	0.18	0.24	0.33	0.44	0.35	0.36	0.27

（五）中国31个省份科普受重视程度发展指数

省　份	2008 年	2009 年	2010 年	2011 年	2012 年	2013 年	2014 年	2015 年	2016 年
北　京	0.04	0.04	0.03	0.03	0.04	0.04	0.03	0.03	0.03
天　津	0.03	0.09	0.10	0.09	0.09	0.09	0.04	0.04	0.03
河　北	0.01	0.01	0.01	0.01	0.01	0.01	0.01	0.01	0.01
山　西	0.02	0.01	0.02	0.03	0.02	0.02	0.02	0.01	0.01
内蒙古	0.01	0.02	0.03	0.04	0.03	0.03	0.03	0.02	0.02
辽　宁	0.02	0.02	0.02	0.02	0.02	0.02	0.02	0.02	0.03
吉　林	0.01	0.02	0.02	0.02	0.03	0.03	0.01	0.01	0.01
黑龙江	0.01	0.02	0.01	0.01	0.02	0.02	0.05	0.01	0.01
上　海	0.02	0.03	0.04	0.04	0.04	0.04	0.05	0.04	0.05
江　苏	0.01	0.03	0.03	0.03	0.03	0.08	0.08	0.07	0.06
浙　江	0.03	0.03	0.03	0.03	0.03	0.03	0.03	0.02	0.03
安　徽	0.01	0.02	0.02	0.05	0.03	0.02	0.02	0.01	0.02
福　建	0.03	0.03	0.03	0.03	0.04	0.02	0.02	0.03	0.02
江　西	0.02	0.02	0.02	0.02	0.01	0.01	0.01	0.01	0.01
山　东	0.01	0.02	0.01	0.01	0.01	0.02	0.02	0.02	0.02
河　南	0.01	0.02	0.02	0.02	0.02	0.01	0.01	0.02	0.02
湖　北	0.02	0.03	0.03	0.03	0.03	0.02	0.02	0.02	0.02
湖　南	0.02	0.03	0.03	0.04	0.04	0.03	0.03	0.02	0.03

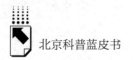
续表

省　份	2008 年	2009 年	2010 年	2011 年	2012 年	2013 年	2014 年	2015 年	2016 年
广　东	0.01	0.02	0.04	0.02	0.01	0.01	0.02	0.01	0.02
广　西	0.02	0.02	0.02	0.02	0.02	0.02	0.01	0.01	0.02
海　南	0.02	0.03	0.02	0.02	0.02	0.01	0.01	0.02	0.02
重　庆	0.02	0.02	0.02	0.02	0.02	0.08	0.08	0.03	0.03
四　川	0.02	0.02	0.02	0.02	0.03	0.02	0.02	0.02	0.03
贵　州	0.02	0.03	0.03	0.03	0.03	0.02	0.02	0.03	0.02
云　南	0.03	0.03	0.04	0.03	0.03	0.04	0.04	0.04	0.04
西　藏	0	0.01	0.01	0.02	0	0.01	0.01	0.02	0.01
陕　西	0.02	0.02	0.02	0.03	0.03	0.03	0.03	0.02	0.03
甘　肃	0.01	0.02	0.01	0.03	0.02	0.03	0.03	0.02	0.03
青　海	0.02	0.02	0.02	0.03	0.06	0.02	0.02	0.02	0.06
宁　夏	0.02	0.04	0.02	0.03	0.04	0.04	0.03	0.04	0.04
新　疆	0.02	0.02	0.02	0.02	0.02	0.02	0.02	0.01	0.02

（六）中国31个省份科普传媒发展指数

省　份	2008 年	2009 年	2010 年	2011 年	2012 年	2013 年	2014 年	2015 年	2016 年
北　京	0.17	0.20	0.21	0.26	0.29	0.32	0.27	0.38	0.32
天　津	0.03	0.04	0.05	0.04	0.04	0.06	0.07	0.06	0.07
河　北	0.07	0.06	0.06	0.08	0.09	0.08	0.09	0.09	0.05
山　西	0.04	0.03	0.03	0.05	0.05	0.07	0.04	0.05	0.04
内蒙古	0.02	0.04	0.04	0.04	0.08	0.04	0.05	0.10	0.03
辽　宁	0.06	0.08	0.12	0.09	0.09	0.09	0.13	0.13	0.14
吉　林	0.05	0.02	0.04	0.03	0.03	0.03	0.02	0.01	0.01
黑龙江	0.03	0.04	0.03	0.03	0.03	0.02	0.02	0.05	0.03
上　海	0.07	0.08	0.09	0.10	0.14	0.15	0.16	0.17	0.16
江　苏	0.10	0.12	0.12	0.09	0.08	0.09	0.08	0.12	0.06
浙　江	0.07	0.07	0.15	0.14	0.09	0.07	0.12	0.13	0.19
安　徽	0.05	0.07	0.06	0.04	0.05	0.08	0.07	0.05	0.05
福　建	0.04	0.05	0.06	0.05	0.05	0.04	0.02	0.09	0.04
江　西	0.04	0.04	0.05	0.04	0.05	0.08	0.07	0.08	0.10
山　东	0.07	0.09	0.06	0.06	0.07	0.09	0.12	0.11	0.06
河　南	0.10	0.09	0.09	0.07	0.07	0.07	0.05	0.05	0.07

续表

省　份	2008 年	2009 年	2010 年	2011 年	2012 年	2013 年	2014 年	2015 年	2016 年
湖　北	0.10	0.10	0.07	0.09	0.09	0.10	0.11	0.12	0.08
湖　南	0.07	0.07	0.10	0.06	0.08	0.08	0.04	0.03	0.05
广　东	0.09	0.08	0.07	0.08	0.08	0.08	0.07	0.11	0.17
广　西	0.06	0.06	0.05	0.05	0.06	0.05	0.03	0.05	0.04
海　南	0.01	0.02	0.02	0.03	0.03	0.01	0.01	0.02	0.02
重　庆	0.03	0.07	0.07	0.03	0.04	0.05	0.04	0.06	0.07
四　川	0.07	0.10	0.09	0.07	0.22	0.07	0.07	0.11	0.06
贵　州	0.06	0.03	0.04	0.02	0.03	0.03	0.03	0.03	0.02
云　南	0.07	0.06	0.05	0.04	0.07	0.08	0.06	0.09	0.08
西　藏	0	0	0.01	0.01	0.01	0.01	0.01	0.02	0.01
陕　西	0.05	0.05	0.06	0.06	0.06	0.06	0.07	0.08	0.06
甘　肃	0.04	0.05	0.04	0.05	0.05	0.05	0.05	0.06	0.07
青　海	0.01	0.01	0.02	0.02	0.02	0.02	0.01	0.03	0.02
宁　夏	0.02	0.01	0.01	0.01	0.01	0.01	0.01	0.02	0.01
新　疆	0.04	0.08	0.09	0.07	0.05	0.08	0.06	0.12	0.03

（七）中国31个省份科普活动发展指数

省　份	2008 年	2009 年	2010 年	2011 年	2012 年	2013 年	2014 年	2015 年	2016 年
北　京	0.32	0.37	0.35	0.37	0.42	0.41	0.37	0.43	0.52
天　津	0.16	0.24	0.21	0.41	0.56	0.50	0.40	0.49	0.51
河　北	0.32	0.24	0.31	0.29	0.30	0.29	0.30	0.30	0.24
山　西	0.10	0.07	0.13	0.14	0.14	0.14	0.13	0.11	0.13
内蒙古	0.12	0.16	0.13	0.15	0.13	0.15	0.14	0.14	0.13
辽　宁	0.30	0.28	0.35	0.36	0.37	0.38	0.36	0.34	0.33
吉　林	0.17	0.07	0.07	0.10	0.15	0.15	0.05	0	0.03
黑龙江	0.18	0.18	0.18	0.18	0.17	0.17	0.14	0.15	0.16
上　海	0.29	0.34	0.40	0.41	0.47	0.47	0.49	0.51	0.54
江　苏	0.52	0.54	0.54	0.65	0.70	0.75	0.64	0.58	0.67
浙　江	0.45	0.39	0.41	0.35	0.41	0.39	0.37	0.39	0.48
安　徽	0.25	0.27	0.30	0.22	0.22	0.25	0.24	0.23	0.22
福　建	0.23	0.25	0.21	0.26	0.26	0.22	0.24	0.28	0.21
江　西	0.22	0.16	0.23	0.18	0.17	0.18	0.17	0.16	0.16

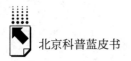

续表

省　份	2008 年	2009 年	2010 年	2011 年	2012 年	2013 年	2014 年	2015 年	2016 年
山　东	0.21	0.29	0.16	0.20	0.20	0.30	0.40	0.47	0.24
河　南	0.38	0.37	0.37	0.36	0.40	0.41	0.34	0.21	0.37
湖　北	0.24	0.33	0.35	0.34	0.37	0.41	0.38	0.34	0.34
湖　南	0.24	0.21	0.22	0.22	0.28	0.30	0.26	0.25	0.23
广　东	0.39	0.40	0.32	0.31	0.29	0.24	0.21	0.20	0.26
广　西	0.40	0.29	0.28	0.24	0.20	0.18	0.21	0.26	0.22
海　南	0.05	0.07	0.07	0.07	0.07	0.06	0.04	0.04	0.04
重　庆	0.10	0.11	0.14	0.14	0.15	0.21	0.21	0.20	0.15
四　川	0.41	0.39	0.34	0.43	0.50	0.49	0.49	0.38	0.39
贵　州	0.17	0.15	0.14	0.12	0.16	0.13	0.17	0.20	0.17
云　南	0.53	0.40	0.32	0.35	0.35	0.36	0.34	0.32	0.41
西　藏	0	0	0	0.01	0.01	0.02	0.01	0.01	0.01
陕　西	0.30	0.24	0.28	0.29	0.30	0.38	0.31	0.25	0.40
甘　肃	0.21	0.20	0.13	0.20	0.23	0.24	0.23	0.26	0.26
青　海	0.06	0.05	0.04	0.07	0.06	0.05	0.06	0.06	0.07
宁　夏	0.05	0.06	0.06	0.05	0.05	0.06	0.07	0.07	0.06
新　疆	0.24	0.26	0.27	0.33	0.29	0.31	0.30	0.33	0.33

（八）中国31个省份科普设施发展指数

省　份	2008 年	2009 年	2010 年	2011 年	2012 年	2013 年	2014 年	2015 年	2016 年
北　京	0.19	0.21	0.22	0.27	0.30	0.32	0.44	0.37	0.42
天　津	0.07	0.06	0.06	0.07	0.08	0.08	0.09	0.09	0.07
河　北	0.16	0.16	0.19	0.21	0.21	0.21	0.21	0.21	0.17
山　西	0.05	0.05	0.09	0.11	0.11	0.12	0.12	0.09	0.11
内蒙古	0.04	0.08	0.08	0.10	0.13	0.13	0.15	0.16	0.16
辽　宁	0.20	0.23	0.25	0.28	0.31	0.36	0.37	0.36	0.38
吉　林	0.06	0.06	0.08	0.09	0.11	0.11	0.07	0.05	0.05
黑龙江	0.10	0.13	0.14	0.13	0.13	0.14	0.13	0.17	0.20
上　海	0.32	0.34	0.38	0.40	0.41	0.46	0.47	0.49	0.50
江　苏	0.23	0.29	0.28	0.29	0.31	0.36	0.40	0.32	0.35
浙　江	0.17	0.23	0.24	0.24	0.30	0.34	0.32	0.37	0.34
安　徽	0.12	0.19	0.20	0.22	0.21	0.26	0.26	0.24	0.17

省　份	2008 年	2009 年	2010 年	2011 年	2012 年	2013 年	2014 年	2015 年	2016 年
福　建	0.11	0.13	0.14	0.17	0.22	0.22	0.22	0.36	0.31
江　西	0.08	0.11	0.11	0.12	0.12	0.10	0.12	0.10	0.14
山　东	0.22	0.42	0.44	0.43	0.46	0.49	0.52	0.48	0.35
河　南	0.12	0.17	0.17	0.19	0.32	0.12	0.19	0.15	0.21
湖　北	0.27	0.31	0.38	0.37	0.39	0.38	0.40	0.40	0.36
湖　南	0.10	0.12	0.13	0.16	0.23	0.23	0.24	0.24	0.24
广　东	0.43	0.44	0.44	0.39	0.37	0.39	0.37	0.40	0.47
广　西	0.09	0.09	0.10	0.11	0.14	0.11	0.13	0.11	0.15
海　南	0.01	0.03	0.07	0.08	0.08	0.09	0.08	0.03	0.02
重　庆	0.05	0.09	0.09	0.09	0.09	0.09	0.12	0.17	0.17
四　川	0.17	0.22	0.19	0.21	0.30	0.21	0.23	0.21	0.29
贵　州	0.06	0.07	0.06	0.06	0.06	0.06	0.06	0.06	0.07
云　南	0.10	0.13	0.13	0.15	0.13	0.14	0.14	0.18	0.19
西　藏	0	0	0	0.01	0.01	0.01	0.01	0.02	0.07
陕　西	0.08	0.12	0.13	0.12	0.14	0.15	0.15	0.19	0.20
甘　肃	0.06	0.08	0.10	0.10	0.09	0.09	0.07	0.09	0.08
青　海	0.02	0.03	0.05	0.06	0.05	0.06	0.05	0.05	0.04
宁　夏	0.05	0.04	0.05	0.06	0.06	0.07	0.05	0.07	0.08
新　疆	0.06	0.08	0.09	0.12	0.14	0.15	0.16	0.20	0.18

（九）热点地区科普发展指数

按照热点地区划分为以下 3 类。

京津冀地区：北京、天津、河北。

长三角地区：上海、江苏、浙江。

泛珠三角地区：福建、江西、湖南、广东、广西、海南、四川、贵州、云南。

区域总体科普发展指数									
热点地区	2008 年	2009 年	2010 年	2011 年	2012 年	2013 年	2014 年	2015 年	2016 年
京津冀	4.24	4.68	5.30	5.54	6.40	6.12	6.38	6.97	7.34
长三角	4.69	5.57	6.65	6.73	7.51	8.29	10.94	8.85	9.02
泛珠三角	8.50	9.35	8.88	9.49	11.00	10.89	10.87	12.06	12.46

续表

区域内各省份平均发展指数								
热点地区	2008 年	2009 年	2010 年	2011 年	2012 年	2013 年	2014 年	2015 年	2016 年
京津冀	1.41	1.56	1.77	1.85	2.13	2.04	2.13	2.32	2.45
长三角	1.56	1.86	2.22	2.24	2.50	2.76	3.65	2.95	3.00
泛珠三角	0.94	1.04	0.99	1.05	1.22	1.21	1.21	1.34	1.38

按照东、中、西地带划分为以下 3 类。

东部：北京、天津、河北、辽宁、上海、江苏、浙江、福建、山东、广东、广西、海南。

中部：山西、内蒙古、吉林、黑龙江、安徽、江西、河南、湖北、湖南。

西部：重庆、四川、贵州、云南、西藏、陕西、甘肃、宁夏、青海、新疆。

区域总体科普发展指数								
区域	2008 年	2009 年	2010 年	2011 年	2012 年	2013 年	2014 年	2015 年	2016 年
东部	13.69	16.40	17.89	18.36	20.48	21.20	24.67	23.86	24.06
中部	6.24	6.85	7.61	7.94	8.57	8.46	8.35	7.89	8.77
西部	6.86	7.63	7.73	8.83	10.47	11.13	10.53	12.05	11.98

区域内各省份平均发展指数								
区域	2008 年	2009 年	2010 年	2011 年	2012 年	2013 年	2014 年	2015 年	2016 年
东部	1.24	1.49	1.63	1.67	1.86	1.93	2.24	2.17	2.18
中部	0.78	0.86	0.95	0.99	1.07	1.06	1.04	0.99	1.09
西部	0.57	0.64	0.64	0.74	0.87	0.93	0.88	1.00	1.00

附录 2　北京各区科普发展指数（2008～2016 年）

（一）北京各区科普发展指数

地　　区	2008 年	2009 年	2010 年	2011 年	2012 年	2013 年	2014 年	2015 年	2016 年
东 城 区	0.88	1.00	2.44	1.22	2.28	1.22	1.27	2.43	2.35
西 城 区	7.90	1.61	1.79	2.50	2.73	3.21	3.16	2.58	3.17
朝 阳 区	5.53	3.86	3.31	4.56	5.60	4.74	4.92	4.04	6.58
丰 台 区	0.74	0.39	0.36	0.75	0.76	1.01	0.80	0.91	0.82
石景山区	0.40	0.33	0.57	0.50	0.42	0.69	0.46	0.64	0.51
海 淀 区	3.22	7.41	6.72	4.13	4.60	3.48	4.52	5.59	6.98
门头沟区	0.25	0.28	0.15	0.20	0.23	0.39	0.34	0.61	0.30
房 山 区	0.44	0.17	0.12	0.08	0.44	0.65	0.19	0.43	0.57
通 州 区	0.34	0.15	0.57	0.56	0.36	0.30	0.25	0.33	0.47
顺 义 区	0.37	0.34	0.24	0.17	0.30	0.32	0.28	0.34	0.42
昌 平 区	0.65	1.01	0.80	0.60	0.78	1.08	0.73	0.87	0.89
大 兴 区	0.76	0.44	0.52	0.59	0.47	2.01	0.82	0.71	0.23
怀 柔 区	0.20	0.07	0.12	0.21	0.14	0.17	1.00	0.40	0.23
平 谷 区	0.32	0.16	0.15	0.11	0.20	0.19	0.29	0.46	0.25
密 云 区	0.36	0.22	0.16	0.16	0.44	0.39	0.40	0.46	0.34
延 庆 区	0.71	0.16	0.15	0.14	0.36	0.42	0.47	0.45	0.43

（二）北京各区科普人员发展指数

地　　区	2008 年	2009 年	2010 年	2011 年	2012 年	2013 年	2014 年	2015 年	2016 年
东 城 区	0.23	0.30	0.50	0.40	0.41	0.40	0.44	0.33	0.47
西 城 区	0.55	0.39	0.36	0.39	0.44	0.96	0.50	0.43	0.52
朝 阳 区	0.78	0.87	0.93	1.08	1.04	1.23	0.95	0.63	1.34
丰 台 区	0.07	0.09	0.07	0.16	0.15	0.18	0.18	0.18	0.18
石景山区	0.06	0.05	0.06	0.14	0.11	0.08	0.09	0.03	0.03
海 淀 区	0.82	1.62	1.94	0.96	1.30	0.90	0.77	1.29	1.31
门头沟区	0.04	0.04	0.03	0.04	0.03	0.06	0.05	0.07	0.13

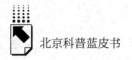

续表

地 区	2008 年	2009 年	2010 年	2011 年	2012 年	2013 年	2014 年	2015 年	2016 年
房 山 区	0.11	0.08	0.04	0.03	0.17	0.26	0.09	0.08	0.12
通 州 区	0.03	0.02	0.03	0.04	0.08	0.07	0.04	0.08	0.10
顺 义 区	0.04	0.08	0.08	0.05	0.05	0.09	0.05	0.07	0.32
昌 平 区	0.07	0.18	0.11	0.08	0.08	0.26	0.19	0.21	0.09
大 兴 区	0.19	0.16	0.14	0.12	0.16	0.21	0.27	0.27	0.01
怀 柔 区	0.03	0.02	0.03	0.02	0.03	0.03	0.12	0.10	0.09
平 谷 区	0.05	0.04	0.04	0.04	0.06	0.05	0.12	0.16	0.15
密 云 区	0.04	0.07	0.09	0.04	0.06	0.06	0.06	0.08	0.09
延 庆 区	0.08	0.07	0.07	0.07	0.06	0.10	0.12	0.09	0.10

（三）北京各区科普经费发展指数

由于数值较小，在原有计算数据基础上乘以 10 以便于观察。

地 区	2008 年	2009 年	2010 年	2011 年	2012 年	2013 年	2014 年	2015 年	2016 年
东 城 区	0.93	0.09	0.54	0.26	0.51	0.38	0.55	0.65	0.46
西 城 区	20.44	0.56	0.84	0.98	0.94	0.69	0.83	0.34	0.51
朝 阳 区	8.26	0.98	0.72	1.33	1.42	2.12	1.96	2.99	1.64
丰 台 区	0.56	0.03	0.26	0.73	0.73	0.36	0.40	0.63	0.60
石景山区	0.15	0.04	0.02	0.02	0.02	0.04	0.04	0.25	0.12
海 淀 区	6.83	1.85	1.82	1.02	1.25	1.25	1.51	0.38	2.44
门头沟区	0.14	0.06	0.02	0.03	0.03	0.04	0.04	0.10	0.06
房 山 区	0.25	0.03	0.03	0.01	0.05	0.08	0.05	0.07	0.07
通 州 区	0.18	0.01	0.01	0.03	0.05	0.10	0.10	0.08	0.09
顺 义 区	0.27	0.02	0.03	0.02	0.02	0.07	0.03	0.03	0.03
昌 平 区	0.63	0.53	0.55	0.53	0.54	0.06	0.06	0.27	0.18
大 兴 区	0.44	0.05	0.05	0.05	0.09	0.09	0.14	0.06	0.08
怀 柔 区	0.14	0.03	0.03	0.03	0.04	0.03	0.04	0.09	0.06
平 谷 区	0.27	0.03	0.05	0.02	0.04	0.07	0.02	0.03	0.02
密 云 区	0.33	0.06	0.03	0.03	0.04	0.03	0.03	0.10	0.08
延 庆 区	0.46	0.04	0.04	0.04	0.04	0.13	0.11	0.08	0.09

（四）北京各区科普受重视程度发展指数

地　　区	2008 年	2009 年	2010 年	2011 年	2012 年	2013 年	2014 年	2015 年	2016 年
东 城 区	0.26	0.04	0.15	0.07	0.12	0.10	0.10	0.09	0.09
西 城 区	3.34	0.12	0.13	0.13	0.09	0.09	0.09	0.03	0.04
朝 阳 区	3.08	0.25	0.08	0.10	0.12	0.13	0.10	0.10	0.17
丰 台 区	0.28	0.02	0.06	0.13	0.09	0.04	0.04	0.04	0.10
石景山区	0.15	0.06	0.03	0.03	0.04	0.04	0.03	0.04	0.07
海 淀 区	1.17	0.31	0.19	0.11	0.12	0.07	0.09	0.04	0.05
门头沟区	0.10	0.07	0.02	0.02	0.02	0.02	0.02	0.03	0.09
房 山 区	0.15	0.02	0.01	0.01	0.02	0.03	0.01	0.02	0.02
通 州 区	0.14	0.02	0.01	0.01	0.02	0.02	0.01	0.01	0.03
顺 义 区	0.16	0.03	0.03	0.01	0.01	0.03	0.03	0.03	0.02
昌 平 区	0.45	0.38	0.17	0.15	0.14	0.02	0.02	0.04	0.07
大 兴 区	0.30	0.05	0.03	0.03	0.03	0.03	0.03	0.03	0.01
怀 柔 区	0.13	0.03	0.03	0.03	0.04	0.03	0.04	0.04	0.05
平 谷 区	0.22	0.03	0.03	0.02	0.03	0.02	0.01	0.02	0.02
密 云 区	0.26	0.05	0.02	0.02	0.02	0.03	0.03	0.04	0.05
延 庆 区	0.53	0.05	0.04	0.04	0.04	0.05	0.08	0.05	0.05

（五）北京各区科普传媒发展指数

地　　区	2008 年	2009 年	2010 年	2011 年	2012 年	2013 年	2014 年	2015 年	2016 年
东 城 区	0.02	0.02	0.05	0.06	0.20	0.05	0.06	0.23	0.20
西 城 区	0.16	0.08	0.05	0.16	0.16	0.31	0.21	0.23	0.23
朝 阳 区	0.44	0.27	0.32	0.37	0.32	0.37	0.23	0.31	0.27
丰 台 区	0.01	0	0.01	0.04	0.04	0.03	0.03	0.03	0.09
石景山区	0.01	0.01	0	0.01	0	0.14	0.06	0.08	0.07
海 淀 区	0.14	0.33	0.34	0.21	0.29	0.21	0.17	0.38	0.25
门头沟区	0.01	0	0	0.01	0.01	0.01	0	0.01	0
房 山 区	0.01	0	0	0	0.01	0.01	0.01	0.01	0.01

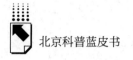
续表

地　　区	2008 年	2009 年	2010 年	2011 年	2012 年	2013 年	2014 年	2015 年	2016 年
通 州 区	0	0	0	0.01	0	0	0	0.01	0
顺 义 区	0	0	0	0	0	0	0	0.02	0.01
昌 平 区	0.01	0.02	0.01	0.01	0.01	0.02	0.03	0.03	0.02
大 兴 区	0.02	0.01	0	0	0	0.01	0.01	0.01	0.02
怀 柔 区	0.01	0	0.01	0.01	0.01	0.01	0	0.03	0
平 谷 区	0	0	0	0	0.01	0	0	0.01	0.01
密 云 区	0	0	0	0.01	0.01	0.01	0	0.01	0.01
延 庆 区	0.01	0.01	0	0	0.01	0.01	0.01	0.02	0.01

（六）北京各区科普活动发展指数

科技竞赛次数和实用技术培训两项二级指标自 2009 年开始统计，因此以 2009 年为标杆期，2008 年记指标值记为 0。

地　　区	2008 年	2009 年	2010 年	2011 年	2012 年	2013 年	2014 年	2015 年	2016 年
东 城 区	0.23	0.53	1.63	0.61	1.30	0.58	0.49	1.51	1.43
西 城 区	1.24	0.92	1.10	1.65	1.72	1.49	1.81	1.30	1.93
朝 阳 区	0.05	1.87	1.37	2.31	1.84	1.57	2.15	2.44	3.76
丰 台 区	0.21	0.17	0.09	0.26	0.19	0.63	0.23	0.43	0.21
石景山区	0.05	0.02	0.29	0.15	0.07	0.24	0.09	0.34	0.15
海 淀 区	0.04	4.21	3.31	1.99	2.34	1.88	2.54	2.12	3.45
门头沟区	0	0.06	0	0.05	0.08	0.22	0.18	0.35	0
房 山 区	0.13	0.05	0.06	0.04	0.22	0.15	0.07	0.22	0.41
通 州 区	0.06	0.03	0.45	0.42	0.04	0.12	0.10	0.08	0.20
顺 义 区	0.13	0.21	0.11	0.09	0.23	0.16	0.16	0.13	0.05
昌 平 区	0.05	0.36	0.45	0.29	0.34	0.60	0.31	0.32	0.41
大 兴 区	0.17	0.09	0.17	0.26	0.15	1.36	0.30	0.39	0.11
怀 柔 区	0	0	0.04	0.13	0.05	0.08	0.12	0.12	0.07
平 谷 区	0	0.07	0.07	0.04	0.09	0.10	0.08	0.06	0.06
密 云 区	0.01	0.05	0	0.03	0.12	0.11	0.14	0.15	0.07
延 庆 区	0.02	0.01	0.02	0.01	0.15	0.15	0.15	0.19	0.17

（七）北京各区科普设施发展指数

地　　区	2008 年	2009 年	2010 年	2011 年	2012 年	2013 年	2014 年	2015 年	2016 年
东 城 区	0.05	0.11	0.05	0.05	0.19	0.06	0.13	0.21	0.12
西 城 区	0.56	0.04	0.06	0.07	0.22	0.28	0.46	0.55	0.41
朝 阳 区	0.35	0.51	0.54	0.56	2.14	1.24	1.30	0.26	0.88
丰 台 区	0.11	0.10	0.09	0.09	0.22	0.10	0.28	0.17	0.17
石景山区	0.11	0.19	0.18	0.18	0.20	0.18	0.18	0.13	0.17
海 淀 区	0.37	0.76	0.76	0.75	0.44	0.28	0.80	1.72	1.68
门头沟区	0.09	0.11	0.10	0.09	0.09	0.09	0.08	0.15	0.07
房 山 区	0.02	0.01	0.01	0	0.02	0.20	0.01	0.10	0
通 州 区	0.08	0.08	0.08	0.08	0.22	0.08	0.08	0.14	0.14
顺 义 区	0.02	0.01	0.02	0.02	0.01	0.02	0.03	0.10	0
昌 平 区	0.01	0.02	0.01	0.02	0.16	0.17	0.17	0.24	0.29
大 兴 区	0.03	0.12	0.18	0.18	0.11	0.39	0.20	0.01	0.08
怀 柔 区	0.01	0.01	0.01	0.02	0.02	0.02	0.72	0.11	0.01
平 谷 区	0.02	0.01	0.01	0	0.01	0	0.07	0.21	0
密 云 区	0.02	0.04	0.04	0.05	0.22	0.18	0.16	0.17	0.12
延 庆 区	0.02	0.01	0.01	0.01	0.10	0.10	0.10	0.10	0.09

（八）北京城市区域发展指数

核心功能区：东城区、西城区。

城市功能拓展区：朝阳区、海淀区、丰台区、石景山区。

城市发展新区：通州区、顺义区、大兴区、昌平区、房山区①。

生态涵养发展区：门头沟区、平谷区、怀柔区、密云区、延庆区。

---

① 北京科普统计数据中不包含亦庄开发区，故不列该区。

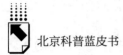

城市区域科普发展指数

区域	2008 年	2009 年	2010 年	2011 年	2012 年	2013 年	2014 年	2015 年	2016 年
核心功能区	8.78	2.61	4.23	3.72	5.01	4.43	4.43	5.01	5.52
城市功能拓展区	9.89	11.99	10.96	9.94	11.38	9.92	10.70	11.18	14.89
城市发展新区	2.56	2.11	2.25	2.00	2.35	4.36	2.27	2.68	2.58
生态涵养发展区	1.84	0.89	0.73	0.82	1.37	1.56	2.50	2.38	1.55

城市区域平均发展指数

区域	2008 年	2009 年	2010 年	2011 年	2012 年	2013 年	2014 年	2015 年	2016 年
核心功能区	4.39	1.31	2.12	1.86	2.50	2.21	2.21	2.50	2.76
城市功能拓展区	2.47	3.00	2.74	2.48	2.84	2.48	2.67	2.80	3.72
城市发展新区	0.51	0.42	0.45	0.40	0.47	0.87	0.45	0.54	0.52
生态涵养发展区	0.37	0.18	0.15	0.16	0.27	0.31	0.50	0.48	0.31

理 论 探 讨

Theory Reports

B.2
北京科普供给侧结构性改革与创新研究

高畅 刘涛*

摘　要： 科技创新和科学普及是实现创新发展的两翼。随着国家创新驱动战略的不断推进，科普需求也发生了变化。本报告从科普供给总量、科普资源建设和科普需求变化等方面分析了目前科普供给侧的主要问题，重点研究了北京科普资源建设在制度建设、传播方式、产业化发展等方面的措施和创新手段，并对北京推进科普供给侧结构性改革中的作法进行了理论和实践方面的研究。

关键词： 科普资源优化　科普供需匹配　科普能力建设

* 高畅，博士，副研究员，北京市科技传播中心副主任，主要研究方向：科技传播与科学普及，科技创新战略。刘涛，中国社会科学院研究生院数量经济与技术经济研究所博士生，主要研究方向：科普评价。

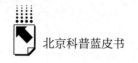

2017年，习近平总书记在"科技三会"上提出了"科技创新和科学普及同等重要"的重要理论，为科普事业给出全新定位并指明发展方向。在这一理论的指导下，北京科普事业蓬勃发展，各类科普投入快速增长，科普主体活力全面激发，科普供给能力逐年提升。

随着北京科普工作从数量增长方式迈向高质量增长方式，北京全面推进科普供给侧结构性改革。从供给总量上，通过加速科普人才队伍建设，稳定加大科普经费投入，继续组织一系列高水平科普活动以实现科普总量快速提高。北京结合社会科普需求最新变化，积极改善科普供给方式，扭转了科普供需不匹配情况。以推进科普媒体创新与融合、加速科普产业化、进一步增强科学精神传播为举措，实现北京科普新型供给方式。通过北京一系列科普供给侧结构性改革创新举措，在打造北京科普之都、服务全国科技创新中心建设方面，为全国其他地区开展科普改革提供了样本。

一　北京科普供需最新变化

科普的供给能力决定了科普的需求层次。科普是一项通过政府推动，向社会提供的公共服务。其目标是提高公民科学素质，努力提高科普供给水平，是推动科普事业发展的主要方面。

科普受众渴望什么样的科普服务，希望通过哪种渠道获取科普资讯，均受到科普供给水平的制约。随着信息技术的发展，公众获取知识的渠道极大拓宽，接受知识的方式发生深刻变化。北京公众科学素质提升也对科普内容、科普方式提出更高的要求。北京需要积极应对科普需求变化，积极推动科普供给侧结构性改革。目前来看，科普供给侧面临供给总量不足、科普供给与需求存在一定程度的脱节、供给层级针对性不强等挑战。

（一）科普供给总量不足

从全国范围看，科普人才总量不足，专业的科普管理、创作、讲解人员数量不足，特别是能够产生较大科普影响力的明星科普作者、科普讲解员数量较少。从培养机制来看，国内仅有少量的高校设置科普相关专业，科普人才培养长期依赖其他专业人员转入。培养兼职科普人员是重要的科普人才供给方式，在科普创作中，大量科学家无偿参与科普文章的撰写和审阅，科普市场机制缺乏导致科研人员参与科普的意愿不足。在对科学家开展科普工作的现状进行分析后发现，缺乏激励机制是目前制约科学家开展科普的主要因素。

城乡之间科普方式和途径仍然存在差异。城市中的科普活动仍然以面向科技爱好者、青少年群体为主，同时科普场馆的接待能力远远达不到全民普惠式的科普服务水平。此外，农村地区的科普活动主要通过科技大篷车、科普展板、科普展示栏等方式，科普参与深度同城市差异明显。

（二）科普需求迅速增长

居民收入提高促进科普需求快速增长。截至 2015 年，中国人均 GDP 为 6416 美元（以 2010 年不变美元计）。按照世界银行的划分标准，中国人均收入已经进入后中等收入阶段。

科普需求是一种高级的发展需求，随着居民生活水平提高，公众在健康生活、科学劳动等方面的科普需求越发强烈。公众在子女教育上更加关注科普知识，对科学知识的体验性学习需求更加强烈。公众对科技发展前沿的需求也更加迫切。科普需求的快速增长，拉动科普参观、科普旅游、科普阅读数量逐年上升，人们对科普活动、科普创作内容更新的要求更加迫切。

公众对科普资讯的阅读方式正在发生革命性的变化。传统的单向科普已经无法满足当代科普受众的需求。进入 WEB 2.0 时代后，科普在内容与形式面临双重考验。在科普内容上，假新闻、伪科普在当前网络环境下负面作用更加明显，受众比以往更加需要科学权威对社会热点科技问题、重大科学议题、科学伦理给出正确回应，这要求现代科普必须紧跟社会医疗热点和公众关注焦点，实现快速反应，同反科学的资讯抢占关注点；在科普形式上，

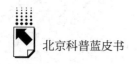
社交网络、自媒体等互联网产品的广泛应用改变了受众的接收习惯，传统的科普志愿者讲解、邀请科学家访谈已不足以满足目前的公众需求。公众渴望参与科技议题讨论，希望同科技工作者实时面对面交流，期待互动性的科普活动。此外，各类科普机构"两微一端"建设和新媒体融合所产生的社会影响力仍有提升空间，增强这些机构开展科普的双向性和互动性仍是亟待解决的问题。

提高科普重点人群的科学素质对科普提出更高要求。随着社会高学历人才数量逐年增多，对受过高等教育的中青年群体开展科普，必然要求更加紧抓前沿的科普知识，需要一定的深度探讨，才能来进一步满足高学历人才拓展自身科学素质的需求。提高公务员队伍的科学素质，对实现创新驱动发展战略意义重大。

（三）科普内容亟须更新

科普的内容在一定程度上与群众的旺盛知识需求脱节，特别是在公众最关心的健康生活议题上，长期性的专题科普项目较少。开展科普工作，需要准确把握公众的着眼点，避免科普内容、科普方式和手段与不同科普受众的需求重点不匹配。科普内容供需不匹配，将会导致科普效果迅速下降，甚至是"无功而返"。

一方面，需要引导公众，在系统化教育之外提高对科学的认知能力；另一方面，必须做好受众研究。把握受众的接受能力和意愿，让人民群众在接受科普时能够改善生活质量，提高工作、学习效率。多位学者曾开展科普需求专题调查，从全国14个大中城市来看，公众关心的科普议题集中在医疗保健、食品安全、营养膳食3个领域。对北京社区的科普调查进一步发现，北京居民除对医疗保健、营养膳食、科学健身等科普议题的兴趣较高外，随着国家科技进步战略和人口政策变化，对科技前沿突破和科学育儿两个方面也较为关注。实现科普供给侧结构性改革，促进北京科普事业全面发展，需要在深入了解科普受众需求的基础上，进一步通过科普宣传来引导。

二 北京科普供给基本情况

（一）科普专兼职人员队伍稳定

2011～2016 年北京地区科普人员基本维持在 5.4 万人左右，其中，科普专职人员维持在 9000 人左右，科普兼职人员 4.5 万人左右。中央在京科普人员维持在 1 万人左右，市属科普人员维持在 1 万人左右，区属科普人员 2.9 万人左右。根据 2016 年北京科普统计数据，北京各个地区科普兼职人员基本占全部科普人员的 80% 以上，城市发展新区达90.44%。

（二）科普经费投入继续位居全国前列

2016 年，北京市科普经费筹集额为 25.13 亿元，在全国名列前茅，尽管比 2015 年仅增加了 3.87 亿元，科普专项经费也只是增加了 0.64 亿元，但是人均科普专项经费同比增加了 109%，达到了 115.65 元。科普经费筹集额中政府拨款占比 71.8%，为 18.04 亿元，同比增加 9.63%，由此可见政府对我国科普日益重视。

2016 年，北京市科普经费使用额达到 23.32 亿元，其中科普活动支出是科普经费的主要开支项目，高达 14.43 亿元，占支出总额的 61.88%，远远超出科普场馆建设支出的 3.19 亿元、行政和其他支出的 5.7 亿元。

（三）科普传媒稳定发展

2016 年，北京市科普传媒的发展更加健康和稳定。全年出版科普图书 3572 种，多达 2869.52 万册；出版面向不同年龄段的科普期刊 130 种，数量上也达到了 3702.64 万册；出版发行科普科技音像制品 170 种共45.72 万份；为了更好地开展科普工作，面向学生和社会青年免费发放科普资料和读物 7822 万份；除了有形载体出版物，还通过网络和多媒体进

行科普推广，建立科普网站 359 个，电台、电视台播出科普科技类节目 9497 小时。

（四）科普活动覆盖面扩大

2016 年全年，北京市举办了丰富多彩的科普活动，各项数量均位居全国前列。举办科普、科技知识竞赛 2367 次，报名选手达 1016 万人；为 3850 万人次提供各种科普、科技专题展览 4286 次；各级学校和社会组织为 37.08 万名青少年组织科技兴趣小组 3153 个，增加了广大青少年对科技的兴趣；有了足够广大的受众基础，科普、科技讲座才能频繁举办，多达 6.65 万次，听众也达到了 800 多万人次；为 81.12 万人提供了实用技术培训，进一步提高了青少年的科技素质。

三 北京科普事业的创新举措

（一）制度创新，实现科普资源整合

加快管理制度创新，更好地发挥政府的引导作用是开展科普供给侧结构性改革的根本。《科学技术普及法》做了非常明确的阐述：社会各界都有权利组织和参加各种科普活动，科普既是全民的权利，也是全社会的共同任务，各级政府负责科技的部门应当在职权范围内对各项科普工作充分行使政策引导、组织协调和监督检查职能。

国外科普的实践经验表明：合理的科普社会体系应当是一种多元的组织结构，它是以社会各类科普团体、新闻媒体和国家引导建设的科技场馆为主要科普产品和服务的提供者。科普联席会议制度是北京科普社会体系建设的主要制度，这一管理制度为构建北京多元化科普体系提供了制度保障。科普联席会议的日常工作由北京市科委负责，此外北京各区也建立科普工作的组织协调机构，以加强对本地区科普工作的领导。科普联席会议每年召开，对年度科普工作要点、任务分工、全民科学素质行动计划任务分工、北京科技

周方案进行讨论。

科普基地是北京科普联席会议制度下，北京科普供给形成的主要场所。北京科普基地涉及题材广泛，其中包括城市建设、环境保护、工业、公共安全、古建筑、交通运输、能源利用、农业生产、新型信息技术、航空航天、医疗等多层次复合型科普基地体系，为北京不同群体提供高水准的科普服务。

为进一步加强信息化科普资源管理，提升北京科普基地的管理水平，北京市科委建设并投入使用了"科普基地申报"和"科普基地评审"两套信息系统。通过规范化的流程，这两套系统有力地支撑了北京市科普基地推荐、材料提交、审核、复核的信息化行政管理。2018年，已注册科普基地420家，形成了以教育基地为主体，以科普传媒、培训和研发等机构为成员的综合管理平台。通过科普基地建设，将北京市内博物馆、动植物园、自然保护区、高校科研院所、科技馆、企业等各类资源统一整合，纳入北京科普资源供给体系（见图1）。

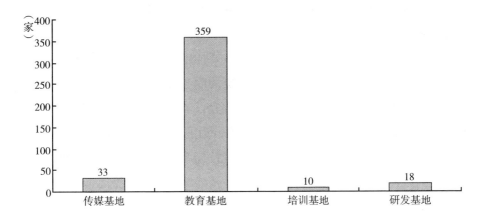

图1 2018年北京4类科普基地数量

北京科普供给侧改革，以强化科普联席会议制度、增强科普基地管理等制度创新手段，实现了科普资源高速增长。在建设全国科技创新中心的过程中，进一步整合中关村科学城、怀柔科学城内的创新实体和清华、北大等国

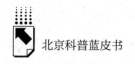

内一流院校的科技资源，发挥各类科技主体的科普服务积极性。此外，通过33家北京科普传媒基地实现了北京科普传播力的倍增。北京科普管理制度的创新，提升了科普资源形成、传播的效果，有力地促进了全国科技创新中心建设。

（二）媒体融合，加快科普形式创新

习近平总书记在中共中央政治局第十二次集体学习时的重要讲话中指出，"推动媒体融合发展、建设全媒体成为我们面临的一项紧迫课题"，指出了我国媒体融合发展的紧迫性和重要性。北京科普传媒作为科学普及的一种重要方式，如何通过有效整合各类科普资源，迈向纵深发展，是科普供给侧改革的重要议题。

在加快科普资源融合、提升科普资源复用度和影响力上，北京通过积极建设科技传播资源库，集成各类科技传播资源信息，为科技传播工作提供决策参考和素材依据。科技传播资源库目前已集合了科技新闻素材、媒体报道信息、科技图片资料、专家智库信息、媒体机构资源信息等多方面的资源信息4万余条。

构建平台化科普是北京积极开展科普媒体融合的另一项创新举措。在新媒体平台上，北京形成了微信、微博、资源库、期刊、网站交相呼应、优势互补的立体化传播体系，运营"@科技北京"新浪微博，以及"科普北京"和"全国科技创新中心"微信公众号等，为北京科普相关重大政策措施、科研布局、科技进展、科技产业发展和科技创新人才等科技信息提供发布渠道。在网站建设上，丰富、完善北京科技传播网，为社会提供北京市科普工作联席会议办公室科普服务。此外，北京科技传播网兼备权威科普政策和优秀成果、案例、人物、场馆、视频的展示功能。

科普平台是实现原有科普资源影响力倍增的重要方式。在2018年，北京市科委联合30家北京科普基地制作了《走进北京科普基地》系列科普节目，在"科普北京"微信公众号、大风号以及北京卫视科教频道协同推送播出，凸显了加快媒体融合和科普资源共享的典型做法。

（三）增强活力，推进科普产业发展

加速优秀企业开展科普创作和组织活动，是在财政投入实施科普建设之外提升科普供给能力的重要方式，也是满足社会多层次、多类别科普需求的必由之路。

根据政府招投标和工商注册的信息，2018年北京明确标有经营范围包括"科普"的企业大约是1050家，此外还有160家学会、协会等社会团体从事有偿的科普服务。北京科普企业多数提供复合型科普服务，如科普教育、科普旅游融合。2017年这些科普企业的主营业务收入达到150亿元。此外，还有大量其他未明确纳入科普统计的营收，如其他教育企业开发的教材、软件等，产值估计为300亿元，科普教育在收入里是占比最高的[①]。

共享经济是一种依托互联网核心服务，低成本、快速整合资源的商业模式。互联网平台企业高速发展，2018年新创造的就业岗位占全国城镇新增就业岗位的10%，预计到2025年共享经济将占中国GDP的20%。知识分享是一种共享经济模式，许多基于此模式的互联网企业已经初具规模。其中知乎、果壳、科学松鼠会等以较高水平传播科普资讯的企业，已经具备一定的社会科普影响力，能够带动各类小微科普主体参与科普创作和传播，并实现经济效益。

知识共享是一种提升科普主体活力的产业化方式。知识分享型互联网企业起到了科普和受众的连接作用。这类企业为专职科普创作人员和兼职科普的科学家提供了科普创作的平台。知识共享产业化能够促进科普人才供给。通过知识分享和商业模式的运作，可以激励科研人员，这种商业模式也可以被视为一种创新性的激励机制。科技工作者可以通过撰写的科普文章将专业知识变现，实现更好的科普社会效应和持续推动力。

科普供给侧结构性改革的一个重要手段是以技术创新推动科普传播方式变革，以实现精准科普，从而满足不同层面受众的科普需求。随着信息技术

---

① 该数据由北京市科普文化促进会秘书长、中国科学院博士后包明明提供。

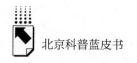

快速发展，科普内容的选择权越来越趋于终端，科普活动、媒体等需要通过采用"大、智、云、物"等手段，促进科普形式快速升级，以加强科普内容的吸引力。在2018年北京科技活动周期间，多个展位运用VR技术展示了2022年冬奥会规划体验、智能警务设备、太空体验模拟等方面的内容，并且运用多种人工智能技术布置了大量包括人脸识别、语音识别、智慧城市等深度交互展区，为进一步运用新型信息技术开展科普树立了标杆。

（四）补齐短板，加强科学精神传播

"科学精神"是目前科普领域中较为薄弱的环节，也是科普内容、方式改革中难度最高的一个科普议题，增强科学精神传播，是补齐科普供给短板的重要议题。北京作为中国公民科学素质最高、科普各项供给能力最强的地区，在补齐"科学精神"的短板上做出了很多有益尝试。各类科技管理机构、高校、科研院所和科技相关媒体举办了多次弘扬科学精神的大型公益活动。这些活动从学术研究角度和具体举措等不同角度，为提高公众科学精神起到了推动作用。

2018年9月，科技日报社、中国科学院、人民日报社、光明日报社等多家单位主办了"科学精神中国行"大型公益活动，该活动集合了多家媒体，邀请科技工作者及科学学专家深刻阐述科学精神的发展，以及科学精神之于中华民族的重要意义，并对当前中国公民科学精神建设现状进行阐述，为进一步加强科学精神传播提供了一个良好的平台。11月，在清华大学举办的"人文清华"大型思想传播活动中，著名学者吴国盛教授对科学的内涵和科学精神的本质开展了专题演讲，多家主流媒体和网络媒体同步进行了直播，广泛地传播了科学精神在社会中的影响。

科技工作者的奋斗事迹和成长轨迹是科学精神的重要载体，表彰各类科技工作者的先进事迹是补齐目前科普领域短板的重要工作，也是下一阶段科普供给侧结构性改革的主要方向。2014年12月，国务院副总理刘延东在参观了"科技梦·中国梦——中国现代科学家主题展"后指出，各地各部门要认真收集优秀科技工作者的培养与成长相关资料，通过宣传优秀科技工作

者的科学精神和先进事迹，在全社会营造尊重科学、崇尚科学的氛围。

2018 年 12 月，北京市科委举办了以"点亮科技之光，传承科学精神"为主题的"2018 科技盛典"大型活动，向全国观众展现了一批科学家团队，通过讲述科学家做出的巨大贡献以及在科研第一线背后的故事，表现了科学家勇于攀登、顽强拼搏、敢于实现梦想的新时代科研精神。

综上，在新时期科普高质量发展的背景下，要不断调整和优化科普供给侧结构性改革，以制度建设为突破口，以市场需求为导向，强化资源整合，将"科学普及和科技创新比翼齐飞"的理念继续深入推进，在改革创新、人员投入、资源建设等方面下功夫，为科普事业的全面提速助力。

参考文献

［1］闫伟娜：《基于 4I 模型的科普期刊供给侧改革路径探索》，《中国出版》2018 年第 23 期。

［2］崔春生、仇伟航、李群、李恩极：《科普供给侧改革灰色预测与关联度分析——以北京为例》，《数学的实践与认识》2018 年第 17 期。

［3］周静：《广州科普供给侧改革实践研究——以科学大咖秀为例》，《现代国企研究》2018 年第 10 期。

［4］李陶陶：《科普供给问题探因与对策》，《三峡大学学报》（人文社会科学版）2018 年 5 期。

［5］何洁：《加强科普供给侧改革　提升全民科学素质》，《科协论坛》2017 年第 4 期。

［6］王翔：《大数据时代科普服务供给侧改革——"科普中国＋百度"的智慧化供给模式》，《科技导报》2016 年第 12 期。

［7］姜晓东、石强等：《基层科普供给侧改革——以浙江省博士生科技服务为例》，《中国科普理论与实践探索——第二十三届全国科普理论研讨会论文集》，2016。

［8］陈惠娟：《建设信息化科普　推进供给侧改革》，《学会》2016 年第 6 期。

B.3
北京科普资源平台化建设的实践探索

——以中国科学院老科学家科普演讲团为例

白武明　徐德诗　徐文耀　徐雁龙 *

摘　要： 本报告围绕北京市推动科普资源平台化建设，聚焦中国科学院老科学家科普演讲团的创新实践，深入剖析科普演讲团"六个坚持"的成功经验，以期为北京市科普工作创新发展提供参考建议。本报告还对北京市联合中国科学院等机构加强科技资源科普化、科普资源平台化、科普工作精品化的必要性进行了分析，并提出了相关思考和建议。

关键词： 科普资源　科普演讲　科技资源科普化

一　引言

习近平总书记强调，科技创新、科学普及是实现创新发展的两翼，要把科学普及放在与科技创新同等重要的位置。没有全民科学素质的普遍提高，就难以建立起宏大的高素质创新大军，难以实现科技成果的快速转化。北京

---

* 白武明，研究员，原中国科学院地球物理所高温高压地球动力学开放实验室主任，中国科学院老科学家科普演讲团团长，主要研究方向：地球动力学。徐德诗，研究员，原中国地震局震灾应急救援司司长，中国科学院老科学家科普演讲团副团长，主要研究方向：地震应急、科技管理。徐文耀，研究员，原中国科学院地球物理研究所所长，中国科学院老科学家科普演讲团副团长，主要研究方向：地磁与高空物理。徐雁龙，中国科学院大学博士生，主要研究方向：科技哲学、科学传播。

市素来重视科学普及工作，早在 1996 年就成立了由市领导牵头的科普工作联席会议，系统性地加强全市科普工作的统筹协调、规划引导。截至 2018 年，北京市具备科学素质的公民比例达到 21.48%，居全国第二位。

随着建设全国科技创新中心的进程加快，北京市对"高素质创新大军"的需求越发旺盛，科普工作的力度也持续加大。近年来，北京市系统性地发挥辖区内科研院所众多、科技资源丰富的优势，着力推动高端科技资源科普化工作，取得了显著成效。

北京市高端科技资源科普化的产出内容丰富、形式多元，在很大程度上满足了辖区居民的科普资源诉求。然而，由于科技发展水平方面的客观原因及观念、意识方面的主观因素，北京市科普资源虽然总体水平很高，但仍呈现一定程度的"零散化""碎片化"现象。为加强对相关资源的利用，北京市科委有意识地加强科普资源平台化建设，即以优质科普资源为核心，形成吸收聚集多方资源的动态的开放机制，以期发挥科普资源的整合效益。本报告以中国科学院、中国科协、北京市共同打造的"中国科学院老科学家科普演讲团"（下文简称"科普演讲团"）为例，尝试探索总结科普资源平台化建设的有益经验。

二 科普演讲团概况

（一）总体情况

科普演讲团成立于 1997 年，主要由中国科学院京区单位离退休研究员组成，也有驻京高等院校、解放军和国家各部委的教授和资深专家参加，近年来，还吸收了一些热心科普事业的驻京科研单位优秀中青年学者。

从 2002 年起，北京市就关注到了初创不久的科普演讲团，并给予支持。2016 年，北京市政府与中国科学院签署《"十三五"时期北京市人民政府与中国科学院合作推进全国科技创新中心建设行动计划》，将科普演讲团正式

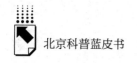

纳入院市合作"共同促进高端科技资源科普化"框架。

科普演讲团成立20余年来，人员数量从最初的几个人发展到60余人，演讲范围从海淀拓展到全国，为公众送去航空、航天、地震、地质、天文、环保、材料、心理、生物等各学科领域的精彩报告。

（二）社会影响

创建于北京的科普演讲团，作为全国成立最早、演讲场次最多、演讲地域最广、听众最多的科普演讲团，已经成为我国科普界一张响当当的靓丽"名片"。

截至2018年底，科普演讲团已经累计为公众做科普报告2.7万场，直接听众超过940万人次。除台湾外，科普演讲团的活动范围覆盖全国所有省级行政区域，覆盖86%的地级行政区域，48%的县级行政区域。

2002年，科普演讲团受到国务院副总理李岚清同志接见；2003年，科普演讲团获"全国科普工作先进集体"；2007年，科普演讲团获"第二届社会教育银杏奖"；2011年，科普演讲团获北京市"首都市民学习品牌"；2017年，科普演讲团获中国科协"2017年十大科普人物的特别奖"……

（三）辐射带动效应

依托中国科学院，立足北京市，科普演讲团并不"狭隘"，在三个方面起到了显著的辐射带动作用。

第一，科普报告走出北京，辐射全国。自2000年科普演讲团面向西北贫困地区做公益科普报告以来，科普演讲团的影响力就已走出北京，仅2018年，科普演讲团就做了3936场科普报告，其中北京市381场，约占10%。

第二，建团经验走出北京，助力"后来"科普演讲团建设。由科普演讲团团员做示范演讲，并积极参加拟建团团员试讲评审工作，先后帮助山东、广西、青海、江苏等地成立科普报告团。同时，在中国科学院系统内指导成立南京、武汉、西安、长春四地的科普演讲团分团建设。

第三，工作阵地走出北京，在地方建立科普演讲团基地。通过严苛的遴选标准，在科普需求旺盛、科普报告会组织能力强的县市组建 33 个基地，扩大演讲团的影响力。

三　科普演讲团成功经验

演讲团成立以来，一直保持着极好的口碑，被称为科普报告领域的"三高"团队——高度的责任感、高超的专业性、高昂的科普激情。结合科普演讲团 20 余年的实践经验，要加强科普资源平台化建设，打造有影响力、有生命力的科普工作品牌，可以坚持以下几点。

（一）坚持朴素务实的科普理念

科普是一项"百年树人"的事业，是一项"润物细无声"的工作，需要的是"久久为功"，不是"敲锣打鼓"能够一蹴而就的。做好科普演讲团的工作，首先必须保持理念的领先，树立同科研一样朴素务实的理念。

成立之初，与生俱来的社会责任感和科学家精神就确立了科普演讲团深刻的科普认知和自我定位，他们认为"科普，不是民众的奢侈品，而是必需品；不是给他们的恩惠，而是他们应有的权利；不是我们的施舍，而是我们的义务"。

在设计科普演讲团的 LOGO 时，科普演讲团的科学家们选择了"小蚂蚁啃苹果"——"一只小蚂蚁在一个又大又红的苹果上爬来爬去，无从下口。这时候，有双大手帮助掀开一点儿苹果皮，小蚂蚁尝到了苹果的甜头，高兴地钻了进去"（见图 1）。这是科普演讲团对青少年科普工作的理解，也是他们对自己工作的定位。那只红而大的苹果就是蕴藏海量知识和奥秘的科学技术宝库，那双掀开苹果皮的大手指的就是科普工作。从这样的一种选择和解读，可以看到科普演讲团务实、谦逊的作风。而且，科普演讲团坚持认为自己的工作效果是有限的，他们在工作总结中认为："我们就像在播撒科

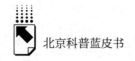

学的种子，如果有1%的受众能够通过讲座有所启发，或踏上探寻科学的道路，或找到自己成才的方向，我们就知足了。"

图1　科普演讲团标志

（二）坚持"德才兼备"导向"选好人"

科普演讲团初创时就坚持：要办成精品！办成精品，不是句空话，需要每个环节的切实保障，重中之重的是"选好人"。

从成立之初，科普演讲团就制定了一套严苛的成员遴选标准和遴选程序。在遴选标准上，要对每位入团者进行思想品德、学术水平、个人修养的审查和考核，确保"精于专业、善于表达、人品高尚"三者缺一不可。同时，还要求入团者有奉献吃苦精神、平实整洁的外表，甚至"头发太长都不行"，因为"那样有损青少年心目中的科学家形象"。

在遴选程序方面，在事先认真调查了解的基础上，每一位申请进团的科学家都必须走这样的程序：由科学家自行选定几个题目—团里挑选其中一个—科学家交演讲提纲—团里对提纲提出意见—科学家修改提纲—准备两个月—给老团员试讲。科学家们必须经过考核严格的试讲，再经过反复修改、调整之后才有进团资格；讲课内容、讲课方式不达标者不会得到入团资格。21年来，先后有超过200位科学家入团试讲，而成功入围者只有70多位，被淘汰、被拒绝的不乏国内相关研究领域的顶级专家、科研院所所长。

通过这样的办法，科普演讲团保证了每位成员都是优秀的科普工作者。

（三）坚持"精益求精"的原则"备好课"

报告内容，是科普演讲团的生命线。科普演讲团要求每个报告从内容到形式都是精品，因为"要使听众感到听科普演讲是一种享受，而不是一种负担"。科普演讲团通过4个办法，狠抓科普报告质量。

第一，为适应不同听众，一个报告要准备几个不同的版本。要求每位团员做到演讲内容年年更新，专家一年至少要修改两次演讲稿，把特色放在"新"字上，紧跟科学发展的前沿。

第二，定期组织团内科普报告"试听"和"评议"，鼓励团员们相互挑毛病，再让听众挑毛病，直到近乎完美，还要根据演讲时间、地点、对象的不同而不断地修改完善。

第三，将提高团员报告水平确立为科普演讲团团长的第一要务。团长必须有计划地听团员的演讲，并提出建设性意见。

第四，尊重听众"用脚投票"的结果。有的科学家试讲通过了，但在现场"实讲"时，科普演讲团还会派人去听并现场观察听众反馈，如果"实讲"几次效果都不好，就"劝退"了。

（四）坚持本色"探索好规律"

任何事物都有自身的发展规律和特点，科普工作也是如此。科普演讲团团员都是长期从事一线科研工作的科研工作者，习惯于科学研究的思维方式。因此，在做科普时，就把科普本身当作研究探索的对象，不断认知规律，以期精益求精。

为确保授课效果，科普演讲团团员经过长期实践得出若干经验总结，并严格贯彻执行。例如：不追求场数和人数，只追求质量，严格限制听众人

数，每场以 200～300 人为宜，最多不得超过 500 人；明确要求较大场地提供音响条件，不能提供的则更换为小场地；除贫困地区学校外，原则上不接受室外演讲的邀请……

为确保全团的平衡发展、健康发展，合理配置人力资源、授课课时和全年"负载均衡"，科普演讲团得出"四大定律"，并明确了科普演讲团的"隐患"和战略发展方向（见表 1）。

表 1　科普演讲团四大定律

名称	概要	应对举措
第一定律:劳逸定律	1 天 3 场——劳累	劳逸结合,量力而行,悠着点干
	1 天 2 场——紧张	
	1 天 1 场——安逸	
	1 天 1.5 场—合适	
第二定律:忙闲定律	忙 8 个月闲 4 个月:	忙闲有度,忙时少自联,闲时请自便
	冬闲——1～2 月	
	春忙——3～6 月	
	夏闲——7～8 月	
	秋忙——9～12 月	
第三定律:出勤定律	全团虽 67 人,讲课只 54 人,可外派仅 40 人	多给现有年轻团员压担子、派任务,尤其是京外演讲任务
第四定律:年龄定律	全团人员年龄整体呈正态分布,讲课主力年龄为 55～75 岁	坚持标准的前提下,加强招募新团员,尤其是年轻新团员

（五）坚持赢得跨部门支持

科普演讲团的成绩，得益于自身的努力，也得益于中国科学院、北京市、中国科协实质性的支持和鼓励，得益于科普领域的跨部门协作。

起源于中国科学院，扎根于北京市的科普演讲团，是包容、开放、协作的文化氛围的受益者。中国科学院从组织上正式启动了科普演讲团，但并没有"门户之见"，从不要求科普演讲团成员必须是中国科学院的人，而是认为科普演讲团成员就是中国科学院人；北京市最早帮助科普演讲团落地海淀，拓展京城，但并没有"区域之见"，从不要求科普演讲团只服务北京市民，而是鼓励帮助科普演讲团辐射带动全国；中国科协最早支持科普演讲团走出北京，以"科技工作者之家"的定位为科普演讲团提供长期稳定的支持。

没有上述政策支持、经费支持和文化包容，科普演讲团很难取得今天的成就，940万人次也就不可能得到优秀的科普资源覆盖。跨部门协作，也是科普资源平台化建设应有之义。

（六）坚持规范和文化建设

科普演讲团对自身建设长期坚持"高标准、严要求、做表率"，通过三方面的举措，保障了组织建设的可持续。

第一，用规章制度确保工作合规有序。科普演讲团成立了建章建制工作小组，相继面向公众和服务对象发布了《中国科学院老科学家科普演讲团章程》《中国科学院老科学家科普演讲团团员守则》《中国科学院老科学家科普演讲团与邀请方在科普活动中的义务与责任》《中国科学院老科学家科普演讲团科普基地管理办法》等。

第二，用好的团风确保工作高效有力。科普演讲团提倡讲奉献、讲育人，不讲条件、不辞辛苦、不计报酬，目标是建成一个团结和谐、社会责任感强、积极向上的先进集体，以保证团的各项工作健康进行。

第三，用典型的力量确保不忘初心。科普演讲团常讲建团史，不改初心，不忘责任重大、创业艰难。每年的总结会推出典型报告，树立学习榜样，推动全团积极向上；坚持出版简报，及时反映演讲活动，传播正能量。

四　思考与建议

习近平总书记"两翼"之喻表明，科技创新和科学普及需要协同发展，将科学普及贯穿于国家创新体系之中，对创新驱动发展战略具有重大实践意义。当前，科学普及更加重视公众体验式与沉浸式参与，对北京市"四个中心"建设具有重要的战略意义。

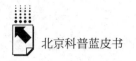
在各界持续共同努力下，我国全民科学素质行动计划工作取得了长足的进展，北京市的科普工作成绩也在全国名列前茅。然而，必须清醒地认识到，目前，我国公民科学素质水平与发达国家相比仍有较大差距，提高全民科学素质工作发展还不平衡。加强科学普及，服务创新发展，任重道远。

科普演讲团的发展历程，是中国科学院、北京市高端科技资源科普化的一个典范和缩影。科普演讲团的成功经验，体现出一个更宏观的实操逻辑，对于北京科普资源平台化建设的实践探索具有重要的参考意义。

（一）持续推进科技资源科普化

北京市与中国科学院达成共识，为提升市民科学素质，奠定全国科技创新中心建设的坚实基础，要充分发挥中国科学院在科学普及中的国家队作用，积极推动中国科学院高端科技资源科普化。

北京市科技资源丰富，除中国科学院科研院所外，全市分布高等学校近百所，具有一、二级法人单位的科研院所1000余家，市级重点实验室、工程实验室、工程（技术）研究中心、企业技术中心和企业研发机构超过1300家，经认定的国家高新技术企业超过16000家。前期实践证明，将这些高端科技资源通过打造科普基地、建设科普设施、打造科普产品、培育科普人才等方式，促进其科普功能的发挥，将发挥巨大的科普效益。科普演讲团就是科技资源科普化成效的一个明证。在这个方面，北京市具有得天独厚的优势和发展空间，宜更大力度地推进。

（二）大力加强科普资源平台化

科普资源亟待整合，已经是科普领域的共识。据科技部统计，2016年，北京市仅科普场馆就有122个，每万人科普人员25.29人，科普产品、科普活动数量可观。通过科普资源平台化建设，将这些"松散"的科普资源有机聚合，进而发挥科普工作的合力，提高科普工作的效率，是北京市探索出的一条行之有效的路径。

无论是科普机构的联盟化、科普信息的"互联网＋"化，还是科普活动的聚合化，实质上都是科普资源平台化的具体体现。类似科普演讲团这样，通过平台化的方法，定义标准和流程，集成业务与工具，可以有效减少因无序和重复建设引发的资源配置低效性，同时带动品牌建设，发挥引领作用。科普资源平台化将有助于建设北京市更具影响力和凝聚力的科普品牌，巩固北京市科普工作的领先优势，培育更多支撑北京市创新发展的高素质人才大军。

（三）切实保障科普工作精品化

科普报告的质量，是科普演讲团的生命线。推而广之，内容质量就是科普工作的生命线。当前，我国科普工作中还一定程度地存在"多而不精"的问题，这一方面无形中降低了科普工作效率，另一方面也容易造成公众困扰乃至误解。精品化是科普工作保持旺盛生命力的必然选择，必须将"精品气质"融入科普工作的各个环节，不断提升工作的总体水平，才能更好地满足公众的科普需求。

北京推进科技创新中心建设，需要科技创新和科学普及这两只"翅膀"同向发力、协同配合。为此，北京市已将科普作为全国科技创新中心建设的重点任务和基础工程，明确提出要深入推进科普工作创新发展。科技资源科普化、科普资源平台化、科普工作精品化，是北京科普创新发展的题中应有之义，将为全国科技创新中心建设提供坚实基础和强大动力。

参考文献

［1］钟琪：《亲历科普》，科学普及出版社，2010。

［2］白春礼：《加强科学普及，服务创新发展》，《求是》2016 年第 6 期。

［3］科学技术部：《中国科普统计》（2017 年版），科学技术文献出版社，2018。

［4］齐芳、杨舒：《"从没这么近地接触过科学家"》，《光明日报》2015 年 1 月 8 日，第 1 版。

B.4
建立北京科普产业生态圈的战略构想研究

杨琛 张源*

摘 要： 科普是全国科技创新中心建设的重点任务和基础工程。深入推进科普工作创新发展，需要推动科普融合创新，积极探索市场化运作的科普发展模式，建立科普产业生态圈。本报告在阐述北京构建科普产业生态圈时代价值的基础上，客观分析了构建科普产业生态圈所具备的现实条件，针对构建科普产业生态圈中缺乏竞争力和创新意识等问题，并从打造核心产业、转变思维和加强科普资源整合等方面给出战略建议。

关键词： 科普产业生态圈 科普发展战略 科普创新

一 北京构建科普产业生态圈的必要性

构建北京科普产业生态圈，是为了全面促进北京科普事业发展、对接全国科技创新中心建设、积极"走出去"、参与国际竞争、提升国际影响的重要保证，北京构建科普产业生态圈具有突出的时代发展意义。

（一）推动北京科普产业发展的有力平台

科普产业是以满足科普市场需求为前提，以提高公民科学文化素质为宗

---

* 杨琛，博士，中国社会科学院数量经济与技术经济研究所博士后，主要研究方向：人力资源管理、科普政策；张源，硕士，北京市科学技术情报研究所助理研究员，主要研究方向：科技情报。

旨，通过市场化手段，向国家、社会和公众提供科普商品和相关服务的科普性活动。其核心产品是科普商品和科普服务，并经历创造、生产、传播和消费4个环节，最终达到向社会和公众普及科学知识、倡导科学方法、传播科学思想、弘扬科学精神的目的。打造北京科普产业生态圈，是整合北京科普产业、实现产业集群发展的必然选择。通过发展基于"互联网＋科普服务"的新业态，在移动互联网、新一代信息技术、机器人等领域，积极探索市场化运作的科普发展模式，建立科普产业生态圈。

（二）建设全国科技创新中心的重要支撑

建设全国科技创新中心，是加快推进创新型国家建设，深入实施创新驱动发展战略的时代需要。为确保该战略稳步推进，需要调整科普产业类型和发展方向，搭建北京科普产业生态圈，引领北京科普产业转型升级，实现科普产业绿色发展。党的十八大以来，以习近平同志为核心的党中央高度关注生态文明建设，大力推进绿色发展理念，在生态文明时代下，推动北京科普产业生态化，构建北京科普产业生态圈，是转变传统科普产业发展方式，注重生态效益与社会、经济效益综合提升的重要支撑。

（三）提升北京科普国际影响的必然要求

北京科普工作走在了全国前列，但是也应该清醒地认识到，北京具有国际影响力的科普品牌较少，社会化、市场化、常态化的科普工作局面尚未形成。2017年12月20日，中共北京市委、北京市人民政府发布《关于加快科技创新构建高精尖结构系列文件的通知》，明确提出北京市加快科技创新，发展软件和信息服务业的基本原则之一就是要具有国际视野。要深度融入全球产业生态圈，加快推进产业链、创新链、价值链的全球配置，增强国际高端业务的承接力，抢占产业链高端环节，提高国际规则制定话语权。打造北京科普产业生态圈，能够形成核心竞争力，打造极具发展潜力和优势的科普产业，为北京科普引领全国、走向世界提供发展动力。

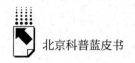
二　北京构建科普产业生态圈的基础分析

（一）概念界定

1. 产业生态圈内涵

"生态圈"的概念，最初起源于生物圈。生物圈是地球上的生命地带，是一个闭合的系统，并且在很大程度上是自我调节的，这种调节表现在生命物质之间、生命物质与非生命物质之间[①]。国际上最早定义"生态圈"的学者是来自奥地利的地质学家休斯（E. Suess），他于1875年提出，生态圈是指地球上有生命活动的领域及其居住环境的整体。1935年，英国生态学家Tansley明确指出生态系统为有机体与物质因素共同组成的物理系统，这给生态圈下了明确的定义[②]。随后，"生态圈"的概念逐渐在相关领域得到拓展，20世纪90年代，经济产业领域开始使用"生态圈"概念。

产业生态圈是指某种（些）产业在某个（些）地域范围内业已形成（或按规划将要形成）的以某（些）主导产业为核心的具有较强市场竞争力和产业可持续发展特征的地域产业多维网络体系，体现了一种新的产业发展模式和一种新的产业布局形式[③]。国内学者将其引入不同的产业和行业，对产业生态圈的研究逐渐深入。马勇等将产业生态圈的概念引入旅游业领域[④]，李春蕾等将其引入旅游物流业[⑤]，钱小聪将其引入大数据产业[⑥]，陈锡

---

① 杨娟、王芳、王薇：《现代物流产业生态圈研究与应用》，《中国物流与采购》2018年第12期。

② 任皓、张梅：《"互联网＋"背景下西部旅游产业生态圈建设研究》，《生态经济》2017年第6期。

③ 袁政：《产业生态圈理论论纲》，《学术探索》2004年第3期。

④ 马勇、周婵：《旅游产业生态圈体系构建与管理创新研究》，《武汉商学院学报》2014年第4期。

⑤ 李春蕾、唐晓云：《论旅游物流生态圈的构建》，《商业经济研究》2015年第35期。

⑥ 钱小聪：《大数据产业生态圈研究》，《信息化研究》2013年第6期。

稳等将其引入模具产业[1]。但是，梳理现有文献发现，产业生态圈的概念还未引入科普领域。通过地方实践来看，科普产业生态圈的提法也并不多见，这足以表明科普产业生态圈具有广阔的发展空间和良好的发展前景。

2. 科普产业生态圈的内涵及构建思路

综上分析，本报告认为科普产业生态圈，是指基于协同理论和产业集群理论所构建的，由若干科普产业横向、纵向交错融合所组成的，由生产维度、科技维度、劳动维度和政府维度四大维度构成的，具有专业属性、核心产业、创新特性和可持续性的一个虚拟的产业生态圈。通过整合与科普产业相关联的上游、中游和下游企业相，取长补短、相互协作，以实现合作共赢，最终使得科普产业生态圈保持平衡，实现均衡有序发展。

虽然科普产业规模不断扩大，产业融合趋势初现，但是要加快打造北京科普产业生态圈，就必须用系统性、多维度的产业发展思维，构建适宜北京科普事业现实、满足北京科普事业需要、对接北京科普事业未来发展的产业生态圈。因此，要明确构建北京科普产业生态圈的构建思路（见图1）。北京科普产业生态圈要在坚持协同理论、产业集群理论和可持续发展理论的指导下，突出专业属性、核心产业、创新特性和可持续性，在生产、科技、劳动和政府四大维度上实现科普产业全链条、多维度、多领域合作，进而打造产业互促、集群发展、绿色高效的北京科普产业生态圈。

北京科普产业生态圈的产业环境，主要由资源环境系统、政治经济系统和支持性组织系统三大系统构成。其中，资源环境系统为科普产业的发展提供必要的资金和技术支持；政治经济系统决定了科普产业的发展定位和目标方向，以及科普产业发展的链条是否合理；支持性组织系统主要是为满足科普产业发展所涵盖的行业协会或中介组织，它们为科普产业的发展提供技术

---

[1] 陈锡稳、黄志明、黄辉宇：《模具产业生态圈构建的实践与探索——以东莞横沥模具产业为例》，《特区经济》2014年第5期。

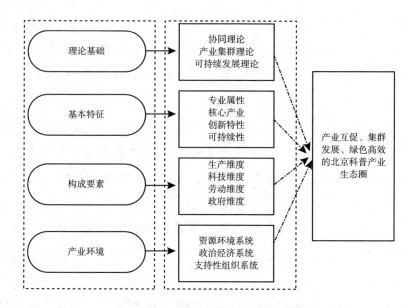

图1 北京科普产业生态圈构建思路

和发展建议，以及必要的精神支撑。

3. 科普产业生态圈的基本特征

专业属性，即突出科普特征。科普是指利用各种传媒以公众易于理解、接受和参与的方式向普通大众介绍自然科学和社会科学知识，以及推广科学技术的应用、倡导科学方法、传播科学思想、弘扬科学精神的活动。科普产业生态圈，就是要强化科普作为提升公民科学素质的有力抓手，力争产业协同发展，打通与科普相关联的企业或产业，达到宣传科学知识、提升科学素质的目的。

核心产业，即具有明显的产业专业化特征，要有区别于其他产业且表现出高程度专业化的核心产业或核心技术，突出北京科普产业的核心竞争能力。在科普产业生态圈中，要围绕核心产业，发展形式多样、品类突出的子产业。科普产业生态圈不是简单的产业串联，而是要以核心产业为发展内核，逐渐向外延伸，扩大科普产业的影响。如果科普产业生态圈没有核心产业支撑，则不会形成对外竞争力，也就失去了打造产业生态圈的初衷。

创新特性，即要具备与建设全国科技创新中心相匹配的创新型产品和创新型产业。根据现代制度经济学理论，产业的蓬勃发展与产业组织及相关制度的创新密不可分。科普产业作为新兴产业，不能够墨守成规，应该突破现有产业的发展模式，高起点、高规划，增强科技内涵，提升创新、创造能力。为实现打造北京市"创新之都"的任务，应该结合创新、创业热潮，培育经济转型升级的新支点，明确科普产品的特征，实现内涵式发展。

可持续性，即科普产业生态圈内的所有产业不是临时搭配，也不应该是简单意义上的地域积累，而应该是具有竞争力、可持续性的产业集群。某产业是否具有生命力，关键看其是否能够实现可持续发展。如果产业发展和布局不符合生产力的要求，不适应时代发展的需要，则很难长久。为此，科普产业生态圈应该立足长远发展，透过产业内部发展规律，实现可持续发展。

（二）北京市构建科普产业生态圈的基础

根据北京科普产业生态圈构建思路，本报告将从生产维度、科技维度、劳动维度、政府维度4个维度，结合北京市科普产业发展现状，对产业生态圈的基础条件做出阐述。

1. 北京科普产业发展较快且形成了一定规模

2018年6月，《中国科普产业发展研究报告》数据显示，目前我国科普产业的产值规模约为1000亿元，主要分布在京津冀、长三角地区以及广东和安徽等地，而2017年北京科普产业总产值已经达到300亿元。以京津冀地区科普企业数量指标来看，该地区共有科普企业156家，其中北京有77家，占总数的49.36%，主要从事科普出版、影视广播、会展、科普活动体验等。数据已表明，北京市已经具备了打造科普产业生态圈的产业基础，能够在一定程度上满足产业生态圈的上游、中游和下游产业的配备要求。

2. 北京科普产业技术含量相对较高

北京市科普产业发展主要依托现有高等院校、科研院所等科普教育基

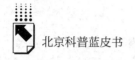
地，这些基地为科普产业的发展提供了源源不断的、高质量的上游产品，如科普原创产品、科普图书。北京市作为全国高等院校的中心，聚集了很多著名高校，保证了科普产业的发展。

3. 北京科普产业人才队伍壮大

如图 2 所示，北京科普人员占全国的比重近年来呈逐渐递增态势，且在全国位居前列。无论是科普专职人员、兼职人员，还是科普创作人员，北京市从事科普产业的人才队伍具有明显的优势，这就为打造科普产业生态圈提供了充足的人力资本，能够在较大程度上发挥人才优势。

图 2 北京市科普人员占全国比重

资料来源：《北京科普统计年鉴》。

4. 全国科技创新中心为北京科普产业提供了良好的发展机遇

政府维度主要是地方为打造产业生态圈所提供的正常支持，主要表现在政策法规和相关财税金融等服务上。国务院 2016 年印发《北京加强全国科技创新中心建设总体方案》，明确了北京加强全国科技创新中心建设的总体思路、发展目标、重点任务和保障措施。同时，《北京市"十三五"时期科学技术普及发展规划》提出，要大力发展科普产业。这为科普产业的发展指明了发展道路，也为打造北京科普产业生态圈奠定了良好的政策基础。

三 北京构建科普产业生态圈面临的严峻挑战

构建良性发展的科普产业生态圈，就要多维度、全方位开展。尽管北京科普产业发展从全国来看具有较强的优势和良好的基础，但是，也不难看出，作为新兴产业，科普产业发展仍然存在诸多制约，特别是在打造北京科普产业生态圈中面临严峻挑战。

（一）科普产业集群效应不强，缺乏核心竞争力

1990 年，迈克尔·波特在《国家竞争优势》一书中首次提出了"产业集群"（Industrial Cluster）概念，用于分析集群现象。产业集群是指集中于一定区域内特定产业的众多具有分工合作关系的不同规模等级的企业及与其发展有关的各种机构、组织等行为主体，通过纵横交错的网络紧密联系在一起的空间积聚体，代表着介于市场和等级制之间的一种新的空间经济组织形式。发展产业集群，能够产生滚雪球式的集聚效应，吸引更多的相关企业到此集聚，是提升区域竞争力的重要方式之一。

北京科普产业生态圈的建设就是要不断强化科普核心产业，不断向外延伸，打通科普产业全链条，实现产业良性有序发展，实现集群效应。但是，目前来看，北京科普产业仍处于起步发展阶段，普遍存在散、小、弱等特点，产业集聚度不高，主导产业并不明晰，缺乏龙头产业，由此带来了北京科普产业链条不完善、相关配套产业不健全、核心竞争力与市场活力不足的问题。

（二）科普产业创新意识有待提升，对外竞争力弱

科普产业之所以难以实现较大突破，瓶颈在于缺乏必要的技术创新，产业升级慢。从北京市科普产业发展现状来看，科普产业生态圈要实现高质量发展，就必须依靠创新。只有具备较强的创新意识和市场意识，才能够增强国际竞争力。《北京加强全国科技创新中心建设总体方案》指出，要加强北

京全国科技创新中心建设，使北京成为全球科技创新引领者、高端经济增长极、创新人才首选地、文化创新先行区和生态建设示范城。然而，在北京科普产业发展中，具有创新意识的人才缺乏，自主创新意识薄弱，不能够很好地适应市场需要，较难满足全国科技创新中心的要求。

同时，科普产业走出国门，参与国际竞争，才能够体现科普产业发展的全球战略思维。目前来看，北京市具有国际影响力的科普品牌较少，国际化水平较低，缺乏在国际市场的竞争力。《北京市"十三五"时期科学技术普及发展规划》明确的工作目标之一就是，要培育5个以上具有全国或国际影响力的科普品牌活动，意在改变目前北京市科普产业国际化水平较低的局面。

（三）科普产业人才结构存在失衡

人才是现代社会竞争与发展的重要生产力。习近平总书记指出，国家发展靠人才，民族振兴靠人才，人才是兴国之本、富民之基、发展之源。而产业发展的机遇在于创新，实现创新最需要的就是对人才队伍的培养。能否培养、造就一批适宜产业发展的人才队伍，将直接决定产业的兴衰。因此，人才是产业发展的关键，是产业成败的决定性因素。

尽管北京科普产业人才队伍逐年扩大，人才梯队也逐渐形成，但是，与科普产业生态圈对人才的全方位需求、与全国科技创新中心建设的目标相比还有较大差距。由于科普产业所形成的经济效益并不是特别明显，很难吸引到高端经营管理人才，尤其是严重缺乏科普产品研发和科普服务类专业人才，既不利于科普产业的发展，也造成了科普产业发展的滞后。

（四）政策扶持力度偏小，政府与市场的关系亟待理顺

产业生态圈的构建是市场自发行为和政府自觉行为的有机统一。在市场机制的自发作用下，产业生态圈的微观构成主体，遵循优位效益原理散布于各个优势区位，在区域空间下表现为若干孤环、断链和短链。政府基于宏观调控的需要和地区权益的推动，在区内接通断链，跨区域延伸产业链，形成

产业生态圈。然而，北京市科普产业正处于起步阶段，科普产业生态圈建设不成熟，与科普产业生态圈相配套的各项规章规范尚未建立。虽然在支持科普产业的发展上北京市出台了相关法规，但是仍未能满足产业生态圈建设需要。

同时，在科普产业生态圈建设中，政府与市场的关系亟待理顺。产业生态圈必然要经历单个产业到多产业聚集发展、由单一中心到多核化的过程，涉及政治、经济、文化、社会等多维度，联通人流、物流、资金流、信息流。这都需要政府加强引导，推动市场在资源配置中发挥决定性作用。

四　北京构建科普产业生态圈的战略思考

为积极构建北京科普产业生态圈，推进北京科普事业持续有效运行，配合全国科技创新中心建设，本报告将从以下几方面提出构建科普产业生态圈的战略构想，力求为北京科普产业发展提供参考。

（一）打造北京科普核心产业，完善科普产业生态圈核心链条

核心技术是国之重器，只有具有核心技术和核心产业，才能够打开市场、扩大影响力。科普生态圈建设，要打造核心竞争力，引领行业发展方向。突出核心意识，打造突出且能够代表北京特色的科普核心产业，通过主动参与科普产业相关技术标准和规范的制定，打造北京科普品牌，将核心产业做大、做强，增强对外辐射力，提升市场份额。通过整合科普相关产业，打通科普上、下游企业，形成直接面向受众的科普产业链，使得科普核心产业形成对内凝聚力和对外吸引力。

产业链的实质是不同产业的企业之间的关联，这种关联从更深层次来讲，是各产业中的企业之间的供给与需求之间的平衡。在科普产业生态圈产业链的打造中，要立足科普产业，整合、延伸科普产业，促进不同科普产业之间物质和能量的良性循环。通过不断创造新兴业态，紧紧围绕科普核心产

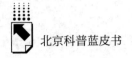

业，实现深度融合，形成更多的科普相关产业。通过延伸产业链条，将与科普相关的产业尽可能地向上、下游拓展延伸，推动科普产业转方式、调结构，引导生态圈的进化。

（二）转变科普产业发展思维，强化技术创新，实现科普产业开放共享

转变发展思维，才能够实现产业升级。传统科普产业的发展具有孤立性，不能够很好地兼容其他产业，且科普产业存在散、小、弱的发展现状，市场化程度不高、竞争力不强。要打造具有高质量的北京科普产业生态圈，就必须转变发展思维，打破传统产业发展方式，强化技术创新，拓宽发展思路，积极引入新业态，实现产业间融合发展。

"互联网＋"是创新2.0下的互联网发展新业态，是知识社会创新2.0推动下的互联网形态演进及其催生的经济社会发展新形态。新技术的引入正在不断颠覆人们的生活和生产方式，传统科普产业亟待变革，而技术创新必然成为推动科普产业生态圈优化升级的重要手段。通过积极引入互联网技术，利用互联网思维，颠覆传统科普产业发展。伴随着"互联网＋"的发展趋势，各行各业均将其作为关注的焦点，积极寻求跨产业融合发展，实现科普产业开放共享，才能够聚集更多的传统产业，形成较强的凝聚力。科普产业应该借助大数据、VR技术等让传统产业转变发展思路，开拓更大发展空间，让科普产业与受众形成良性互动，形成产业互促、集群发展、绿色高效的北京科普产业生态圈。

（三）搭建北京科普产业生态圈平台，深化资源整合，注重产业间协同发展

产业结构的优化升级是任何产业结构由低层级形态向高层级形态转变的过程，通过结构优化，实现产业更新换代，促进经济较快发展。科普产业结构的调整，是科普产业生态圈良性发展的关键。通过搭建北京科普产业生态圈平台，实现产业协同发展、资源共享利用，提高科普产业的生产效率，推

动科普事业健康有序发展。协同发展不仅是指产业间的相互配合，还应包含科普产业与政治、经济、社会等环境之间的协调发展。区域社会经济系统与科普产业之间是相互依存、互促共进的关系。社会经济系统的有序发展可以为科普产业提供良好的空间，而科普产业的高质量运行，又将带动其他产业发展。科普产业生态圈的搭建，整合了社会与科普相关的产业，实现了产业优化升级。

深化资源整合，就是将目前分布较为分散的科普产业集中起来，强化科普产业上、下游产业资源的优化，实现科普产业与其他产业之间的协同发展，最大限度地实现以北京科普产业为中心的产业集群，形成良性的产业竞争和互利共生关系。

（四）构建科普产业生态圈管理体系，发挥市场作用，树立共赢共生的合作理念

由于科普本身具有较强的公益性质，所以目前科普工作更多的是由政府主导。但是，党的十八届三中全会审议通过的《中共中央关于全面深化改革若干重大问题的决定》提出了重大理论观点，即要使市场在资源配置中起决定性作用和更好地发挥政府作用。这是深化经济体制改革的主线，科普产业生态圈的构建应该不断培育市场意识，政府更多地承担服务职能，树立共赢共生的合作理念。

政府应该强化监管，把政府职能转变作为深化经济体制改革和行政改革的关键。通过构建科普产业生态圈管理体系，建立企业间的管理体系，改革监管机制、创新监管模式、强化监管手段，保证科普产业市场有序发展。进一步提高政府工作效能，推进产业集聚发展。

推进公益性科普事业与经营性科普产业并行发展，是科普产业生态圈尊重市场运行规律、实现市场化运作的必由之路。科普产业应更加顺应市场需求，倒逼科普产业供给侧改革，发挥市场机制对科普发展的调节作用，建立健全科普产业市场体系，积极盘活存量科普资源，挖掘具有高附加值的科普产业。

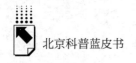
（五）加强区域协调发展，注重提升国际竞争力

北京科普产业生态圈的打造必然成为科普事业发展的重大探索和实践创新，要实现科普产业更具有凝聚力和影响力，北京科普产业应该更加强调区域协调发展，积极打造科普产业国际化品牌战略。

北京科普产业应该积极借助京津冀协同发展战略的有力平台，加强与天津、河北的科普产业交流与互动，培养扶持一批具有竞争优势的科普产业，形成具有影响力的科普品牌。同时，借助北京市全面推进国际交往中心建设时机，走国际发展道路，建立互惠合作机制，对外讲好中国故事、发出中国声音。

参考文献

［1］杨娟、王芳、王薇：《现代物流产业生态圈研究与应用》，《中国物流与采购》2018 年第 12 期。

［2］任皓、张梅：《“互联网＋”背景下西部旅游产业生态圈建设研究》，《生态经济》2017 年第 6 期。

［3］袁政：《产业生态圈理论论纲》，《学术探索》2004 年第 3 期。

［4］马勇、周婵：《旅游产业生态圈体系构建与管理创新研究》，《武汉商学院学报》2014 年第 4 期。

［5］李春蕾、唐晓云：《论旅游物流生态圈的构建》，《商业经济研究》2015 年第 35 期。

［6］钱小聪：《大数据产业生态圈研究》，《信息化研究》2013 年第 6 期。

［7］陈锡稳、黄志明、黄辉宇：《模具产业生态圈构建的实践与探索——以东莞横沥模具产业为例》，《特区经济》2014 年第 5 期。

［8］徐浩然、许萧迪、王子龙：《产业生态圈构建中的政府角色诊断》，《中国行政管理》2009 年第 8 期。

［9］阚成辉、袁白鹤：《中国科普产业内向国际化效应分析》，《科技和产业》2012 年第 1 期。

B.5
北京科普工作促进全国科技创新中心建设的作用分析

邱成利*

摘　要: 本报告研究了科普工作丰富全国科技创新中心建设的内涵,
制定了北京科普发展政策、提升科普供给能力、举办群众科
技活动等系列科普发展举措,从而使科普工作体系不断完善,
保障了科普工作围绕全国科技创新中心建设准确定位,为全
国科技创新中心建设夯实基础。

关键词: 全国科技创新中心　科普支撑　科普发展政策

2018 年,北京科普工作以习近平新时代中国特色社会主义思想为指
导,贯彻党的十九大精神,坚持和加强党对科技工作的全面领导,充分宣
传改革开放 40 周年以来北京科技创新发展成果,特别是建设全国科技创
新中心取得的重要进展及科普事业发展成效,科技创新与科学普及实现协
调发展。

国务院印发的《北京加强全国科技创新中心建设总体方案》(以下简称
《方案》),明确了北京加强全国科技创新中心建设的总体思路、发展目标、
重点任务和保障措施。

---

* 邱成利,博士,研究员,科学技术部引进国外智力管理司正处级调研员长期从事科技和科普
管理工作,国家"十二五""十三五"科普规划主要起草者,国家中长期科技人才规划和
"十三五"科技人才规划主要起草者,发表论文 90 余篇,出版专著 5 部,《科普研究》编委,
"全国科技活动周"方案主要策划者和具体组织者。

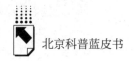
《方案》提出，要根据京津冀协同发展的总体要求，以中关村国家自主创新示范区为主要载体，以全面创新体系为强大支撑，充分发挥中央在京单位的作用，充分激发人的创新活力，增强原始创新能力，推动科技和经济结合，构建区域协同创新共同体，加强科技创新合作，深化体制机制改革，持续创造新的经济增长点，在创新驱动发展战略实施和京津冀协同发展中发挥引领示范和核心支撑作用，为建设世界科技强国和实施"两个一百年"奋斗目标提供强大动力。

全国科技创新中心的定位是全球科技创新引领者、高端经济增长极、创新人才首选地、文化创新先行区和生态建设示范城。计划到 2020 年，全国科技创新中心的核心功能进一步强化，科技创新能力引领全国；到 2030 年，全国科技创新中心的核心功能更加优化，为我国跻身创新型国家行列提供有力支撑。《方案》提出了加强全国科技创新中心建设的重点任务。

一是强化原始创新，打造世界知名科学中心。统筹推进中关村科学城、怀柔科学城、未来科技城建设，超前部署基础前沿研究，加强对基础研究人才队伍的培养，建设世界一流高等学校和科研院所。

二是加快技术创新，构建"高精尖"经济结构。实施技术创新跨越工程，提升重点的产业技术创新能力，促进创新成果全民共享。

三是推进协同创新，培育世界级创新型城市群。优化首都科技创新布局，构建京津冀协同创新共同体，引领、服务全国创新发展。

四是坚持开放创新，构筑开放创新高地。集聚全球高端创新资源，提升开放创新水平，使北京成为全球科技创新的引领者和创新网络的重要节点。

五是推进全面创新改革，优化创新、创业环境。推进人才发展体制机制改革，完善创新、创业服务体系，加快国家科技金融中心建设，健全技术创新市场导向机制，推动政府创新治理现代化，加快央地协同改革创新，持续引领大众创业、万众创新浪潮。

为了加快北京建设全国科技创新中心目标的实现，科普工作同样肩负着重要的使命，北京科普工作要为建设全国科技创新中心发挥重要的基础作用，为北京创新能力的提升和创新文化环境的营造发挥独特的作用。

2018 年北京市科普工作以习近平新时代中国特色社会主义思想为指导，深入贯彻落实党的十九大精神，《中华人民共和国科学技术普及法》《北京市科学技术普及条例》《"十三五"国家科普与创新文化建设规划》《北京市"十三五"时期科学技术普及发展规划》等文件，均强调要加强科普能力建设、提升公民科学素质、积极发挥科学普及与科技创新对全国科技创新中心建设"一体两翼"的作用。

习近平总书记指出："科技创新、科学普及是实现创新发展的两翼，要把科学普及放在与科技创新同等重要的位置。"

全国科技创新中心具有丰富的内涵，把科学普及放到重要的位置是全国科技创新中心重要的内容，也是国际上创新中心具有的普遍特征。北京市高度重视科普工作，由政府科技部门牵头、相关部门和各区协同推进、社会组织共同参与的科普工作体系不断加强，从而保障科普工作围绕全国科技创新中心建设进行准确定位，目标明确，有序推进，全国科技创新中心建设为科普事业的发展提供了空间，而科普事业加速发展，丰富了全国科技创新中心的内涵，营造了良好的创新条件和创新文化氛围。两者相互促进、优势互补，实现了共同发展。

北京科普以增强政府科普能力建设为导向，在推动科普设施建设、科普基地命名、科普作品创作、科普活动组织、科普产品研发、科普服务提升等方面先行一步，为全国科技创新中心建设夯实基础，优化软环境，取得明显进展和成效，科普参与度和影响力持续提升，覆盖面持续扩大。

一 科普工作丰富全国科技创新中心建设内涵

（一）发挥联席制度优势，协调推进科学普及

发挥科普工作联席会议制度在规划、指导、组织、协调等方面的制度优势。2018 年 5 月 14 日，召开北京市科普工作联席会议，40 家成员单位及 16 个区的政府部门均参会。制定《2018 年北京市科普工作要点》，明确培育壮

大科普工作服务主体、深化开展品牌科普活动等 8 个方面共 46 项重点任务。北京市科委作为科普工作联席会议组长单位，按照北京市"十三五"科普发展规划，协调推进 40 个部门和 16 个区的科普工作，推进重点任务的落实，各部门各司其职、分工负责、密切合作。16 个区发挥各自优势，推进科普重点任务的实施，加强科普基础设施建设，增强政府科普能力建设，加强科技成果的推广普及，满足公众对美好生活的向往，大力开展科技活动周、科技下乡、城市科学节、科普日、防震减灾日、地球日、环境日等活动，提高科普服务水平和服务质量，提高公众的科学文化素养，北京市科普工作取得了显著成效，为北京建设全国科技创新中心奠定了良好的社会基础。

（二）优化科普设施布局，丰富科普资源建设

全国科技创新中心不仅应拥有良好的科研条件，同时也应具有优良的科普基础设施，不仅要有综合性科技馆，同时要有众多科学技术类博物馆，充分满足公众对美好生活的向往、对科学文化的迫切需求。北京拥有丰富的科普资源，这是全国科技创新中心建设的重要条件之一。据统计，北京市有科学技术类博物馆 111 个，建筑面积合计 103.9394 万平方米，展厅面积合计 40.6354 万平方米，北京市每万人平均拥有科技类博物馆建筑面积 478.76 平方米，占全国科普场馆数量的 8%。

提升优质科普产品和服务的供给水平，培养一批专业化的、优秀的科普人才队伍，提供全方面的科普服务。围绕通州区、"三城一区"等重点区域，对现有科普空间设施进行改造提升，形成全国科技创新中心建设新进展、新突破、新成效的集中展示窗口。

深度挖掘高校、科研院所、企业的创新资源，服务科普需求，加快科技创新平台等创新主体的前沿科技成果、新技术、新产品转化为科普产品、科普内容。在"三城一区"、延庆区（冬奥会举办地）等重点区域，通过科普专项的形式引导所在区政府加大科普经费、科普资源的投入，打造一批专业化、常态化的科普展示、体验场所，集中展示全国科技创新中心不断涌现的

新进展、新突破、新成果，形成北京科普的亮丽风景。持续优化以综合性场馆为龙头、以专业特色科普场馆为支撑的科普设施体系。

北京市已经命名了 420 家科普基地，科普场馆展厅面积为 200 余万平方米，逐步实现各区覆盖和城乡均衡，有效丰富了北京市科普资源，进而满足公众的个性化科普需求。

（三）建设科普基础设施，提升科普服务能力

在中小学校建成了科学探索实验室 88 家，将科技创新与学校课程相结合，增强中小学生的创新实践能力，为北京建设全国科技创新中心建设奠定坚实的后备人才基础。

北京市已经建设社区科普体验厅 92 家，总面积达 2.2 万余平方米，科技互动展示项目 700 余项，这些社区展示厅在传播科技惠民理念、增强百姓对科技创新的获得感方面发挥了重要作用。北京市民在家门口就可以体验科学，动手操作实验，从而将创新的种子扎根在基层、社区、乡村。

调动科研人员从事科普的积极性，鼓励科技人员从事科普讲座、科普讲解、科普实验展演活动，制作科普微视频节目，撰写科普作品，成为科普的主力军。

持续培育、提升科普品牌。引入高水平专家和团队，瞄准公众的个性化科普需求，加强北京科技周等品牌科普活动的策划与组织，实施精准科普，增加国际化要素，在开展群众性科普活动的同时引入高端科普活动，扩大科普活动的覆盖面，提升社会效益。

二 制定科普发展政策，激发科技人员活力

科普发展离不开政策的支持和指引。"要深化科技体制改革，破除一切制约科技创新的思想障碍和制度藩篱。"习近平总书记的嘱托，成了北京建设全国科技创新中心的指路牌。打破体制束缚、释放创新活力的改革举措近几年密集出台。

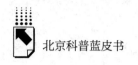

（一）科普税收优惠政策延续，支持科普事业

财政部、国家税务总局出台《关于延续宣传文化增值税优惠政策的通知》（财税〔2018〕53号），将科普单位的门票收入，以及县级及以上党政部门和科协开展科普活动的门票收入免征增值税政策的优惠期限延长至2020年底。这一政策对科普事业的发展起到了较大的推动作用，对科普基地建设起到了有力支撑作用，对社会各界、企业、个人组织科普活动、兴建科普场馆是重要的政策利好。海关总署决定延续鼓励科普进口税收优惠政策，有助于引进国外优秀科普展品和作品。

（二）结合创新政策制定，加强创新政策科普

给科研人员松绑，为创新人才赋能：北京科技新政不仅简化了财政预算编制，不再简单套用行政预算和财务管理方法来管钱、管事，而是赋予承担单位和科研人员更大的科研自主权。科技计划经费结余可以由项目单位支配，可以从事科普，这一政策的影响是深远的。

2018年，海淀出台"创新发展十六条"，推动一批科技型企业上市，探索打通创新发展的"痛点"和"堵点"。海淀区细化、落实中关村科学城规划，在类脑智能、量子信息、高端芯片、生命科学、颠覆性新材料、空间科技等领域及交叉创新方向，争取重大创新平台和项目落地，强化中关村科学城在基础研究、原始创新领域的"基石"作用。

（三）实施科普专项计划，促进科技成果转化

北京市科委设立了科普专项，每年经费支持额度在8000万元左右。不仅支持北京市属科研机构、大学、企业从事科普创作制作、展品研发、科普基础设施建设、活动组织，同时支持科普理论与政策研究，向中央在京单位开放，不求所有，但求所用，有效发挥了政府科普资金的作用，也提升了北京科普研究水平和作品质量。北京的科普资源日益丰富，成为科普资源集聚

地。北京市科普在建设全国科技创新中心实践中精准定位、持续发力，使北京在建设全国科技创新中心进程中走在了前列。

（四）改进科技评价标准，增加科普考核指标

长期以来，在科技人员中存在重科研、轻科普的现象，认为科研是硬任务，论文是硬指标，而科普是软任务，可有可无，许多科研人员不愿意从事科普工作。针对这种情况，北京市积极完善科普政策，调动科技人员从事科普的积极性。在增加科普专项计划支持科普工作的同时，改革科技评价制度，增加科普考核指标。在北京市科技奖励中增加对科普作品的奖励，有效调动了科研人员从事科普的积极性。目前出现了院士、"千人计划"专家等高端科技人才重视科普、积极从事科普，青年科技人才热爱科普、积极从事科普的"两头热"现象。听科普讲座、走进科技馆、参观科研机构和实验室的人越来越多。

三 加强科普能力建设，提升科普供给能力

（一）鼓励原创科普作品，提高创作出版水平

做好科普，关键是要有良好的科普资源，首先是一流的科普人才，其次是众多的科普场馆，再次是优秀的科普作品。北京市政府高度重视科普创作水平的提高，连续多年支持科普创作出版，重点支持优秀科普作品的创作出版，产生了明显的收益。科普原创精品不断涌现，科普市场持续繁荣。据统计，2017 年北京地区出版科普图书 4241 种，年出版总册数 4631.71 万册；出版科普期刊 117 种，年出版总册数 812.20 万册；出版科普（技）音像制品 349 种；光盘发行总量 160 余万张；发行科技类报纸 2700 余万份。电视台播出科普（技）节目时间 9141 小时；电台播出科普（技）节目时间 1.24 万小时；科普网站 270 个；共发放科普读物和资料近 4700 万份。

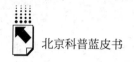

（二）支持科普视频制作，提升科普传播能力

一图胜千言，一频胜千图。科普仅靠政府和科普机构组织活动是远远不够的，必须发挥媒体的力量，特别是新媒体的优势。视频、微视频在科学传播方面具有明显优势。北京市科委大力支持科普微视频制作，加强科普宣传，从而收到了良好的效果。北京市推荐的《黑洞》《安全农居建设》被评为全国优秀科普微视频。北京市每年开展科普视频的评选活动，征集了一大批优秀科普视频作品，极大地丰富了北京科普资源，满足了公众对科普的需求，深受百姓欢迎。

（三）激发科普主体活力，提升科普产品供给水平

通过支持中国科学院、北京市科学技术研究院、北京工业大学等院所、高校与科普研发机构合作，筛选出一批具有重大影响的科学前沿发现和原创技术成果，将其开发转化为科普展品，鼓励、引导科研人员积极参与科普，让科研人员成为科普的主力军；支持科技企业运用 AR、VR、动作捕捉、全息投影、三维生长动画等最新技术和展示互动手段，将代表性科技成果开发、转化为科普互动展品，提升科普趣味性和互动性。北京市推荐的《动物世界奇遇记》《北大专家画说泌尿疾病》被评为全国优秀科普作品。

四　举办群众科技活动，营造良好创新氛围

（一）召开世界科学素质大会，开展国际科普交流

2018 年 9 月 17 日，世界公民素质促进大会在北京召开，国家主席习近平向大会致贺信并强调中国高度重视科学普及，不断提高广大人民的科学文化素质，积极同世界各国开展科普交流，分享增强人民科学素质的经验做法，以推动共享发展成果、共建繁荣世界。同时指出，无论是科技创新还是增强公民科学素质，我们都应以更加开放的心态，积极交流互鉴。当今世

界，人类正成为你中有我、我中有你的命运共同体，国际合作正成为科技创新与科学普及的重要推动力，世界各国应该建立全球视野、聚集创新资源、分享经验做法，以科技合作为纽带增强人类命运共同体意识。

（二）组织科普示范活动，打造科普知名品牌

创新软环境的完善是全国科技创新中心的重要属性。5月19～26日，2018年全国科技活动周暨北京科技周活动主场在中国人民革命军事博物馆举行。中央政治局委员、北京市委书记蔡奇，北京市委副书记、北京市长陈吉宁等市领导出席，参与现场科普活动，460余个丰富多彩的互动体验项目共吸引了12万余人次到现场参观体验，还有超过600万人次通过"北京时间"等16家网站观看主场活动直播。5月20日，在中国科学院动物所、中国人民革命军事博物馆举办的"科学之夜"活动，吸引了一批家庭参与，他们参观科普博览、体验科学实验、动手操作，体验了科学的奥妙。通过"2018北京科技周""科技北京""科普北京""全国科技创新中心"同步开展科技周报道和线上互动，总访问量超过6000万人次。北京科技周活动主场凸显四个"新"。

一是策划设计引入了新团队。由专业科普顾问团队、设计顾问团队为科技周出谋划策，展示新理念，赋予新内涵，充分体现新时代北京科普的优势和特点。

二是在表现形式上增加了新手段。首次采用手绘动画、三维生长视频、剪纸动画、信息图示、手绘漫画等多种表现形式，并大量采用VR、AR、MR、多点触摸交互等技术手段，提升科普互动体验效果，使北京科普成为全国科普的引领者。

三是在展示内容上体现了新要求。在"十大高精尖产业""科技助冬奥""科技促成长"板块展示最新科技成果。对高端科技资源进行通俗化展示，促进公众理解科技创新，支持科技创新活动。

四是在展项设计上反映了科技满足人民群众对美好生活的新需求。通过智造生活、创意生活、悦读生活等展区，展示一大批贴近民生的新技术、新

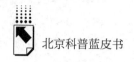
产品、新型农业和民间发明。科技创新是"高大上"的，科普活动必须接地气，让百姓看得懂、摸得着、愿意用。

（三）针对公众的个性化需求，丰富科普活动内容

"科学之夜"活动吸引众多家庭参与，许多家庭一同走进"科学之夜"现场，展览、讲座、科学大片、科技讲解、科学实验、科普演出、科学咖啡馆、知名科普作家与读者见面会等集中在"科学之夜"上演科学嘉年华，部分驻京外国使节、外国专家出席活动。

新型科普讲解方式广为流行。2018 年，全国科普讲解大赛广受重视，选手们借助"道具""多媒体"等手段，用睿智、通俗的语言演绎科学，生动诠释各种科技新词和演示若干科学原理。通过自主命题讲解、随机命题讲解和《中国公民科学素质基准》测试、专家问答 4 个环节一决高下。地方、部门竞相参赛，军队、公安系统积极参与，澳门特别行政区选手踊跃参赛。各路高手同台竞技，最终 30 名优胜者脱颖而出，前 10 位选手获一等奖，被授予"全国十佳科普使者"称号。75 名科普讲解大赛优胜者被评为"全国优秀科普讲解员"。国家民委首次举办民委系统科普讲解大赛，少数民族选手在全国科普讲解大赛中表现出色。

据统计，2017 年北京地区共举办科普（技）讲座 5.28 万次，吸引听众 1053.24 万人次。举办科普（技）专题展览 4425 次，参观人数达到 5139.26 万人次。举办实用技术培训 1.49 万次，参加人数 143.21 万人次。组织开展创新、创业培训 1822 次，参加人数 24.59 万人次。在科技周活动期间，举办科普专题活动 3867 次，吸引 5458.32 万人次参与；举办 1000 人以上的重大科普活动 809 次；举办科普（技）竞赛 2116 次，参与人数 5548.77 万人次；举办科普国际交流活动 415 次，参加人数 22.41 万人次；组织青少年科技兴趣小组 3334 个，参加人数 38.89 万人次。

（四）推进科技设施开放，满足公众的科技需求

北京市积极推进科研机构、大学向社会开放，开展科普活动。797 个科

研机构、大学向社会开放，接待参观人数 95 万人次，拉近了公众与科学的距离，满足了公众了解科技的需求，激发了公众特别是青少年对科学的兴趣。

目前北京地区拥有科普人员 5.11 万人，每万人口拥有科普人员 23.49 人（北京市 2017 年常住人口 2170.7 万人）。其中，科普专职人员 0.81 万人，占科普人员总数的 15.85%；科普兼职人员 4.30 万人，占 84.15%。专职科普创作人员 1269 人，占科普专职人员的 15.67%；专职科普讲解人员 1713 人，占专职科普人员的 21.15%。兼职科普人员年度实际投入工作量 4.88 万人月，人均投入工作量 1.13 个月。注册科普志愿者 2.37 万人。

（五）展示科技创新成果，激发公众的科学兴趣

2018 年度国家科学技术奖励获奖名单中，北京市主持完成的 69 项成果获国家科学技术奖，占全国通用项目获奖总数的 30%。北京市第三次获得国家自然科学奖一等奖。彰显了北京在国家原始创新领域的核心地位。新一轮科技变革和产业变革浪潮席卷而来，科学技术深刻影响着国家的前途、命运。北京不断谋求体制机制创新，推动"三城一区"科技创新主平台建设，努力为北京转型发展输送新动能，为抢占未来发展制高点储备战略资源。

中国科学院高能所承担建设的"北京光源"已获国家发改委批复。这个堪称"国之重器"的高能同步辐射光源，将具有世界最高光谱亮度，比目前瑞士最先进的光源还要亮 10 倍，帮助科研人员洞悉物质内部的细微变化，极大推动新材料、医药等领域的研发进程。

中国科学院力学研究所高铁动能实验室里，严格按高铁列车 1/8 的比例打造的"迷你高铁"正在轨道上进行试验。这是全球规模最大、速度最快的高速列车试验平台。

以中关村大街、创业大街、智造大街为标志的中关村科学城，依然是北京创新资源最密集、创新活动最活跃的区域。全球首个 AI 公园在海淀落地，无论是耄耋老人，还是牙牙学语的孩童，在家门口就能接触最新科技。前沿

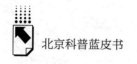
科技融入公众日常生活，将给北京带来深远的影响。

"打开院墙搞科研"，未来科学城正加快实现由中央企业创新、创业基地到全国科技创新中心主平台的重大转变。

有所不为才能大有所为。"北京要放弃发展'大而全'的经济体系，腾笼换鸟，构建'高精尖'的经济结构，使经济发展更好地服务于城市战略定位。"习近平总书记的讲话，为北京减量提质发展指明了方向。

（六）加强科学文化融合，营造北京创新文化

如果绘制一幅全球创新、创业人才流入的热力图，颜色越深，代表这个区域吸引的人才越多，那么在亚洲，颜色最深的区域当属中国北京。

根据美国知名市场调研公司 CB Insights 发布的《2018 全球科技中心报告》，北京为十大高速成长的科技中心，在孵化科技公司方面表现尤为突出。自 2012 年以来，北京 6 年间诞生了小米、滴滴、美团、今日头条等 29 家"独角兽"公司，仅次于硅谷，位列全球第二。英国《自然》杂志刊登的《2018 自然指数——科研城市》则显示，北京蝉联全球第一科研城市，在全球创新版图中的地位和影响力不断提高。

硬件条件只是创新环境的一个方面，软环境同样是创新环境的重要方面。一个城市只有具备良好的创新文化，才能真正成为创新型城市。科普在营造创新文化方面发挥了重要作用，形成了北京市独有的城市吸引力，满足了公众和一流创新、创业人才对创新文化的追求，丰富了其生活内涵。群众性科普活动、科普沙龙、科学咖啡馆、科普讲座等在北京创新文化建设中大显身手，丰富多彩的科普作品、科普场馆、科普活动，形成了优良的科普供给。

北京市科普已经成为北京的一张名片。北京常年向其他地方输送科普展品和服务。许多优秀的科普展品被用于在香港举办的"创科博览 2018"，以及在澳门举办的"澳门科技活动周"。许多国外优秀的科普展品被用于北京科技周、北京城市科学节活动。国际知名科普专家成为北京市科普活动的常客。北京科学中心开始重新开放，进一步丰富了北京的科普资源。

中共中央政治局委员、北京市委书记蔡奇在北京市第十二次党代会上强调，要"坚定推进供给侧结构性改革，向科技创新要增量，向服务提升要潜力，加快培育发展新动能，形成新的经济发展方式"。

这不仅是未来北京科技创新的发展方向，也是北京市科普的重要任务。

参考文献

［1］习近平：《为建设世界科技强国而奋斗——在全国科技创新大会、两院院士大会、中国科协第九次全国代表大会上的讲话》，2016 年 5 月。

［2］《国务院关于印发北京加强全国科技创新中心建设总体方案的通知》，国发〔2016〕52 号，2016 年 9 月。

［3］北京市科技传播中心主编《北京科普发展报告（2017～2018）》，社会科学文献出版社，2018。

［4］北京市科学技术委员会、北京市科普工作联席会议办公室：《北京市"十三五"时期科学技术普及发展规划》，2016 年 6 月。

［5］北京市科学技术委员会：《北京市"十三五"时期加强全国科技创新中心建设规划》，2016 年 9 月 23 日。

［6］王康友、郑念主编《国家科普能力发展报告（2006～2016）》，社会科学文献出版社，2017。

B.6
新型信息技术在北京科普
工作中的应用研究

李 群 李恩极*

摘 要: 科学技术的迅猛发展,给科普工作带来了前所未有的挑战,
也为科普工作的开展提供了更快捷、有效、经济的方法。如
何将科普工作与数字化、网络化、智能化等信息技术深度融
合,推动科普信息化建设,将是未来科普工作面临的重要课
题。本报告在梳理北京科普发展现状的基础上,总结了其在
科普信息化工作中主要应用的新技术等做法,并对未来新型
技术的应用提出展望。

关键词: 新型信息技术 科普信息化 智能科普

一 引言

每一次科学技术的重大创新,都会引发社会的深刻变革和新旧时代的更
迭。在信息化高度发展的今天,以人工智能、云计算、物联网等为代表的新
型信息连接和处理技术更是起着举足轻重的作用。信息技术的交融渗透,极

---

* 李群,应用经济学博士后,中国社会科学院基础研究学者,中国社会科学院数量经济与技术
经济研究所研究员、博士研究生导师、博士后合作导师,主要研究方向:经济预测与评价、
人力资源与经济发展、科普评价。李恩极,中国社会科学院研究生院博士研究生,主要研究
方向:科普评价。

大地加快了人类社会的创新步伐，新一轮科技和产业革命蓄势待发，既带来新挑战，也蕴含着新机遇。

目前信息技术的发展已经步入"大智物移云"时代，即大数据、智能化、物联网、移动互联网、云计算等创新技术爆发的时代，也是一个计算无处不在、软件定义一切、网络包容万物、连接随手可接、宽带永无止境、智慧点亮未来的时代。欧美等发达国家已纷纷从国家战略层面加紧布局，在这方面，中国政府不遑多让。2015 年 3 月，政府工作报告中提出国家要制定"互联网＋"战略；2015 年 8 月，国务院印发《促进大数据发展行动纲要》，提出要加快建设数据强国；2016 年 5 月，国务院再次出台《"互联网＋"人工智能三年行动实施方案》，正式提出人工智能产业纲领；2017 年 7 月，国务院印发《新一代人工智能发展规划》，提出要"构筑我国人工智能发展的先发优势，加快建设创新型国家和世界科技强国"。国家对新型技术的规划之细、范围之广是前所未有的，足见国家的投入和重视。在此背景下，大数据、人工智能、移动互联网、云计算、区块链等新型技术被广泛应用于金融、教育、医疗等领域。

科学技术的迅猛发展，也为科普工作提供了更快捷、更有效、更经济的方法。在"大智物移云"时代，以智慧化和数字化为特征的信息通信技术、人工智能技术和虚拟现实技术等正在汇聚成一股重要的变革力量，重塑着传统的科学传播模式[1]。《中国科协关于加强科普信息化建设的意见》指出"科普信息化是应用现代信息技术带动科普升级的必然趋势"。2015 年中国科协办公厅印发了《科普信息化建设专项管理办法》，确立部分地区为科普信息化建设试点，大力推进科普信息化建设[2]。《中国科协科普发展规划（2016～2020 年）》将实施"互联网＋科普"建设工程作为六大重点工程，提出"深入实施科普信息化建设专项""拓展科普信息传播渠道""建设科普中国服务云"等目标。可见，与数字化、网络化、智能化等信息技术深

---

[1] 郑念、王明：《新时代国家科普能力建设的现实语境与未来走向》，《中国科学院院刊》2018 年第 7 期。

[2] 赵兰兰：《利用信息化手段开展社区精准科普》，《科协论坛》2018 年第 6 期。

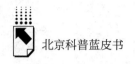

度融合，推动科普信息化建设，将是科普工作面临的重要课题。

长期以来，北京按照党中央、国务院决策部署，坚持创新、协调、绿色、开放、共享发展理念，以丰富的人才资源为依托，以完备的基础设施为支撑，以提高市民科学素质为宗旨，围绕提升科普能力、培育创新精神、关注目标人群、丰富科普活动、打造科普精品等重点任务，借助信息化技术手段，开展了一系列工作，科普事业取得重大进展，为首都经济社会发展和科技创新提供了重要支撑。本报告在回顾北京科普发展现状的基础上，总结了其在科普工作中主要应用的新技术，并对未来新型技术的应用提出展望，以期为北京科普信息化建设提供可参考的建议。

二 北京科普工作现状与科普信息化建设目标

（一）北京科普工作现状

2018 年北京市科技传播中心和中国社会科学院数量经济与技术经济研究所联合发布《北京科普发展报告（2017~2018）》，对北京科普工作做出动态评估。报告显示，2015 年，北京科普发展指数为 4.55，与 2014 年相比，增长了 6.06%。总体而言，2008~2015 年，北京科普发展指数呈逐年递增态势，年均增长率达到 6.72%，且各项指标均在全国处于领先水平。

根据《北京科普发展报告（2017~2018）》分析，科普传媒、科普设施建设和科普经费三项发展指数尤其是科普传媒发展指数的大幅度提升是北京科普发展指数逐年递增的主要原因。随着移动互联网的迅速发展，各种信息化资源对科普传媒环境的影响越来越大，其发展指数显著提升，2008~2015年增长了 124%，成为推动北京科普事业快速发展的重要引擎。此外，科普设施和科普经费也为北京科普工作的顺利开展提供了重要保障，两者的发展指数在 2008~2015 年的增幅分别为 95%和 52%。

根据《北京科普发展报告（2017~2018）》，2008 年以来，北京科普发展指数快速增长，2008~2015 年均增长率为 6.72%，需要注意在 2015 年的科普发展指数构成中,科普经费为 3.10,科普人员、科普设施和科普传媒分别为 0.25、0.37 和 0.38。从目前来看,北京科普事业发展仍然以资金推动为主,推动北京科普事业迈向高质量增长,必须结合全国科技创新中心建设,着力进行科普人才队伍建设,提升科普场馆展示水平和利用率,提高科普传媒融合发展水平。在科普工作中,以信息化为主要手段,积极应用新技术提高北京科普水平。

(二)北京科普信息化建设目标

科普信息化建设的目的是构建线上、线下一体化的科普体系,既要做好科普"发球端""最先一公里"的内容建设和传播渠道建设,也要做好最后的终端呈现和效果评估工作,形成科普全链条的高效率运行模式[①]。北京历来重视新技术的普及和应用,一直在推进北京科普信息化建设,在《北京市"十三五"时期科学技术普及发展规划》中明确提出要着力提升科普产品和科普服务的精准、有效供给能力,着力加强新技术、新产品、新模式、新理念的推广和普及,着力推进"互联网+科普"和"两微一端"科技传播体系,要求以新技术、新手段、新模式开创科普工作新局面。

三 新技术助力北京科普工作

为实现科普信息化建设,推动科普事业发展,先进的网络信息技术被广泛应用于北京科普工作中,如互联网、新媒体、AR、VR 等。这些新技术不仅创新了科普宣传方式,拓宽了传播途径,而且使科普的内容和形式兼具科学性、实用性、先进性和艺术性,显著提升了科学知识普及的效率,成为推动北京科普事业发展的重要支撑。

---

① 郑念、王明:《新时代国家科普能力建设的现实语境与未来走向》,《中国科学院院刊》2018 年第 7 期。

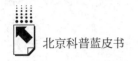

（一）"互联网＋科普"为科普事业发展提供新契机

2015年李克强总理在政府工作报告中首次提出了"互联网＋"创新行动计划，"互联网＋科普"应运而生。"互联网＋科普"是指以向广大公众普及最新的科学科技知识、传播科学思想、弘扬科学精神、倡导科学方法为目的，结合"互联网＋"模式，利用数字化的资源进行科学普及的新型科普形式①。随着经济社会的快速发展和人民生活水平的不断提高，广大群众对科学文化的需求和消费迅速增长，注重"以人为本，用户至上"的"互联网＋科普"模式已成为推动我国科普事业发展的重要抓手。

为提高首都科普资源平台的服务能力，创新科普工作体制机制，近年来北京市政府以及各级科协不断强化互联网思维，以科普内容建设为重点，创新科普方式，整合社会资源，充分发挥了物联网和移动互联网等现代信息技术在科普工作中的作用。具体而言，一是在制度层面将"互联网＋科普"纳入科普事业，如《北京市"十三五"时期科学技术普及发展规划》明确提出实施"互联网＋科普"工程，建设以"互联网＋科普"为核心，以传播知识、传播精神和传播文化为理念的首都科普资源平台；二是依托资源优势，深入发掘、激活科技文化资源，积极发展基于"互联网＋科普"的新业态。北京市拥有众多互联网企业，通过PPP模式，政府与光明网、百度等互联网企业实现了合作共赢，产生了如"科技名家风采录""海底探宝""金融街智慧生活馆"等一批优秀的数字科普产品。

（二）新媒体改变科普宣传方式

新媒体的概念最早由美国CBS技术研究所所长戈尔德·马克率先提出，随着互联网技术的发展，新媒体受到了越来越多的关注，但对新媒体的内涵尚未有明确界定。目前所说的新媒体主要是指运用数字技术和网络技术，依

① 孙鹤嘉：《互联网＋科普运行机制与发展模式探究》，《辽宁师专学报》（社会科学版）2016年第1期。

靠电脑、手机、数字电视等客户终端，向广大群众提供信息服务的新类型的传播媒介，包括门户网站、搜索引擎、虚拟社区、微博、微信、手机等①。新媒体时代的宣传方式以互联网传播为主，以其易于接收、互动性强、覆盖率高、传播速度快等优势催生了媒介的社会化，逐渐形成了新的传播格局。新媒体的出现不仅直接影响着人们的思考和行为方式，甚至深刻影响着整个世界的运转方式。毫无疑问，科学普及工作方式和环境也受到了新媒体的影响，它在拓宽科普宣传渠道的同时，也为新时期的科普宣传工作带来了新的挑战。

为有效提升科普宣传效果，顺应新媒体时代的潮流，北京高度重视新媒体在科普工作中的应用，加强科普网站的建设，开通手机、数字电视等科普终端服务。北京市科普统计数据及北京市科普联席会议成员单位的统计资料显示，"十一五"末以来，北京市各年度科普网站的建设数量均超过 180 个，网站、微博、微信、手机 App、手机报等新媒体均已成为相关单位科普宣传的重要渠道。中国科普网、中国科普博览、中国数字科技网、千龙网、首都之窗等网络媒体成为广大群众获取最新科技资讯的重要渠道，近 50 家北京市科普联席会议成员单位和区县开设官方微博，微博数合计 30 余万条，"粉丝"量合计近 4353.14 万人次。"北京发布"的"粉丝"量超过 589 万人次，成为深入贯彻传播执行"人文、科技、绿色"北京的网络前沿阵地②。

由北京市科学技术委员会主办、北京市科技传播中心运营的"科普北京"，聚焦国内外重大科学进展及科研成果，关注生物医药、新能源、新材料、先进制造等战略性新兴产业的最新成果，介绍相关的创新模式、创新理念。同时，该公众号也服务于社会公众，采用生动有趣、形式多样的编辑手段，将丰富的科普信息和优质的科普资源与百姓共享，促进公众科学素质的进一步提升；通过对媒体与公众关注的热点科技问题、焦点事件的权威释

---

① 吴呼斯乐：《新时期科技报刊如何利用新媒体做好科普宣传工作》，《科技传播》2016 年第 16 期。

② 北京市科技传播中心：《北京科普发展报告（2017~2018）》，社会科学文献出版社，2018。

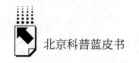
疑，引领正确的舆论导向，传递正能量，让社会公众更多地深入了解科学、支持创新，夯实创新文化的社会基础。

（三）AR、VR"闯入"科技馆，提供全新的科普体验

VR（Virtual Reality）指虚拟现实技术，是一种能够对虚拟世界信息进行创建和体验的计算机仿真系统，其基本原理是利用计算机生成相应的模拟环境，通过多源信息融合的三维动态视景以及实体行为系统仿真，使用户能够沉浸在该环境中，对用户的感官产生影响；AR（Augmented Reality）指增强现实技术，属于一种能够对摄像机的影像角度、具体位置等进行实时计算分析的技术，能够在现实世界中完成对虚拟世界的嵌套，推动两者的有效互动[1]。VR和AR技术是目前的热门技术，在理论和应用层面已取得诸多令人瞩目的成就，有效推动了各个行业领域的信息化和智能化。近年来，北京的一些博物馆将VR和AR技术应用到藏品展示中，让参观者在享受新科技的同时能有趣地学习科普知识。

2017年5月，"'看见'圆明园"数字体验展在中国园林博物馆开展。该展览借助圆明园数字复原成果，选取圆明园正大光明、勤政亲贤、方壶胜境、西洋楼等26个景区，通过"园居理政""畅襟仙境""西风东纳"三大主题，多角度复现"万园之园"的恢宏景色，并通过实体搭建与AR、VR等多种虚拟体验相结合，使观众在展厅中便可看到"再现"的历史场景，获得沉浸式的虚拟游览。其实，博物馆中很多文物都出现了脆化、脱色、剥落等现象，即使经过人工修复，也只能放在展柜中，与参观者保持距离。如今，利用VR技术将文物逼真地呈现在参观者眼前，参观者通过相关设备还能实现360度观赏[2]。

2003年，故宫文化资产数字化应用研究所推出了其第一部VR作品"紫禁城·天子的宫殿"，通过手机等设备，观众可以从任意角度、全方位

---

① 夏蕾：《探析VR/AR应用场景及关键技术》，《电脑编程技巧与维护》2018年第10期。
② 王艺：《实时交互对文化遗产数字化保护的应用技术研究》，《电脑迷》2018年第10期。

地观赏太和殿，"像鸟儿一样俯瞰故宫"。经过十几年的制作，"紫禁城·天子的宫殿"系列已累计完成 7 部作品，在位于故宫端门的虚拟现实演播厅播放，每天吸引大量游客①。另外，AR 技术重新赋予了博物馆和藏品"活力"，将藏品以鲜活的方式展现出来，让文物更有温度，具有较高的互动性和参与性。参观者只需要用手机扫描藏品的 AR 卡片，手机屏幕上就可显示藏品的三维模型以及声音、文字和特效等，帮助参观者全方位感知历史文化。

（四）二维码技术推进数字化科普场馆建设

伴随移动互联网和识别技术的飞速发展，"扫一扫"在支付、浏览器以及资料管理中得到广泛应用。通过智能手机、平板电脑等移动智能终端扫描黑白相间的字符，便能轻松跳转到另一个页面，让人们可以尽情享受移动互联网带来的便利和新体验，而这一切都离不开的二维码技术支撑，可以说，二维码技术是移动互联网的"入口"①。该技术利用几何图形在两个维度存储数据符号信息，具备信息密度大和传输速度快的优点，极大地减少了信息传输的成本，并满足了用户快速访问的需求，因此，自其诞生之日起就被应用到各行各业的日常管理中。

在新技术迅猛发展的当下，科普场馆的运营方式也在不断变革，与二维码技术的有机结合使科普场馆的管理模式更加完善、服务水平更高。目前，二维码技术已被广泛应用于馆藏资源管理中。2017 年 10 月，中国科技馆"华夏之光"展厅经过更新改造后，面向公众重新开放。科技馆通过本地服务平台将展品的名称、科学原理和制作工艺等信息全部录入系统，并为"华夏之光"展厅的每一个展品生成唯一的二维码，将其张贴于展柜上或者场馆引导图中，参观者用手机扫描展品二维码，便可进入该展品的网页，获取文字、图片、音频、视频等各种类型的展品相关信息，也可以保存到手机中，以备日后查阅。相较于传统的简介牌，二维码可以使参观者多角度、全方位了解展品内容，多元化信息展示方式也能满足不同年龄段、不同知识水

---

① 于成丽、胡万里：《二维码的前世今生》，《保密科学技术》2017 年第 12 期。

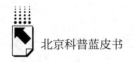

平参观者的个性化需求①。此外，科技馆管理人员通过参观者的点击数据可以及时了解参观者对哪些展品感兴趣、哪些展品需要改进，便于甄选高质量馆藏资源，提升科技馆的管理能力。

二维码的另一重要应用就是科普讲解。科普讲解是思想和知识的表达，讲解者科学素养和水平的高低直接关系到科普场馆、科普基地功能和作用的发挥②。但受经费和编制的限制，北京科普场馆普遍存在科普讲解人员不足、综合素质水平参差不齐的问题，使得参观者从短暂的科普讲解过程中了解的知识非常有限，对馆藏品的欣赏也只能流于表面，大大降低了参观效果。2017 年 1 月，"四月兄弟"与国家博物馆共同推出微信导览平台，参观者通过扫描二维码便可以听到专业讲解员的细致讲解，体验随心畅游的艺术之旅，不用再担心落到队伍后面听不清讲解员的介绍，省去租用语音导览设备的费用，还可以详细了解自己喜欢的藏品的背后故事③。

四　新型技术在北京科普工作中的应用展望

结合北京科普信息化建设目标，本部分分析了区块链、大数据、人工智能和云计算等新型技术在科普工作中的应用前景，以期为北京科普事业的全面可持续发展提供可参考的意见。

（一）建立科普区块链，让科学深入人心

根据《中国区块链技术和应用发展白皮书》的定义，区块链技术是利用块链式结构来验证与存储数据、利用分布式节点共识算法来生成和更新数据、利用密码学的方式保证数据传输和访问的安全、利用自动化脚本代码组成的智能合约来编程和操作数据的一种全新的分布式基础架构与计算范式。

---

① 邵慧：《浅谈二维码系统在科技馆的应用》，《科技风》2014 年第 13 期。
② 袁红平：《中华麋鹿园景区科普讲解能力实践研究》，《旅游纵览》2018 年第 8 期。
③ 吴赛娥：《微信导览应用现状及对校内文献服务营销的启示》，《科技创新导报》2014 年第 23 期。

简单地说，区块链就是运用密码学的方法，实现了去中心化网络环境下的信息存储。区块链技术最早被作为比特币的底层技术被大家熟知，经过区块链1.0（可编程数字加密货币）、区块链2.0（可编程金融系统）、区块链3.0（可编程社会）3个阶段的发展，已在国内外掀起了对区块链技术普及和探索的高潮，有望媲美蒸汽机、电力、信息、互联网科技，成为下一个最有可能颠覆人们生活方式的触点。区块链技术具有去中心化、数据不可篡改、历史信息可追溯的优势，在科学普及工作中的应用主要体现在以下几个方面。

1. 科普经费管理

首先，区块链作为一种新型技术，通过建立安全可信的数据库，可以解决纸质报告的永久存储问题；其次，将每个项目单位作为一个节点，与财政局、科委、科协组成一个私有链，每个节点对科普经费的开支都要进行全网广播，这就保证了经费使用的透明；最后，每一个节点对数据的修改都要经过全网同意才可进行，区块链的时间戳功能还可以记录每次经费支出的时间，这些可以简化审计程序，提高科普经费管理效率。

2. 科普传播体系建设

互联网已经发展到信息过剩阶段，人们在日常生活中要面对大量的信息，其中不乏一些"养生"信息、道听途说的偏方等伪科学，如何帮助人们分辨信息真伪成为科学普及工作的重要内容。区块链凭借其去中心化存储、历史信息可追溯的特征，可以记录信息来源、媒体平台、修改痕迹、读者反馈等信息，让整个新闻传播渠道透明可信，从而既根除了虚假信息的传播，可以在受众、内容提供者、媒体平台之间建立信任体系，还可以基于科普区块链构建加密数字货币，引入"读者报酬"机制，以此激励广大群众参与互动，并进行科普知识传播。

（二）运用大数据实现精准科普

作为21世纪的"钻石矿"，大数据技术被广泛应用于政府治理、企业创新、农业管理等方面，促进了信息技术与各行业的深度融合，掀起了新一轮的产业革命和技术革命。不仅如此，具备大量、高速、多样、价值四大特点的大数据技术，也改变了人们的生活方式和思维方式，更为科普工作的开展带来了更多可能。具体来说，传统的"以不变应万变"的科普思维已无法满足日趋多元化的公众需求，迫切要求各级科普机构积极求变、创新，及时、充分了解广大群众的需求，所以科普工作需要站在大数据这个风口上趁势而飞，走上大数据时代的快车道，实现精准科普，才能促进科普事业进一步发展。但是，就全国而言，大数据技术在科普工作中的应用未得到足够的重视，在北京各区县的科普工作中，大数据技术的应用依然存在很大空间。对于如何利用大数据技术，本报告提出如下想法和建议。

一是建立市级和区县一级的综合科普信息平台。在信息泛滥的时代，有价值的信息格外稀缺，信任代理也变得尤为重要。目前具有"百科全书"性质的信息平台，多由商业机构设立和维护，存在大量谬误和不规范现象，因此，公众迫切需要一个官方的、权威的科普信息平台，去伪存真，净化科普信息。

二是基于大数据深入分析公众的科普需求，并以此指导科普工作。无论科学普及作为一种公共物品还是准公共物品，满足公众需求、全面提升公民科学素质都是开展科普工作的出发点，最高效率地把科普人员、经费、馆藏资源、技术和公众需求这5个要素组织在一起是各级科普机构进行决策的前提。因此，只有在技术层面推陈出新、深度挖掘，具体到一个地区、一个群体甚至到某一个人，才能充分了解公众的科普需求。

（三）把握人工智能，为科普工作注入新动能

人工智能技术依托智能感知与可视化等技术，覆盖智能搜索、机器学习、数据镜像、神经网络等多个领域，为各行各业的发展提供了更为智能化、数字化的信息，极大地加速了人类的创新步伐，开启了信息全域传播模式，也为科普工作注入了新动能。

长久以来，科普场馆讲解人员的工作内容趋向固定化和程式化，导致整体业务技能受到限制，而且讲解员在场馆编制中又处于边缘化，全国各大科普场馆普遍存在讲解员不足的现象，训练有素的专业讲解员则更加稀缺。如

今，人工智能的出现可以有效缓解这一问题。利用人工智能的语音识别和数据镜像功能，可以记录和观摩众多专业人员的讲解过程，让科普机器人学习、掌握专业讲解员的语调、语速、肢体语言、现场互动等多方面的技巧，借此创造出一个"最强讲解员"。此外，科普机器人还可以现场帮助讲解人员，尤其是对于缺乏经验的新手，面对参观者的提问，智能机器人可以瞬时搜索并调取以往专业讲解员对该问题的回复，通过屏幕或耳机传送给讲解员，如此可以让新手们的业务能力得到快速提升，高质量地传播科学知识。

利用人工智能和大数据，可以创新科普图书或科普新闻创作方式。具体来说，首先可以运用大数据技术对科学领域的热点事件、公众的舆论动向进行"全天候"收集、整理和分析，为不同群体找到对应选题和推送渠道；然后，使用人工智能进行核实、分发和创作稿件，生成"定制"的科普信息，以此提升用户满意度和体验感。

（四）开展科普云服务，完善科普资源共建共享机制

2006 年 2 月，国务院颁布《全民科学素质行动计划纲要》，将"科普资源开发与共享工程"列为"十一五"时期重点实施的 4 个基础工程之一；2006 年 9 月，科技部、科协等有关部门共同制定了《科普资源开发与共享工程实施方案》，科普资源开发与共享工作由此全面开展；2007 年 4 月，《北京市科普资源开发与共享工程实施方案》出台[①]。在之后的科普实践中，"科普资源开发与共享"逐渐演变成"科普资源共建共享"，并正式出现在《中国科协科普资源共建共享工作方案（2008～2010）》《中国科协科普资源共建共享工作方案（2011～2015）》中[②]。通过产业化、协作化、数字化等方式建立跨部门的共享机制，可以增加科普资源供给，提高科普资源配置效

[①] 何丹、何维达、李梅、汪振霞：《北京市科普资源开发与共享现状及对策研究》，《中国管理信息化》2009 年第 15 期。

[②] 张良强、潘晓君：《科普资源共建共享的绩效评价指标体系研究》，《自然辩证法研究》2010 年第 10 期。

率，最大限度地满足公众对科学知识的渴求，促进科普事业蓬勃发展①。因此，科普资源共建共享的概念一经提出就受到社会各界的响应，也成为各级科普单位的主要工作方向。

作为首都，北京较其他省份拥有更丰富的科普资源，如何实现资源的有效配置，化优势为强势，探索建设科普资源共建共享的长效机制，一直以来都是北京科普工作的重点。但在实际工作中，实现科普资源共建共享仍存在很大的困难。一是工作机制不完善。科普资源存在层层条块分割，不同的级别存在不同的共享层面，横向机构之间或同一系统内部存在不同程度的共享障碍，形成信息孤岛。二是缺少技术支撑。面对纷繁复杂的数据和信息，各级科普单位必须不断地投入大量财力、人力和物力进行科普基础设施建设和数字资源开发，才能有效提高服务质量，发挥信息资源的最大效能，实现共建共享②。而云计算通过网络信息技术将相关数据进行高效安全的处理和传送，具有数据处理效率高、速度快、集成化程度高等优势，依托云平台可以运行各种业务系统和存储数字资源，这为我们构建低成本、高性能的科普资源共建共享平台提供了强有力的工具。

利用虚拟技术将共享平台的相关设备作为一个大型的资源池，借助云计算的强大数据处理能力，实现平台数据的互联互通和有效共享，可以解决以往各级科普机构科普信息资源共享不足的问题。还可以结合大数据和人工智能，打造集文字、声音、图像、影像于一体的立体化传播形态，开展点对点科普工作，促进科普资源的快速传播和共享。

参考文献

［1］郑念、王明：《新时代国家科普能力建设的现实语境与未来走向》，《中国科学

---

① 李冬晖：《网格技术成就科普资源的共建共享》，《科普研究》2009 年第 5 期。
② 张长乐、王康：《基于云计算的科普资源共享服务平台研究》，《科技创业月刊》2015 年第 13 期。

院院刊》2018 年第 7 期。

［2］孙鹤嘉：《互联网＋科普运行机制与发展模式探究》，《辽宁师专学报》（社会科学版）2016 年第 1 期。

［3］赵兰兰：《利用信息化手段开展社区精准科普》，《科协论坛》2018 年第 6 期。

［4］于成丽、胡万里：《二维码的前世今生》，《保密科学技术》2017 年第 12 期。

［5］邵慧：《浅谈二维码系统在科技馆的应用》，《科技风》2014 年第 13 期。

［6］袁红平：《中华麋鹿园景区科普讲解能力实践研究》，《旅游纵览》2018 年第 8 期。

［7］吴赛娥：《微信导览应用现状及对校内文献服务营销的启示》，《科技创新导报》2014 年第 23 期。

［8］吴呼斯乐：《新时期科技报刊如何利用新媒体做好科普宣传工作》，《科技传播》2016 年第 16 期。

［9］北京市科技传播中心主编《北京科普发展报告（2017～2018）》，社会科学文献出版社，2018。

［10］夏蕾：《探析 VR／AR 应用场景及关键技术》，《电脑编程技巧与维护》2018 年第 10 期。

［11］王艺：《实时交互对文化遗产数字化保护的应用技术研究》，《电脑迷》2018 年第 10 期。

［12］何丹、何维达、李梅、汪振霞：《北京市科普资源开发与共享现状及对策研究》，《中国管理信息化》2009 年第 15 期。

［13］张良强、潘晓君：《科普资源共建共享的绩效评价指标体系研究》，《自然辩证法研究》2010 年第 10 期。

［14］李冬晖：《网格技术成就科普资源的共建共享》，《科普研究》2009 年第 5 期。

［15］张长乐、王康：《基于云计算的科普资源共享服务平台研究》，《科技创业月刊》2015 年第 13 期。

B.7
北京市16区科普工作评价及实证研究

刘基伟　闵素芹　曲 文 *

摘　要： 本报告综合考虑北京市16区各区科普工作的情况，通过聚类分析方法，将16区分为四大类，并建立科普工作评价模型，对四大类地区分别计算组间排名和组内排名以及各区6个维度的得分，从定量和定性两方面对各区的科普工作进行了评价，并对存在的问题给出了相关对策和建议。

关键词： 北京各区科普　聚类分析　科普工作评价

一　引言

科普能力建设是深入实施创新驱动战略，建设创新型国家的基础性社会工程，是由政府引导、社会全面参与的社会活动，是一项与科技、经济、社会发展紧密联系的社会公益事业。我国政府历来重视科普工作，出台了一系列科普政策法规，强调国家科普事业建设是建设创新型国家的一项基础性、战略性任务，是一项长期的全社会共同任务，并把科普事业作为一项专门内容纳入国家中长期科技规划，从科技发展战略的高度对科普事业进行工作部署，将提升公民科学素质作为一项基础性社会工程。《关于加强国家科普能

---
* 刘基伟，硕士，中国传媒大学数据科学与智能媒体学院，主要研究方向：多元统计、科普评价。闵素芹，硕士研究生导师，中国传媒大学数据科学与智能媒体学院，主要研究方向：空间统计、科普评价。曲文，硕士研究生，中国传媒大学数据科学与智能媒体学院，主要研究方向：科普评价。

力建设的若干意见》中指出科普主要包括科普创作、科技传播渠道、科学教育体系、科普工作社会组织网络、科普人才队伍以及政府科普工作宏观管理等方面。科普涵盖范围全面、内涵意义丰富，因此对科普工作进行评价需要做定量的考评也需要做定性的分析。本报告从定量评分和定性分析的角度出发，对一个地区的科普工作进行评价分析。

首先，定量评价一个地区的科普工作、判断一个地区的科普力度，是一个复杂的系统工程问题，需要对构成科普工作的各类要素进行综合评价。北京市各地区在科普发展上投入了大量的人力、财力和基础设施，出版了一系列科普出版物，举办了丰富的科普活动。但各地区的经济水平、社会重视程度、开展工作的侧重点不同，对科普工作产生了影响，这种影响进而导致各地区的科普工作成绩存在一定的差距。为求对北京16区有定量的认识，本报告建立了一套评估北京16区科普工作的指标体系以及评价方法。《北京科普统计（2017年版）》对北京市16区的科普发展从工作基础和工作业绩两个层面着手，通过对科普投入、科普人员、科普设施、科普活动、科普出版物、双创发展6个维度的相关指标进行了全方位的数据调查和汇总，为评价北京市16区的科普工作奠定了数据基础。本报告合理选取评价指标，利用专家打分法确定权重，从而构建了综合评价模型，并运用该模型对北京市16区的科普工作进行了评价。

二 北京市16区科普工作评价指标体系的构建

（一）指标的选取原则

客观、公正地进行科普工作评价需要以科学合理的评价指标体系为前提，"万丈高楼平地起"，良好的理论基础是进行科学有效的科普工作评价的关键。以下三点为本报告构建指标体系的基本原则。

1. 指标的数据可获得性

设置指标的关键是这些指标能够采集到数据，虽然有些指标在理论上具

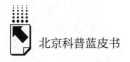

有意义，但无法获取对应的数据。相关科普的统计数据涵盖范围有限，所以本报告选取的指标以北京市科普统计的指标为主。

2. 指标体系的全面性

指标体系要能真正反映各地区的科普工作情况，即能够从投入和产出两端反映一个地区的科普工作情况。各个地区的科普工作开展情况在不同程度上受到经济社会发展水平的制约，但并不代表经济和社会落后地区的科普工作开展得就一定差，投入科普工作人员多的地区科普工作开展得就一定好。特别是对科普工作而言，某些相对量的指标更能够说明问题。相对量反映了效率，相对量大的地区体现了其科普工作在有限的资源条件下开展，却完成了更多的科普工作、创造了更多的科普产出。因此在评价体系指标的选择上，相对量比绝对量更加具有科学性。

3. 综合评价的稳定性

指标体系一经设计不可轻易改动。为实现对一个地区 5 ～ 10 年的综合评价，要求采用数据来源稳定的各项指标，以便实现累计比较或趋势分析等长时间跨度的分析研究。

（二）指标体系的构建

在相关的研究中，B. Godin 和 Y. Gingras 提出测量国家科学文化的社会组织模型，通过对投入和产出两端的评价衡量一个国家的科技发展程度和科学文化水平，该模型把对科技文化的测量指标转化为一些已有的调查中可得到的指标，为数据处理提供了新思路[1]。翟杰全提出的国家科技传播能力评价模型选取 50 个反映国家科技传播基础设施、机构科技传播能力、媒体科技传播能力、国家科技传播基础环境的具体指标，但只提出了 1 个综合指标体系，并没有进行实际测量[2]。佟贺丰等在国家科普统计指标的基础上，通

---

[1] B. Godin, Y. Gingras, "What is Scientific and Technological Culture and How is it Measured? A Multidimensional Model," *Public Understanding of Science*, 2000, (9): 43 – 58.

[2] 翟杰全：《国家科技传播能力：影响因素与评价指标》，《北京理工大学学报》（社会科学版）2006 年第 4 期。

过构造包含基础设施、科普人员、活动组织、经费投入、科普传媒 5 个维度共 17 项指标的地域科普工作评价体系，构建了科普评价模型，并对全国各地区的科普能力进行了评价，该模型的地区适用性强，指标体系科学严谨①。任嵘嵘等构筑了包括科普人员、基础设置、科普投入、科普活动组织、科普创造 5 个方面共 23 项指标的地区科普工作评价体系，但使用客观方法确定权重往往会导致科普重点工作的权重损失，进而导致科普工作评价不够严谨②。张慧君、郑念提出了科普效果评估指标体系，包括科普环境、科普投入、科普综合产出效果和科普活动效果 4 类指标，但是模型中所使用的科普经费指标和科普媒体指标均为绝对量，有违本报告科学性这一基本原则③。李婷从科普投入、科普产出和科普条件出发，考虑构建了三级共 19 项指标来评价地区科普工作和科普能力④。陈套、罗晓乐从科普人员、科普传媒、基础设施建设、科普活动 4 个维度对我国地域科普能力进行了测评⑤。张立军等依据对评价目标的认识及科普能力的内涵，在现有研究的基础上增加了二级指标，一共选取了 37 个指标⑥，虽然指标足够全面，但难以避免指标之间存在多重共线性，难以建立科学有效的科普工作评价模型。很多国家在评价科技工作时，是从投入和产出两端进行衡量，投入主要是研发人员、经费和科研设施的投入，产出则包括科技论文、专利等产品。科普是科技工作的重要组成部分，也可以从这个角度进行衡量，但它又表现出自身的特点。科普投入经过一系列的实践活动，以媒

① 佟贺丰、刘润生、张泽玉：《地区科普力度评价指标体系构建与分析》，《中国软科学》2008 年第 12 期。
② 任嵘嵘、郑念、赵萌：《我国地区科普能力评价——基于熵权法 GEM》，《技术经济》2013 年第 32 期。
③ 张慧君、郑念：《区域科普能力评价指标体系构建与分析》，《科技和产业》2014 年第 2 期。
④ 李婷：《地区科普能力指标体系的构建及评价研究》，《中国科技论坛》2011 年第 7 期。
⑤ 陈套、罗晓乐：《我国区域科普能力测度及其与科技竞争力匹配度研究》，《科普研究》2015 年第 5 期。
⑥ 张立军、张潇、陈菲菲：《基于分形模型的区域科普能力评价与分析》，《科技管理研究》2015 年第 2 期。

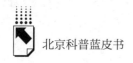
体产品和活动形式表现为产出，产出反过来再促进更多的投入。所以，对北京16区的科普力度进行评价，也将从投入和产出两端入手，完成指标体系的构建。

（三）北京市科普工作评价特色指标

北京市正加速建设具有全球影响力的全国科技创新中心，围绕加强国家科普能力建设，提高全民族科学文化素质，营造科技创新的社会氛围，以往学者构建的科普工作评价指标体系的确值得借鉴，但随着社会发展，其在一定程度上已不适用于当前的科普工作评价。为响应国家号召，呼应国家科普工作建设的战略布局，本报告提出如下北京特色科普工作评价指标。

1. 产出与每科普人员（个）的比值

科普人员包括科普专职人员和科普兼职人员。科普产出与每科普人员（个）的比值所得的相对量反映了各区科普工作的效率。相对量大的地区在有限的资源条件下能够完成更多的科普工作、创造更多的科普产出。产出与科普人员的比值实现由绝对量到相对量的转换，反映地区科普工作的效率，体现出高效率科普工作的开展状况。

2. 创作人员占科普人员的比重与中级职称人员和本科及以上人员占科普人员的比重

《北京加强全国科技创新中心建设总体方案》提出面向全球引进世界级顶尖人才和团队在北京发展。科普事业作为科技发展的基石，作为提升公民科学素质的基础事业同样需要具有专业知识储备、科学实践能力的人员，因此本报告将创作人员占科普人员的比重与中级职称人员和本科及以上人员占科普人员的比重纳入考评指标，分别用来反映地区科普人员的创作能力和高等教育程度，以此来衡量地区科普人员开展工作的情况。

3. 每科普人员年度科普活动数量

年度科普活动数量为科普讲座次数、科普竞赛次数、科普国际交流次数、科普（技）展专题展览次数 4 类科普活动次数总和。其中，根据《北京加强全国科技创新中心建设总体方案》《推进科普理念认识与实践活动"双升级"倡议书》，倡议加强国际交流与合作，因此，将科普国际交流次数纳入考核指标体系。

4. 每科普人员年度科普传媒出版物

李克强总理在 2015 年的政府工作报告中提出制定"互联网＋"行动计划，要求推动移动与互联网的结合。本报告将"网站个数"纳入科普传媒考核体系，该指标包含科普类图书种数、期刊种数、音像制品种数、网站个数，取数量总和作为年度科普出版物总量。

5. 双创发展

《关于建设大众创业万众创新示范基地的实施意见》明确，加快建设一批高水平的双创示范基地；加速科技成果转化，积极推动大众创业、万众创新。故本报告将双创发展纳入考评指标体系。

6. 每万人科普场馆

科普场馆包括科技馆、科学技术博物馆、青少年科技馆等。

综上所述，本报告从工作基础和工作业绩两个层面着手，投入端包括科普投入、科普人员和科普设施 3 个维度共计 7 个指标，产出端包括科普活动、科普传媒、双创发展 3 个维度共计 7 个指标。该体系共包含 14 个指标，如表 1 所示。

表 1　科普工作评价指标体系

考评层面	考评维度	考评指标	
工作基础	科普投入	X1	每万人科普经费筹集额
		X2	每万人科普经费筹集增长额
	科普人员	X3	每万人科普人员数量
		X4	创作人员占科普人员的比重
		X5	中级职称人员和本科及以上人员占科普人员的比重
	科普设施	X6	每万人科普场馆数量
		X7	每万人年度增加科普场馆数量

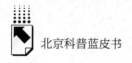
续表

考评层面	考评维度	考评指标	
工作业绩	科普活动	X8	每科普人员年度科普活动数量
		X9	每科普人员重大活动数量
		X10	每科普人员科技周期间举办的活动数量
	科普传媒	X11	每科普人员年度科普出版物数量
	双创发展	X12	每万人双创中心数量
		X13	每科普人员创新、创业培训次数
		X14	每科普人员孵化科技类项目数量

三 权重的确定与综合评价模型的构建

（一）权重的确定

在构建评价体系的时候，最困难的是确定权重。本报告首先按照层次分析法确定框架，然后通过德尔菲专家调查法确定权重。在研究中，首先选定一定数量的来自科普决策部门、科普理论研究部门和科普操作部门等多个领域的专家，向专家表明本报告的意义与目的。然后，拟订专家调查表，按层次将各指标排列成易于专家打分的表格形式，以征询专家对指标权重的看法，然后对各专家意见进行统计分析，使用 Expert Choice 层次分析软件计算出每张专家调查表下各指标的相对权重，并检查每位专家意见的一致性，放弃不能通过一致性检验的少数专家意见或对各指标的权重打分意见做出适当修改。将每次所得结果反馈给专家，通过专家重新讨论和反馈，进一步对权重做出修正。如此往复，最后获得的专家集体判断结果意见集中并且具有统计意义。确定方法后，本报告请了 30 位专家进行试验性打分，然后利用层次分析软件，输入原始数据获得每个指标的权重，经过一致性检验并合格后，获得各级指标的具体权重，结果如表 2 所示。

表2 科普工作评价指标体系及其权重

单位：%

考评层面	权重	考评维度	权重	考评指标		权重
工作基础	40	科普投入	15	X1	每万人科普经费筹集额	10
				X2	每万人科普经费筹集增长额	5
		科普人员	15	X3	每万人科普人员数量	10
				X4	创作人员占科普人员的比重	3
				X5	中级职称人员和本科及以上人员占科普人员的比重	2
		科普设施	10	X6	每万人科普场馆数量	5
				X7	每万人年度增加科普场馆数量	5
工作业绩	60	科普活动	30	X8	每科普人员年度科普活动数量	10
				X9	每科普人员重大科普活动数量	10
				X10	每科普人员科技周期间举办的活动数量	10
		科普传媒	10	X11	每科普人员年度科普出版物数量	10
		双创发展	20	X12	每万人双创中心数量	5
				X13	每科普人员创新、创业培训次数	5
				X14	每科普人员孵化科技类项目数量	10

（二）综合评价模型的构建

通过科普统计获得的各个指标的值是原始数据，反映了各个地区各个指标的具体情况。为了进行全方位的比较，需要对科普统计获得的原始数据进行一定的规范化无量纲处理。本报告采用在评价相对优势方面应用广泛的标准化分数的方法进行数据规范化处理。以标准差为单位，表示个体在全部样本中所处位置的相对位置量数。Z-score 以平均数为参照点，以标准差为单位表示距离，由正负号和绝对数值两部分组成，正负号表明与平均值之间的大小关系，绝对值说明原始数距离平均数的远近程度。原始数据全部转换成Z-score 后，并不影响原始数据的整体分布形态。

Z-score 的计算公式为：

$$Z = \frac{X - \bar{X}}{S}$$

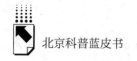

其中，X 代表原始数据，$\bar{X}$ 为平均值，S 为标准差。标准化后所有指标数据的均值为 0，方差为 1。地区各个指标的原始数据的标准化处理步骤具体如下。

（1）计算某一指标的全部地区平均值：

$$\bar{X} = \frac{1}{16} \sum_{j=1}^{16} X_j$$

（2）计算该指标的标准差：

$$S = \sqrt{\frac{\sum_{j=1}^{16} (X_j - \bar{X})^2}{16}}$$

（3）计算某个地区该指标的 Z-score 值：

$$Z_j = \frac{X_j - \bar{X}}{S}$$

由于任何指标的标准差一定是大于零的，因此 Z_j 为正值时，说明此地区的指标高于该指标的全国平均水平，而且数值越大，说明此地区在此指标上的相对优势越明显；同理，Z_j 也可能为负值，说明此地区的指标低于该指标的全国平均水平，而且数值越小，说明相对劣势越明显；若 $Z_j = 0$，则说明此地区指标在全国处于平均水平。

在解决了数据规范化处理和确定权重之后，就可以推算出各个地区科普投入、科普人员、科普设施、科普活动、科普传媒、双创发展 6 个维度的分数。经过上述专家调查得到的指标权重为 w_i，则该地区在某个维度的得分为：

$$Z_s = \sum Z_j \times w_j$$

由于该得分可能为负数，且各地区在数值上可能相差很小，为了便于理解和使用，对 Z 进行变换：

$$N_s = \frac{Z_s - \min(Z_s)}{\max(Z_s) - \min(Z_s)} \times 100$$

其中 N 即为该地区在某个维度的标准化得分，N 的数值在 $0 \sim 100$，即为最终的标准化成绩。在计算出某地区科普工作的科普投入、科普人员、科普设施、科普活动、科普传媒、科普活动、双创发展共 6 个维度的得分后进行平均值计算，所得结果即为该地区科普工作评价总成绩。

（三）定量考评

1. 数据来源

根据上述指标体系，选取北京市 16 区作为研究对象，研究中相关的科普指标数据均来源于《北京科普统计（2017 年版）》，各区县人口数据来源于《北京区域统计年鉴（2017 年版）》。

2. 初步聚类分析

为更有针对性地进行比较，首先对北京市 16 区进行聚类分析。通过聚类分析可以将在科普工作中具有相似特征的区划分到同一个类别中。同类别中各个区的工作侧重点相似，不同类别的区工作侧重点则不尽相同，聚类结果如表 3 所示。

表 3　聚类分析

地区	聚类
东城区	第一类
西城区	
海淀区	第二类
朝阳区	第三类
丰台区	
房山区	
怀柔区	
平谷区	
密云区	
延庆区	

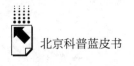

地区	聚类
石景山区	
门头沟区	
通州区	第四类
顺义区	
昌平区	
大兴区	

从聚类分析的结果和统计数据的基本信息来看，不类分类下各有自己不同的特点。

第一类，西城、东城两区重视科普传媒工作的开展，科普传媒出版物形式多样化、内容丰富多彩。同时该分类中各地区每万人科普人员数量多且高素质科普人员占比高，分别达到77%和68%。

第二类，海淀区科普经费筹集额最高，人均年度科普经费筹集额达341元，相比2015年增幅明显，各指标发展均衡。

第三类，以朝阳区为代表的7个区，人均年度科普经费筹集额相对前两类有一定差距，其更加侧重于科普活动的开展，如科普讲座、科普展览、科普竞赛，每科普人员年度科普活动数量在2次以上。

第四类，石景山区等6个区，人均年度科普经费筹集额少，为2～30元，且绝大多数地区的科普经费筹集额比2015年略有下降。虽然部分科普活动的工作力度相比其他各区略有欠缺，但在重大活动的开展上超出平均水平。

完成初步的聚类分析后，根据各区的数据进行标准化得分的计算，各个区在各类中的排名结果如表4所示。

表4　四大类地区科普工作评价排名结果

地区	聚类	组间排名	组内排名
西城区	第一类	1	1
东城区			2
海淀区	第二类	2	1
房山区	第三类	3	1

地区	聚类	组间排名	组内排名
丰台区	第三类	3	2
朝阳区			3
平谷区			4
怀柔区			5
密云区			6
延庆区			7
大兴区	第四类	4	1
昌平区			2
通州区			3
石景山区			4
顺义区			5
门头沟区			6

各维度详细得分如表5。

表5 北京市16区六大维度标准化得分

聚类	地区	科普人员	科普投入	科普场馆	科普活动	科普传媒	双创发展
第一类	东城区	95.39	44.76	77.65	41.73	22.98	12.59
	西城区	72.39	73.74	69.11	54.28	97.95	20.37
第二类	海淀区	45.56	100.00	59.54	33.64	47.10	5.96
第三类	朝阳区	39.94	17.48	67.07	100.00	82.99	1.02
	丰台区	23.87	20.62	49.44	41.58	100.00	25.29
	房山区	30.22	17.43	62.58	25.02	2.39	22.81
	怀柔区	40.97	16.72	42.82	57.16	8.99	0.04
	平谷区	14.20	16.14	0.00	50.39	5.26	11.78
	密云区	61.30	19.16	72.13	30.80	1.81	2.86
	延庆区	57.28	27.96	100.00	41.22	1.40	1.76
第四类	石景山区	38.73	5.37	50.68	67.32	11.70	100.00
	门头沟区	100.00	0.00	20.34	0.00	0.00	0.00
	通州区	34.53	16.06	46.62	14.62	1.55	0.51
	顺义区	27.05	13.64	34.56	27.58	0.81	1.46
	昌平区	0.00	10.57	51.44	38.27	3.90	3.79
	大兴区	2.66	14.71	57.17	15.87	2.92	2.26

图1是北京市16区四大类分组在6个维度上的雷达对比图，通过该图可以直观地了解到各类分组在每个维度的评价情况。第一类东城区、西城区大力扶持科普发展，在科普投入、科普人员、科普设施方面都有着十分突出的成绩，但在双创发展上仍有待提高；第二类海淀区是高投入的代表，能够为科普事业的发展提供充足的资金保障，科普经费筹集渠道完善，但科普事业发展不平衡，需要加强科普设施建设，更需要重视双创发展；第三类朝阳区等稳扎实干，发展均衡，重视科普活动的开展，积极促进公民参与到科普活动当中；石景山区等第4类地区，受经济发展条件制约，科普工作开展有限，成绩与其他三类相比仍有一定的差距。总体而言，各个区在科普人员、科普投入、科普场馆、科普传媒4个维度均有着出色的成绩，相对而言双创发展的成绩略显平庸。

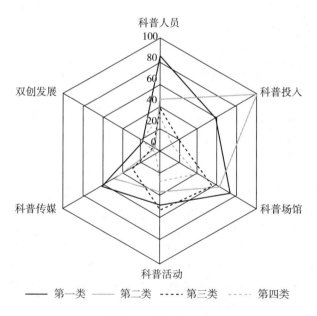

图1　4类地区科普工作评价雷达图

以科普投入、科普人员、科普设施3个维度的标准化得分的平均值为投入端，以科普传媒、科普活动、双创发展3个维度标准化得分的平均值为产出端，从投入和产出两端看各个地区的表现，各个区科普投入与产出均呈正相关关系。通过图 2 可以看出，西城区是高投入、高产出的代表；朝阳区、石景山区、丰台区则有着更高的投入转化率。图 2 中的直线为投入－产出趋势线，在该条趋势线以上的各区是处于投入产出平均水以上；反之，趋势线之下的各区位于平均水平以下，为低投入、低产出的代表。

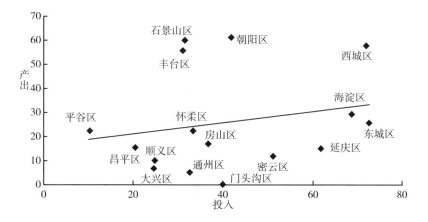

图 2　北京市 16 区科普工作投入－产出散点图

（四）定性评价

科普工作是复杂的系统性工作，只通过定量评价的方法不能够全面地反映每个地区的科普工作水平。近年来，科普工作涵盖的范围越来越广。许多地区开展了很多特色的科普活动，但并没有被纳入《北京科普统计》中。新出台的建设方案、改革方案、全国科技创新中心建设同样需要科普工作的开展以提供基础支持。

1.疏散非首都功能

非首都功能指那些与首都功能发展不相符的城市功能，通过非首都功能的疏解，进一步强化全国科技创新中心的地位，推动科技的进步。北京各区能够根据不同类型的主体，进行差异化疏解。同时综合考虑北京现有城市规模、资源配置条件等因素，集中力量疏解重点区域。聚焦各区自身短板，完

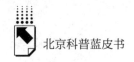

善配套政策，在区与区之间形成疏解合力。为了取得更好的成效，各区仍需要加强区域间统筹协调，合力资源配置，强化资源调度，加强疏解模式创新，保障疏散非首都功能工作的顺利开展。

2. "三城一区"建设

"三城一区"是北京建设全国科技创新中心的主战场。怀柔、昌平、大兴积极开展"三城一区"建设工作，打造以北京经济技术开发区为代表的创新驱动发展前沿阵地，为北京的转型发展提供重要支撑。其他各区积极围绕疏解功能谋发展，聚焦全国科技创新中心建设，培育发展新动能，拓展发展新空间。各地区积极响应，统一规划促进协同联动发展，区域之间衔接协作有序一致，积极配合促进"三城一区"进入加速发展期，为确保2020年初步建成具有全球影响力的科技创新中心提供有力支撑。

3. 科普工作制度保障

科普工作的开展有赖于科普事业发展规划和年度科普工作计划的开展与实施情况，良好的制度为科普工作的顺利开展提供了有效的保障。北京市各个区均能积极开展科普联席会议、制定科普年度工作计划、加强科普活动建设，进一步提高了公民的科学文化素质。

4. 其他成绩

各区选手参加北京双创大赛、科普新媒体创意大赛等的获奖情况，各区获得的国家级或北京市级科普工作表彰荣誉等都是科普工作评价的一部分。近年来，北京市各区不断创新科普工作方式，积极响应党的号召，落实科普政策、规划，涌现了一批先进集体、先进个人，有力地推动了北京市科普事业的发展。

四　存在的问题

北京市的确在科普工作上取得了突破和新的成绩，但仍存在一些问题。

1. 科普经费来源较少，社会捐赠占比极低

通过上述分析来看，北京市各区仍需加大投入。2016 年北京地区科普经费投入 25.13 亿元，比 2015 年的 21.26 亿元增加了 3.87 亿元。其中，各级政府财政拨款占总投入金额的 71.79%，比 2015 年的 76.67%减少了 4.88 个百分点。在政府拨款的科普经费中，科普专项经费 12.63亿元，比 2015 年的 11.99 亿元增加 5.34%，由此计算得出北京人均科普专项经费 58.13 元，比 2014 年的人均 55.24 元增加了 2.89 元。虽然北京市科普经费筹集额每年都在稳步提升，但从人均来看经费投入依然略显不足。

2016 年科普筹集经费中，社会捐赠 0.41 亿元，比 2015 年的 0.13 亿元增加 0.28 亿元，占科普经费筹集总额的 1.63%，比 2015 年增加 1.02 个百分点；自筹资金达 5.48 亿元，比 2015 年的 3.39 亿元增加 2.09 亿元，约占总投入的 21.81%，比 2015 年的 15.95%增加 5.86 个百分点，仍是仅次于政府拨款的筹资来源；其他收入为 1.20 亿元，比 2015 年减少 0.24 亿元，占比 4.78%，比 2015 年减少 1.99 个百分点（见图 3）。由此，北京市科普

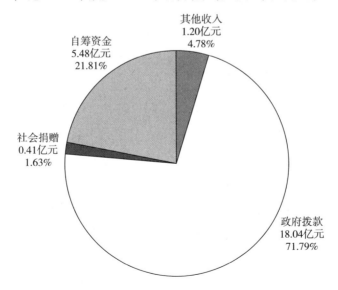

图 3　2016 年北京地区科普经费筹集额构成

经费来源渠道不够丰富，在很大程度上依靠政府资助，多个地区社会捐赠比例极低，在一定程度上反映了公民对科普工作还不够重视。科普经费的不足直接影响到北京科技周期间的场馆建设。《北京科普统计（2017年版）》显示，经费来源渠道不足、筹集额少的多个区，科普场馆规模受到了极大的限制。

从科普经费筹集额的增长情况看，与2012年、2013年、2014年和2015年比，2016年政府拨款最多（见表6）。

表6　2012～2016年科普经费筹集额构成的变化

单位：亿元，%

科普经费筹集渠道	2012年	2013年		2014年		2015年		2016年	
	筹集额	筹集额	增长率	筹集额	增长率	筹集额	增长率	筹集额	增长率
政府拨款	13.21	15.42	16.73	14.98	-2.85	16.30	8.81	18.04	10.67
社会捐赠	0.17	0.26	52.94	0.97	273.08	0.13	-86.60	0.41	215.38
自筹资金	7.57	5.12	-32.36	4.98	-2.73	3.39	-31.93	5.48	61.65
其他收入	1.20	0.47	-60.83	0.81	72.34	1.44	77.78	1.20	-16.67

2. 高素质科普人员占比低，部门配置不平衡

响应人才引进战略，科技兴国。科普作为科技的基础，同样需要人才来支撑工作的开展。由于高校缺乏科普相关的专业，所以科普专业工作者、科普人员相对有限，据《北京科普统计（2017年版）》，科普专职工作人员仅占约25%。为弥补科普专职人员的不足，目前大多数科普工作由科普兼职人员承担，相对专业科普人员而言，兼职人员的理论知识、科学素养、实践能力欠缺，多数未经过系统的培养训练。又由于兼职科普人员在岗不稳定，北京市各区科普人员十分匮乏。由图4可见，部分地区科普创作人员占科普人员的比重、中级职称本科及以上人员占科普人员的比重均未超过50%。

在高素质人才部门分配上，图5表明科普人员的部门构成不平衡，大多数科普人员为卫生和计生、教育、科协组织部门的科普人员。因此

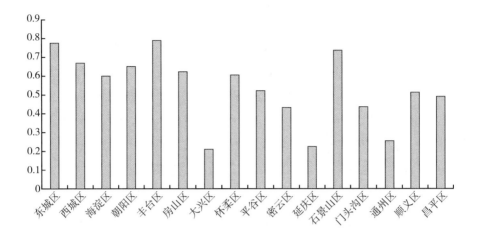

图4 北京市16区高素质科普人员占比

导致各部门科学技术博物馆2016年参观人次的分布不均衡，呈现分散状态，大多部门参观人数比较少，有些部门呈现0参观率。同样的情况也出现在各部门的青少年科技馆站，2016年参观人次的分布同样不均衡，教育部门的达到84.26%左右，科协部门的达到12.45%，其余部门则都比较少。

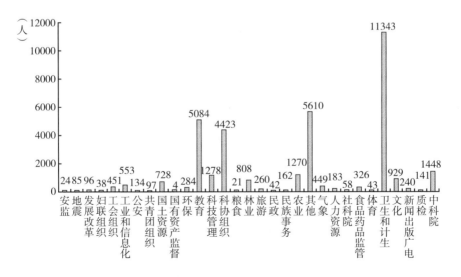

图5 高素质科普人员各部门分布

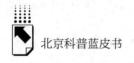

3.科普区域发展不平衡，市区、郊区差距大

结合标准化得分的科普工作总成绩来看，成绩高的往往是北京市市中心各个区，以中心向外延伸分数呈现下降趋势，北京市边缘的远郊区分数最低。以科普设施为例，2016 年，在北京地区的青少年科技馆站中，东城、西城、朝阳、海淀、丰台、石景山 6 个城区共有 13 个，占北京地区青少年科技馆站总数的 76.47%；而通州、顺义、怀柔、平谷等 10 个郊区共有 4 个青少年科技馆站。

4.各区事业发展不平衡

北京市现在着力建设全国科技创新中心，开展科普活动的同时应该强调并加强双创中心的建设。从科普工作评价的标准化得分来看，部分地区积极开展活动值得提倡，但在开展活动的同时，对双创事业的发展没有给予足够的重视或取得良好的成绩。为提高科普建设水平，带动双创发展，各区仍应积极开展该方面的工作。

五　对策建议

（一）广泛调动社会力量，使科普经费来源多样化

受经济水平制约，经济落后地区的科普经费筹集额不足，无力支撑科普各项费用的支出。北京市各区款项来源单一，主要是政府拨款，辅以社会捐赠，但各区社会捐赠仅占年度科普经费筹集的极小部分。各区应在遵从经济规律的前提下，拓展筹资渠道，同时加强政府引导，积极号召社会组织、企业参与科普事业的建设和开展。科普部门应逐步建立完善的科普集资体制和制度，形成形式多元化、层面多样化的资金筹集机制，为确保科普事业的可持续发展打下坚实基础。

（二）加强科普人才队伍建设，优化科普人员结构

目前，全国甚至是首都北京，科普专业人才数量依然存在不小的缺口。而作为科普工作开展最重要的因素之一，科普人才的缺乏使科普教育工作无

法从根本上得到提升。因此,加强科普人才队伍建设,优化科普人员结构,打造一支可以带动科普教育工作发展的专业人才队伍非常重要。对科普人才队伍建设的加强可以从三方面入手。首先,壮大参与科普工作的队伍。不仅要增加科普专职人员岗位,更要壮大兼职人员队伍,并且积极调动相关人员志愿参与科普工作的热情。通过政策及鼓励的方式,鼓舞科技工作者以及大学生作为兼职人员参与科普事业,使这些人成为科普事业的引领者。积极与高校进行合作,及时更新科普人才队伍的知识技能并且使其了解科技最前沿的信息。同时通过筹建志愿者协会、搭建志愿服务点等方式提供科普实践工作的机会,让科研人员、高校师生、传媒工作者等参与到科普实践工作中来,发挥志愿者能效,把科学带到更多的人身边。其次,培养高端科普人才。在扩大科普工作队伍的同时,更要加强对高端人才的培养,建立健全高水平科普人才的培养机制,面向未来,培养一批高水平、跨行业、能创新的场馆专业人才以及具有较高科普研究开发、设计策划、传媒推广、组织经营素质的高精尖人才。最后,多行业科普人才平衡发展。针对目前科普人才的学科偏向问题,热门专业科普人才相对较多,而一些冷门行业的科普人才则寥寥无几,要健全科普人员结构,利用政策等方式鼓励冷门行业的科研人员积极投身科普事业,达到全行业科学知识普及工作平衡全面的发展。

(三)丰富科普活动形式,提高公民参与兴趣

目前科普活动多围绕科普讲座、竞赛、国家交流、科技展览展开,应鼓励各区科普组织积极开展更加丰富多彩的科普活动,大力推进线上、线下活动的开展,提高公民参与度,使无法赶到现场的公民通过网络、手机参与到活动中来。针对科普人员相对较少的部门在平时不能进行相对应部门内容科普宣传的问题,可以通过定期举办对应的活动来弥补。同时,加强各类活动的互动性,提高公民参与感,通过讲座类"反转课堂"等方式让公民成为活动的主人公,更好地发挥其主观能动性,更正确、更有效地理解科普内容,提高公民的科学素质。同时,需要加强双创中心建设,推动双创新浪潮,培养公民的创新、创业意识,号召公民积极参与到双创建设中来。

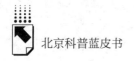

参考文献

［1］ B. Godin, Y. Gingras, "What is Scientific and Technological Culture and How is it Measured? A Multidimensional Model," *Public Understanding of Science*, 2000, (9)：43 – 58。

［2］ 翟杰全：《国家科技传播能力：影响因素与评价指标》，《北京理工大学学报》（社会科学版）2006 年第 4 期。

［3］ 佟贺丰、刘润生、张泽玉：《地区科普力度评价指标体系构建与分析》，《中国软科学》2008 年第 12 期。

［4］ 任嵘嵘、郑念、赵萌：《我国地区科普能力评价——基于熵权法 GEM》，《技术经济》2013 年第 32 期。

［5］ 张慧君、郑念：《区域科普能力评价指标体系构建与分析》，《科技和产业》2014 年第 2 期。

［6］ 李婷：《地区科普能力指标体系的构建及评价研究》，《中国科技论坛》2011 年第 7 期。

［7］ 陈套、罗晓乐：《我国区域科普能力测度及其与科技竞争力匹配度研究》，《科普研究》2015 年第 5 期。

［8］ 张立军、张潇、陈菲菲：《基于分形模型的区域科普能力评价与分析》，《科技管理研究》2015 年第 2 期。

B.8
北京科普创新发展的思路和策略研究

王玲玲　汤乐明　余　玥[*]

摘　要： 习近平总书记在 2016 年全国科技创新大会上指出，"科技创新、科学普及是实现创新发展的两翼，要把科学普及放在与科技创新同等重要的位置"。本报告从注重普及科学知识向注重"四科"深化，从科普场馆基地为主向多元主体深化，从大众化、讲授型向精细化、针对性深化，从专业性、知识性向科学性、体验性、参与性深化，从科普作为纯公益事业向逐步培育科普业态深化等方面对北京科普创新发展的思路和策略进行了研究。最后给出了加强北京科普基地精细化管理的政策建议。

关键词： 科普创新　深化四科　科普发展策略

习近平总书记在党的十九大报告中指出："中国特色社会主义进入了新时代。"这是对我国发展新的历史方位的科学判断。新时代对科学普及提出了更高的要求。回顾总结我国和北京市当前的科学普及工作，虽然取得了显著成效，但仍然存在一些突出问题。集中体现在几个方面：第一，科技创新与科学普及"一体两翼"不平衡，各级政府对科普工作重视不够，重科研、

---

* 王玲玲，博士研究生，北京市可持续发展科技促进中心，主要研究方向：科普管理和研究。汤乐明，博士，副研究员，北京市可持续发展科技促进中心，主要研究方向：科普管理和研究。余玥，硕士，助理研究员，北京城市系统工程研究中心，主要研究方向：科技人才管理。

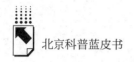

轻科普,科普与科研脱节现象仍然存在。第二,公民科学素质总体水平较低,城乡和区域差别较大,难以适应经济社会快速发展的需要。2018 年 9 月,在首届世界公众科学素质促进大会上,中国科协发布的第十次中国公民科学素质抽样调查结果显示,2018 年我国具备科学素质的公众比例达到 8.47%,低于美国 1988 年 10% 的比例,也远远低于瑞典 2005 年 35% 和加拿大 2014 年 42% 的比例。第三,科普产品研发能力弱,科普作品创作水平不高,基础设施建设不均衡,科普服务能力不强,展陈和传播内容同质化、单一化现象较为突出,科普供给侧不能满足社会公众快速增长的多元化、差异化、个性化需求。第四,对公众关注的热点问题和前沿科学技术最新进展的快速响应不足,权威发声不够,广泛调动社会力量参与科普的机制不够完善,社会化、市场化、常态化的科普工作局面尚未形成。上述问题,实际上反映的就是当前我国社会的主要矛盾,也就是人民日益增长的美好生活需要和不平衡不充分的发展之间的矛盾,在科学普及领域的具体体现。

进入新时代,包括政府部门在内的科普主体要推进科普创新发展,应大力推动"五个深化",即:第一,从注重普及科学知识向注重"四科"深化;第二,从科普场馆基地为主向多元主体深化;第三,从大众化、讲授型向精细化、针对性深化;第四,从专业性、知识性向科学性、体验性、参与性深化;第五,从科普作为纯公益事业向逐步培育科普业态深化。

一 从注重普及科学知识向注重"四科"深化

社会公众每次提到科普,第一时间想到的就是"四科",也就是普及科学知识、倡导科学方法、传播科学思想、弘扬科学精神,这是驱动科学普及这个列车快速前进的四个"轮子"。但在科普列车前进过程中,科学知识这一个"轮子"相对转得比较快、比较顺畅,而科学精神、科学思想、科学方法这三个"轮子"转得比较慢、不太顺畅。专家学者经常呼吁要加强科学思想、科学方法、科学精神的传播普及，但是同普及科学知识相比，这三个方面缺乏表现形式、表达方式、内容载体的支撑，传播普及往往有较大难度，导致在实际的科普活动开展过程中，在很大程度上存在用普及科学知识代替"四科"全面普及的理念和现象。

科学技术不仅是知识和技能，更是一种文化和精神。科技创新的先进理念、创新精神和创新意识，是具有全球影响力的科技创新中心的特质之一，这种特质需要通过科学普及实现。当前，要纠正和澄清对科普理念的模糊观念和片面认识，推动科学知识、科学思想、科学方法、科学精神这四个"轮子"同时发力、同向发力、协同推进。在科普图书出版、科普影视创造、科普基地开放、科学传播活动等方面，不仅要传播科学知识和科学成就，更要传播科学过程以及蕴含其中的科学思想、科学方法、科学精神，既要阐述科技作为第一生产力的作用，也要影响人们的思维习惯、行为方式和精神修养。

例如，北京市 2008 年开始实施"翱翔计划"，针对学有余力、兴趣浓厚、具有创新潜质的高中生，充分挖掘和利用北京丰富的社会、教育、文化和科技等资源，建立让高中学生"在科学家身边成长"的机制，通过实验室特有的氛围熏陶，形成持久的科研兴趣，亲身经历完整和全面的科学过程，先是感受科学研究和科学家，再是理解科学研究过程和科学家素养，然后对科学研究和成为科学家感兴趣，最后参与科学实验和科学过程，获得科学知识，形成科学探究作品，这对高中学生养成探索科学、热爱科学的习惯，增强创新意识与实践能力，培养科学精神、科学方法和科学思想，具有重要的意义。今后，要鼓励、支持和引导科技工作者和科普从业人员做科学的"园丁"，播撒科学的"种子"，不断"浇水施肥"，让"崇尚科学、探索求真、勇于创新"的科学精神、科学思想、科学方法在社会公众心中落地生根、发芽结果，为中国科技创新中心建设营造浓厚的氛围。

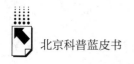

二 从科普场馆基地为主向多元主体深化

北京市作为中国的首都，也是全国的科技中心。由于北京市政府对科普高度重视，北京人均科普教育基地资源居全国首位（见图 1）。

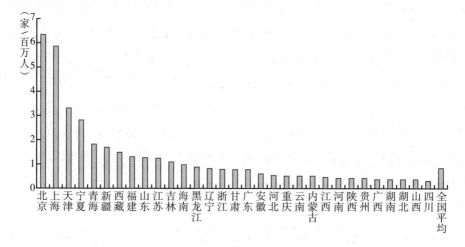

图 1 全国科普教育基地人均分布情况

截至 2016 年，全国有科普教育基地 1081 家，北京市 90 家，排名第三，占 8.33%[①]。而人均全国科普教育基地数量，北京则位于全国第一。

在科普能力方面，2017 年北京市科普基地的展区总面积达到 48.3 万平方米，科普年接待能力共计 6.2 亿人次，过去 3 年的年均科普活动收入为 14.31 亿元，且呈现连年递增的趋势，是北京市科普资源规模不断增长的体现。在 371 家科普基地中，24.3% 属于国家级科普基地，这一数量还在不断增长，体现出北京市科普资源的质量正在稳步提升。

北京市自 2007 年开始对科普基地进行命名，自此北京市科普基地发展进入快车道。截至 2017 年底，北京市科普基地达 371 家，包括科普教育基

---

① 中国科协全国科普教育基地网。

地 313 家，科普培训基地 11 家，科普传媒基地 30 家，科普研发基地 17 家（见图 2）。371 家科普基地场馆（厅）年参观人数达 8000 万人次。北京已逐步形成以中国科技馆等综合性场馆为龙头，自然科学与社会科学互为补充的局面。

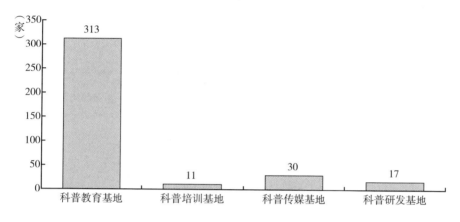

图 2　北京市科普基地类别

虽然科普基地发展形势喜人，但也存在顶层设计流于形式，重命名、轻管理的问题。虽然从国家到北京市，制定发布了一系列关于科普基地建设发展的政策规划，但这些政策法规只是从方向上提出了任务，并未涉及科普基地具体的规划、建设和管理。科普基地命名十几年来，科普基地行政管理部门对这些科普基地的管理较为简单，缺少深入的调查研究，缺少针对性的提升解决方案，同时还缺少针对性的政策支持和资金扶持。科普基地的管理手段只停留在信息更新和较为松散的活动组织等方面，没有实现精细化管理。

（一）科普基地单位类型

北京市所有的科普基地，依托于军队的 5 家，占 1%；依托于社会团体和民办非企的 11 家，占 3%；依托于企业的 124 家，占 33%；依托于事业单位的 221 家，占 60%；依托于其他单位的 10 家，占 3%（见图 3）。其中，数量最多的是依托于事业单位的科普基地，这与北京多数科研单位为事

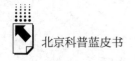

业单位是密切相关的。但是依托企业的科普基地增长势头强劲，2017 年新增 34 家科普基地，依托企业的科普基地占 40%。

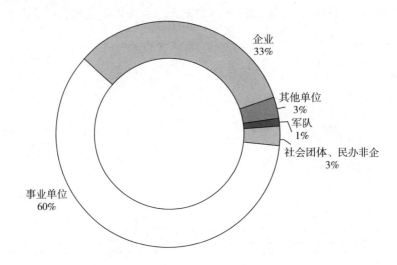

企业
33%

其他单位
3%

军队
1%

社会团体、民办非企
3%

事业单位
60%

图 3 科普基地依托单位类别分布

（二）科普基地所属领域

在北京市科普基地中，农业、历史文化和综合领域的基地数量多，高精尖技术领域的科普基地数量少。北京市物理化学领域的科普基地 11 家，天文地理领域的科普基地 15 家，生物学领域的 16 家，信息技术领域的 28 家，医学领域的 31 家，历史文化领域的 38 家，农业科技领域的 51 家，综合领域的 69 家，其他领域的 112 家。各类领域分布及比例如图 4 所示。

综合领域和其他领域两个领域的基地数量最多。其中，其他领域的科普基地占 30%，所包含领域丰富。其他领域包含公共安全教育、气象、环保、铁路事业、非遗文化、古生物、环境治理、林业、食品科学、营养学、艺术、文化传媒、轨道工程、心理学、园林、公园、城市管理规划、交通运输、湿地保护、旅游、生物医药、生态修复、园林、风景园林学、建筑安全图书馆、土木工程、文化创意产业、林业花卉等。其次是综合领域，占19%。综合领域可以满足各类观众的参观需求，这也是近年来科普基地发展

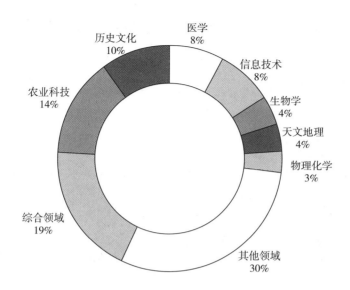

图 4 北京市科普基地领域分布

的趋势。说明北京市科普基地覆盖领域广泛，整合社会资源能力较强，有能力提供综合性的服务。

值得注意的是，北京市科普基地的领域分布极为不均，物理化学、天文地理、生物学和信息技术等属于基础自然科学和信息科学领域的基地数量较少，综合类、农业类、历史文化类的基地数量居多。我们不能忽视这样的分布带来的问题：缺少理化类科普基地，不利于对基础科学人才队伍的激励、引导和培养；缺乏高精尖领域的专业基地，如人工智能、脑科学、量子科学、智能制造、大数据等近年来热门的新领域，不利于社会对新知识、新技术的了解和掌握。这也从侧面看出，目前科普基地培育全靠撒网征集，有针对性、目的性的挖掘还不够，科普基地覆盖领域、覆盖学科、覆盖区域还缺乏整体性的研究设计。

（三）科普基地人才结构

北京市的科普队伍是由领域顶级专家引领、业务专家指导、科普专职人员参与、科普志愿者组成的专兼职结合的高素质科普人才队伍。2017 年北京市科普基地资源调查问卷统计数据显示，几类代表性人员的数量情况如图5所示。

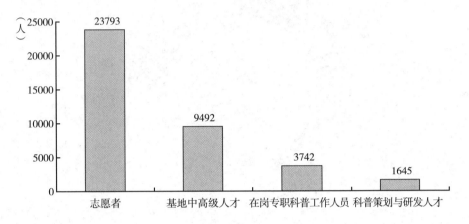

图5　北京市各类科普人员的数量

　　科普基地人才队伍存在绝对数量少、结构不合理、分布不均衡、稳定性差的问题。在绝对数量方面，各类科普人员总数为38672人，每万人拥有科普人员不到18人，与全国的平均水平14.94人相比才多3人。在人才结构方面，最多的是志愿者，2017年达到23793人，科普策划与研发人才占比最少，为1645人，高水平科普人才少。同时，年龄大、学历低和年龄小、学历高两种情况并存，经验与专业性难以匹配，绝大部分科普人员第一学历低、年龄较大，或者第一学历高，刚加入科普队伍，对科普事业发展影响较大。对于受过全日制正规高等教育的科普人员，其虽然进入了市级或区级科普基地，但也存在专业不对口的问题，存在明显的专业知识储备不足和经验匮乏的问题。在人才分布方面，各科普基地的志愿者数量大部分集聚在0～99人区间，志愿者分布较多的科普基地有医院、农庄、图书馆等，企业类科普基地专业性人才缺少，高水平的展厅设计、活动策划人员更是缺乏。在人才稳定性方面，事业单位性质的科普基地，从业人员收入和其他领域相比没有竞争力，依靠热情工作的情况比比皆是。北京就业形势紧张，部分毕业生选择较为稳定且提供进京机会的科普基地实现了就业，经过几年的培养，积累经验和知识后就会向其他行业流动，这极大地影响了科普人才队伍的稳定。

（四）科普基地展品设施情况

科普基地的建设包括科普展品的设计、研制、建设等，需要产、供、销一体化的科普产业链的支持。随着信息技术的普及，各基地内体验类科普设施成为观众焦点，原创展品得到好评。

从展品设施的数量来看，北京市各大科普基地共拥有科技陈列品1100.88万套，科普模型及实践、体验类展教设施2.67万套，成为吸引观众的主要途径。从展品来源看，自主研发类展品成为科普活动的主力。各家科普基地加大研发力量，2017年自主研发的展品、模型、展教设施共计2.4万套，创作发行科普作品1.6万个，VR、AR、MR作品共计58个。这些展品共接待参观者71.4万余人次。一些优秀作品脱颖而出，如北京森霖木教育科技股份有限公司的"公交车（校车安全）失火安全逃生沉浸式体验系统V1.0"，中国园林博物馆基于VR技术的中国古典皇家园林互动展示系统，包括"北海静心斋""颐和园谐趣园"2项虚拟展示项目等，得到了参观群众的一致好评，成为科普的全新有效途径，对观众尤其是少年儿童理解科学起到了重要作用。从展品受欢迎程度来看，各类展品中，最吸引观众的是VR类展品和体验类展品，说明观众在参观过程中，更加重视学习体验的过程和知识的易于理解、接受。

为了紧跟科技的前沿发展动态，各个基地都对展厅展品进行更新。根据问卷调查统计，北京市科普基地科普展品更新频率保持在7%左右，即大约每15年为一个周期对设施进行彻底更新。在所有领域中，历史文化类科普基地的科普设施更新周期最长，为27年左右；而天文地理、农业科技和医学领域的科普设施更新周期较短，分别为9年、11年和11年（见图6）。导致这一现象的原因主要是历史文化类展品多为文字展品或文物展品，而且历史已经是固定的，不会变化，所以对设施的更新要求比较低。而天文地理、农业科技和医学类的科研成果不断涌现，相应的，科普内容也不断推陈出新，这就要求科普设施紧跟最新进展，更快地完成更新。值得注意的是，信息技术是一个发展极为迅速的领域，而其设施更新周期却较长（13年）。导致这一现象的原因，一方面是该领域科普基地数量较少，调查收集的样本数量不够；另一方面是此类场馆多为新建场馆，还未完整进行过一轮设备更新，对情况估计不够准确。

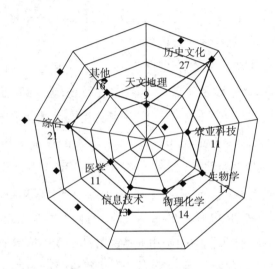

图6 不同领域科普基地设施更新年限

三 从大众化、讲授型向精细化、针对性深化

创新是当今时代的最强音。大众化要求科普内容与时俱进、不断创新，满足公众对科学文化日益多元化和复杂化的需求，跟踪宣传全国科技创新中心建设的最新进展、成效，提升科普的前沿性和先进性，为公众提供更为广阔的科技视野与全新的科普知识。北京科普发展正在进入一个以调整提升为主基调、向更高目标演进的关键阶段。推动科普高质量发展是北京科普当前和今后一个时期确定发展思路、制定政策、实施宏观调控的根本要求，引导培育公众的科学精神和科学思想，这也是科普领域的供给侧结构性改革。

科普内容要紧跟全国科技创新中心建设的前沿、热点和重点工作，深度挖掘高校、院所、企业、国家级和北京市级科技创新平台的科技资源和成果，再次有针对性地深化。科技周活动通过开放日的形式打开科技"院墙"，集中向公众展示北京的科研成果，将大型科研装置、仪器设备、国家重点实验室以及科研活动等供参观者亲身接触，使其能零距离地感受科技创新。

支持原创科普图书和精品科普影视的创作推广，不断增加原创科普图书和首次翻译引进国外精品科普图书的数量。推出一批有影响力的原创科普图书。制作一批高质量的科技微视频，并在院线、电视台、主流视频网站、科普微视频平台等渠道播出。鼓励科普产品研发与推广。鼓励应用新的技术手段和表现形式，将高校、院所和企业的基础前沿研究、关键技术突破、新技术和新产品，转化为互动体验性强的可移动科普展品。

让科普真正成为推广科技创新成果和培育创新市场的重要力量，促进科技成果转化和产业化。北京科普资源非常丰富，应围绕高精尖产业发展和创新、创业需求，借助丰富的科普内容和广泛的宣传推广，通过向公众进行科普展示宣传，打造出有特色的品牌，提升影响力、彰显显示度，攥成拳头、形成合力，为全国科技创新中心的建设提供有力支撑。科普要面向经济建设主战场，在服务科技成果转化上找结合点，为科技创新成果向现实生产力转化提供"催化剂""加速器"。

四 从专业性、知识性向科学性、体验性、参与性深化

北京是全国政治中心、文化中心、国际交往中心、科技创新中心，这是北京城市的本质特征和核心价值，也是北京市与其他地区最大的不同。北京科普工作要立足城市战略定位，推动北京从"集聚资源求增长"到"疏解功能谋发展"转变，在北京科普布局、产业选择、资源配置等方面更加注重与首都功能相契合，以适应国家战略需要和科技创新带来的变化。

社会公众有不同的科普需求和接受特点，应主动适应公众阅读习惯的变化，加强与人民日报社、中央电视台、新华社、科技日报社、北京日报社、

北京电视台等重点媒体和新媒体的联系与合作，着力提升宣传策划能力、舆论引导能力与资源调动能力，保障科技宣传的频度、广度、深度。按照互联网的传播规律和特点，通过"科技北京"官方微博，号召百万"粉丝"充分发挥新媒体的优势，生动有趣地向大众传播科学信息。例如，北京电视台拍摄 30 集科普基地宣传短片——《北京科普基地之旅》系列节目，在北京电视台科教频道连续播放 30 天，收视率达到 0.47。同时在腾讯视频、优酷、爱奇艺连续播出 15 天，很好地宣传了北京市科普，彰显了首都科普风采。积极探索传播科学性，创新培训内容和形式，提升北京科普服务能力。脱去北京科普工作神秘的外衣，围绕北京全国科技创新中心建设重点任务和项目，以充满趣味与温度的科普手段，增强体验性、互动性、贴近性。例如，"北京科普 E 卡通"，为北京市科普基地搭建了服务社会的创新平台。再如，将地下管线领域的新技术、新产品转化为科普资源的"地下城历险记"手机科教游戏 App 及体验舱的科普项目，将一系列专业性强的地下管线新技术、新产品相结合，解决目前地下管线新技术、新产品展示难度大、展示效果差、表现形式单一的问题，增进了普通市民对地下管线行业先进技术的了解，为地下管线行业的职业培训提供虚拟技术实践体验服务。

目前，群众的需求越来越多样、参与意识越来越强、思想观念越来越多元，这就要求高质量、多样化地提供北京科普内容，创新科普基地的服务管理思路。例如，征集筛选一批优质科普产品、科普展项、科普机构，组织参加国内外科普盛会，如上海国际科普产品博览会、昆明信息化科普（教育）产品博览会、国际科普剧表演大赛等。再如，在策划"地下城历险记"科普展品研发项目、北京市"相约冰雪"科技冬奥科普活动、城市垃圾处理科普展项等的过程中会聚了大批青年科技工作者、在读硕士和博士、媒体从业者等年轻、活跃的群体。

深入研究掌握科普发展从专业性、知识性向科学性、体验性、参与性转化的新态势，开展北京市科普资源调查，全面盘点北京科普基地的资源现状、发展情况和所面临的问题。

五 从科普作为纯公益事业向逐步培育科普业态深化

北京科普所面临的主要问题就是深化发展科普业态问题。随着对科普纯公益化建设规律认识的不断深化和日趋成熟，有关北京科普高质量发展业态化的探索也在不断取得新成果。从最开始的经济增长导向型发展观到经济发展与全面发展相结合的发展观，到综合协调发展与可持续发展相统一的发展观，继而到经济、社会和人的全面发展的科学发展观，再到创新、协调、绿色、开放、共享的五大发展理念，在不断总结北京科普纯公益事业发展实践、借鉴国外发展经验、适应北京科普发展要求的基础上，又提出了科普作为纯公益事业向逐步培育科普业态深化这一发展理念。

科普资源的开发、利用、共享，科普产品的创造、传播、推广，科普市场的培育和拓展，都需要"政府之手"和"市场之手"协同发挥作用。当前，我国科普产业处于起步和摸索阶段。总体上小而散，市场化程度不高，竞争力有待加强。2018 年 6 月，中国科普研究所发布的《我国科普产业发展研究报告》显示，我国科普产业产值规模约为 1000 亿元，主营科普的企业约有 370 家，发展较快且有一定规模的业态主要在科普展览展示、科普教育、科普出版、科普影视等几个领域，这些企业大多规模小、技术弱、人才缺，产值规模超过 1 亿元的企业属于凤毛麟角，科普产业发展具有很大的空间。

培育科普产业，要以公众科普需求为导向，以多元化投资和市场化运作的方式，推动科普展览、科技教育、科普展教品、科普影视、科普书刊、科普玩具、科普旅游等科普业态发展。鼓励建立科普园区和产业基地，研究制定科普产业相关技术标准和规范，培育一批具有较强实力的科普设计制作、展览、服务企业，形成一批具有较高知名度的科普品牌。打造科普产品研发、生产、推广、金融全链条对接平台，培育科普企业，开发科普新产品，促进科普产业聚集，增强市场竞争力。

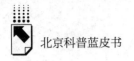

六 加强北京市科普基地精细化管理的政策建议

北京市科普基地可以融合教育、文化、旅游资源，探索市场化转型。科普基地目前的主要功能是参观，经济收益低，且参观者的接受程度有限。科普基地非常适合开展青少年科技教育和行业培训。建议明确基地自身定位和服务对象，针对不同年龄段，结合基地特色策划课程和活动，开展科普服务。明确课程设置目的，针对某一专业领域进行介绍，或针对某项知识的实际应用进行体验式教学。请教育专家参与，具体设计课程内容，设置考核目标。

北京市的科普基地可以针对北京市民文化素质较高、对生活品质追求强烈的特点，根据每个基地自身的特点设计相应的产品。建议北京市生物医药类的科普基地推出养生类专题片或公众号，同时发行健康相关产品和服务；建议现代农业类基地在开发农产品的同时，提供动植物的成长直播，观众付费认养一株植物或一只动物，伴随其成长。这类产品不仅提供实物，更提供体验，是现代都市人更为认可和感兴趣的方式，同时也能为基地带来经济收益。

北京市科普基地可以与旅游资源相结合。北京科普教育基地资源很丰富，建议加强与学校的联系，组织中小学生参观场馆，发挥科普教育功能。加强与旅行社的联系，推出特色科普旅游线路，组织北京甚至全国人民参观体验北京特色科普基地，把北京科普基地旅游打造成特色品牌，同时还能提升首都科普影响力。

科学普及是一项系统工程，北京市科普的发展还有更大、更广阔的空间。

参考文献

[1] 科技部、中央宣传部：《"十三五"国家科普与创新文化建设规划》，http：//www. most. gov. cn/mostinfo/xinxifenlei/fgzc/gfxwj/gfxwj2017/201705/t20170525_133003. htm，2017 年 5 月 8 日。

[2] 北京市科学技术委员会：《"十三五"时期科学技术普及发展规划》，http：//

www. most. gov. cn/dfkj/bj/zxdt/201607/t20160713_ 126591. htm，2016 年 7 月 14 日。

［3］庄智一：《上海专题性科普场馆时空分布特点研究》，《第二十届全国科普理论研讨会论文集》，2013。

［4］李力：《开展趣味科普，聚焦民众视线》，《青年时代》2017 年第 11 期。

［5］孙乃瑞、兰会来、张丽萍等：《新时期科普人才队伍建设的对策思考》，《产业与科技论坛》2017 年第 1 期。

［6］常羽、焦娇：《我国科技馆系统专业人才队伍建设研究——以中国科技馆为例》，《科普研究》2016 年第 11 期。

［7］王康友、郑念、王丽慧：《我国科普产业发展现状研究》，《科普研究》2018 年第 13 期。

［8］孟凡刚、王志芳：《科普信息化的发展方向和理念思考》，《科协论坛》2018 年第 1 期。

［9］祖宏迪、赵志明：《浅议北京市科普基地展示能力的提升》，《城市与减灾》2018 年第 2 期。

［10］廖红：《从展品研发角度谈科普展品创新》，《科普研究》2011 年第 6 期。

［11］朱幼文：《科技博物馆应用 VR/AR 技术的特殊需求与策略》，《科普研究》2017 年第 12 期。

热 点 追 踪

Topic Reports

B.9
以新发展理念推动北京科普
事业高质量发展的路径研究

高 畅[*]

摘　要： 北京是中国科普事业发展的排头兵，推动北京科普事业高质
　　　　 量发展，是保障国家顺利开展创新驱动发展战略的关键一环。
　　　　 本报告注重弘扬科学精神传播，探索北京科普高质量发展的
　　　　 重要举措；从做人民满意的科普的角度，科学规划北京科普
　　　　 高质量发展的目标；梳理了促进北京科普发展的工作基础，
　　　　 挖掘了北京科普高质量发展的重要抓手；以融合发展为理念，
　　　　 确立了北京高质量发展的路径。

---

* 高畅，博士，副研究员，北京市科技传播中心副主任，主要研究方向：科技传播与科学普及、
科技创新战略。

关键词： 新发展理念　高质量发展　北京科普路径

随着中国科技事业快速进步，国家对科学普及工作的要求越来越高。北京是中国科普事业发展的排头兵，推动北京科普事业高质量发展，以北京带动全国科普水平的提高与进步，进而充分发挥科技、科普的"两翼"作用，是国家顺利开展创新驱动发展战略的关键一环。

科普事业发展的质量关系到公民科学素质的提升，进而影响国家科技发展战略的推进。例如，美国阿波罗载人登月计划带动了 20 世纪 60 年代美国整体的科技进步，其产生的大量科技成果使人类受益至今。互联网、激光通信、核磁共振、条码技术等起初都是在登月计划中产生的。参与美国登月计划的大小企业共 2 万余家，投入 40 万名科研、工程人员，耗资 255 亿美元。能够推动如此长周期、大规模的科学工程，一部分原因是冷战时期特殊的历史背景，更重要的是美国公民整体具备较高的科学素质，这样的公民群体为优秀科学家和工程师的产生提供了基础，也使耗资巨大的科学工程能够得到公众的理解和支持。现在中国空间探测硕果累累，在 2019 年年初我们国家完成了月球背面软着陆，未来我们还会进一步开展火星探测和取样返回、小行星探测、木星及卫星和行星际的穿越探测，在这些工程开展的过程中，社会上也存在各种各样的不理解：为什么要花这么多钱去遥远的外太空？对现实生活有什么意义？这里给大家举一个例子：月球表面的太阳能传输到地球，将永久解决地球人类社会未来持续发展所面临的能源问题；月球表面的土壤中富含一种地球上稀缺的资源氦－3，这种同位素资源在未来能够为人类社会提供至少 1 万年的清洁能源。此外，有些小行星富含铂族元素、金、银、镍、稀土等资源，可以将其开发利用。通过科技进步为社会发展提供不竭动力，需要科技工作者不断探索，也需要全社会共同努力，科学普及在这里发挥着不可替代的作用。科技知识广泛传播和普及，是让亿万中国人民的智慧得以释放的关键。我们要实现伟大梦想，中华民族在未来能够长久地屹立在世界民族之林，成为

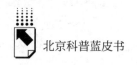
对科技进步和人类发展有贡献的民族，就必须实现科学普及的高质量发展。

近年来，北京科普水平得到快速提升，科学家参与科普活动的深度、科普场馆建设水平、科普作品数量等方面远高于其他省份，体现了中国科普的最高水平，北京科普事业的高质量发展，也将带动、引领全国科普事业高质量发展。如何在未来进一步实现北京科普高质量发展，本报告认为可以从下列切入点开展工作。

一 弘扬科学精神，是北京科普高质量发展的首要举措

近代科学起源于西方，在长期的科学浸润中，西方社会整体形成了较为浓厚的科学氛围，这不仅反映在近代以来西方相对于世界其他地区明显具有科技优势，也体现在其将科学精神应用于社会的各个方面，如政府科学决策、新技术接纳程度、科技政策制定、科研投入支持力度和科技人才培养与成长环境等，科学精神在西方社会持续地发挥作用。近代以来，无数的中国有志之士积极地向西方学习，从具体的技术，到抽象的科学理论，再到更加高层次的科学精神。目前，无论是从公民科学素质还是全国科普事业发展来看，科学精神都是中国相对欠缺的。现在国家要实施创新驱动发展战略，正是因为以引进、模仿为主的科技进步方式，已经不能支撑起我们国家的长远发展，必须通过自主创新，做科技原发国家，才能够顺利地实现"两个一百年"的奋斗目标。而科学精神就是科学理论不断涌现、技术持续进步的源泉。北京科普事业要实现高质量发展，就不能忽视科学精神的培养、传承与传播。

科学精神不同于一般的科学知识传播，单纯地对科学精神的相关理论进行介绍会导致科普受众接受困难。研究其他科普先进国家、地区开展的科普工作可以发现，科学精神以"润物细无声"的姿态，或巧妙融入科学知识，或在科普活动中增设人文环节，或通过人物传记等方式得到有效传播。在北

京，科学精神的传播也日益得到重视。例如，北京开展多年的"雏鹰计划"项目，聘请包括院士在内的多名专家同中学生深度交流，以科学家自身的科学品格来影响、感召青少年，培养了大批拥有探索、发现精神和严谨科研态度的北京青少年群体；再如，2017年北京出版的《呦呦寻蒿记》一书记录了屠呦呦团队上下求索，最终研发成功青蒿素这一造福人类的良药，体现了科学家严谨认真的态度和人道主义精神。

这些例子都是北京在高质量科普道路上，着重加大科学精神传播力度的优秀做法。"科学技术对人类社会的两面性""科技革命对世界形势发展的影响"等重大社会、科技相关议题，也是科学精神传播的重要载体。这也是北京科普高质量发展需要强调的方面。北京科普事业要走高质量发展的道路，不仅要加速科技成果的科普化，鼓励科学家参与科普活动，还要将北京丰富的历史、人文资源作为科学精神传播的重要途径。例如，央视2018年播出《国家宝藏》大型历史人文系列节目，从越王勾践剑的文化内涵，到邀请科学家到节目现场讲解如何运用先进科研设备对文物进行合金铸造，这种方式有机整合了中华优秀传统文化、现代科学技术和科学精神。

二 做人民群众满意的科普，是北京科普高质量发展的追求目标

不少科普受众在自己的专业领域有很高的造诣，但是对跨学科知识的了解并不多，要认清科普受众的知识掌握水平，以有针对性地开展科普工作。做科普不能把北京科研院所的专家请出来像培养研究生一样给公众讲专业课。科普是一种非系统化的学习方式，让受众在短时间内听得懂，才能让受众有兴趣听，重要的是把科学知识讲得通俗，有趣，但不庸俗。推进北京科普高质量发展，应当充分考虑科普受众层级和科普本身的规律。这就应当结合科学家的专业知识与媒体工作者的传播经验，站到科普受众的立场开展选题和制作，比如2017年北京电视台播出的

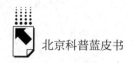
《公众创意坊》系列专题片和北京市科委联合中央电视台制作的《科学这样讲》的科普节目，均是充分考虑科普受众，对科普内容进行精心安排而产生的节目。

随着创新驱动发展战略的不断深化，中国科技快速进步，重大突破不断产生。以往我们搞科普很多时候是引进国外的科普作品、报道国外的科技成果。现在中国有了很多具备国际先进水平的科技成果，在社会不断掀起相关领域的科普热潮。例如，2019年年初嫦娥四号任务探测器在月球背面成功软着陆，这是人类探测器首次在月背着陆开展科学探测。北京的科普工作者迅速跟进，多家媒体开展了系列报道，制作一系列如空间知识、月球地质、地月通信等方面的科普文章和科普节目。这都是促进北京科普事业高质量发展、带动全国科普水平提升的较好做法。在科学技术出现较大突破的时间点，社会往往对科普的需求非常迫切，特别是青少年群体，会在科技进步热点出现时期表现出极大的求知欲。将科技成果迅速科普化，不仅是北京科普高质量发展的必由之路，也是身处北京的科学家、科普工作者义不容辞的责任。

三 练就"真本事"，是促进北京科普事业协调发展的基础

现今科普工作已经成为国家的发展事业和社会的系统工程。政府对北京地区的科普发展发挥重要引导作用，但具体的科普工作还需要依靠社会团体、科普组织、大众传媒、企业、高校院所等的共同参与和支持。

北京科普走高质量发展道路，应当通过政府主导、社会各界参与的方式。这里举一个政府引导带动产业进步的例子。电容器是着陆器和玉兔号月球车必需的一种电子元器件，但是月球表面的极端环境对这些电容器提出了非常苛刻的要求：必须在−183℃到127℃温度快速变化的条件下正常工作。一家国内制造电容器的企业花了很大力气研发，达到了适应月球表面温差变化大的初步要求。该企业以此为契机，培育了高水

准的研发力量，现在已经发展成为国际市场上占有一席之地的电子元器件供应商。由于月球日夜温差超过300℃，为确保着陆器和月球车安全度过漫长的黑夜，我国还研制出原子能电池，为仪器箱保持－40℃以上的温度，确保探测器安全度过月夜，在第二天的白昼能够持续工作。北京科普领域具备引导优秀科普企业产生的条件，比如北京市实施科普工作联席会议制度，其对落实国家关于科普工作的方针政策、法律法规起到了重要作用。通过历年的联席会议，北京市科普相关领导机关和事业团体充分交流，总结往年经验，了解科普工作的新形势、新要求，对当年各类科普活动的组织动员和保障措施做出准备，是保障北京科普活动常态化、品牌化和可持续发展的良好制度。要进一步加大北京科技周、全国科普日、科普之夏、科普之春等大型全市性科普活动的力度，把最先进的科学技术知识、方法、精神普及给公众。

此外，由北京市科协牵头，包括北京市重点的科研院所、科技学会、科技型企业在内的科技传播领域的18家相关单位共同发起并成立了北京科普资源联盟。从社会和公众的实际科普需求出发，搭建共享平台来触及、整合各类科普资源，促进科普产业发展，具体包括发行联盟刊物，推荐联盟成员的各类科普相关资源，组织各类科普活动促进科研人员参与科普，提升科普场馆利用率，建立科普示范区，并开展各类科普研究工作。

从科普人才队伍来看，北京各个科研院所愿意站出来为公众做科普的科学家越来越多了，科技场馆和科普活动里面热心的科普志愿者也逐年增多。需要认识到科普工作不光是科学家的工作，科普工作具备一定的专业性，培养一支能带动科普教育工作发展的专业化的队伍就显得尤为重要。要通过高校培养、科普基地培训、科普项目资助、科普工作室组建等方式，建立专业化、稳定的科普人才队伍，并有一支专业化科普管理队伍。此外，应当进一步鼓励和支持科学家和大学生志愿者投身科普事业，不断壮大兼职科普人才队伍；建立健全高水平科普人才的培养和使用机制，形成高端科普人才的全社会、跨行业联合培养与共享机制，

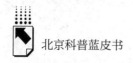

重点培养一批高水平、具有创新能力的科普场馆专门人才和科普创作与设计、科普研究与开发、科普传媒、科普产业经营、科普活动策划与组织等方面的高端科普人才。

北京科普发展已经进入大科普时期，需要重视专门的科普人才队伍建设和科普资源引导。北京科普高质量发展要深入北京的科技研发过程，建立研究融合体，打造以政府为中心，融合科研机构、高等院校、媒体的多领域组织架构，以增强科普研究力量，建立立项、科研、发布的互动模式，发挥首都在科普研究领域的带动示范作用，立足大科普、大视野、国际化来建立一个科学、客观、独立的评价指标体系，为政府开展科普工作找到发力点。

如何做好科普管理工作，本事就是值得深入研究的课题，这就需要科普组织者和管理者要有真本事，能够抓住科普传播的规律、科普受众的接受方式和接受程度等，通过对科普工作规律的科学把握，制定相应的科普引导政策，促进科普人才队伍发展和科普资源合理匹配。做到科普管理有真本事，需要本着科学的态度，对科普的成效、问题加以分析。

四 打造具有世界影响力的科普作品，是发展北京科普传媒的重要抓手

探索与求知是人类的终极需求，是人类在满足基本的物质和社交需求基础上更高层次的追求。科学知识具备天然的魅力，引导着人们向未来和远方启航。好的科普作品，不仅有科学知识传播功能，更能引导人们仰望星空，使人生朝着更加远大的方向进发。国外以卡尔·萨根先生的《宇宙》、史蒂芬·霍金教授的《时间简史》为代表，其一经出版便在公众乃至科学界引发了巨大反响，在全球范围产生持续的科普效应，激励着一批又一批青年人投身科研领域。

加大对原创科普作品的支持力度。推动科普产品研发与创新，实施标准化战略，建设科普产品研发基地，引导北京各类科普资源力量研发科普展

品、教具。加强对科普产业市场的培育，重点支持一批社会经济效益显著的龙头企业，拓展新市场和新业务领域，壮大科普产业。

北京市通过大量的科普传媒作品引领着中国科普传媒事业全面发展，持续编制、出版优秀的科普作品，是北京科普高质量发展的重要工作。高质量的科普作品首先应当做到的是崇尚科学精神，尊重科学规律，充分发挥科学知识自身的魅力。什么是科学精神？就是实事求是、认认真真、态度诚恳的精神。就是把大自然原本的样子，用技术手段探测出来，使之成为人类的知识。编制科普作品，应当将所传播的知识是否正确作为第一准则，科普工作者自身应当以科学的态度，来保证科普作品的内容是科学的、真实的。现在不少媒体科学知识和科学幻想不分，或耸人听闻，编造诸如阿波罗登月造假的阴谋论；或弄虚作假，用图像处理手段散布各类"外星人"的照片；或夸大其词，对中国科技成果故意曲解。这类看似同科学相关的文章传播，不仅起不到传播科学知识、提倡科学精神的作用，反倒伤害了科学本质——实事求是的精神。实现北京科普传媒的高质量发展，需要本着实事求是的态度，讲真话、干实事，花心思打造知识正确、文字优美、深入浅出的科普作品。北京的科技图书出版、科普影视创作在多年的运作上，已经具备涌现一大批具有世界影响力的科普作品的基础条件。北京科普传媒从数量向质量进发，北京科普创作者和科技工作者，需要一同练就真本事，兢兢业业搞创作。

科普工作要保持持续发展的不竭动力，必须坚持科普为人民服务的理念，持续提升科普惠民能力。围绕经济社会发展重点任务和人民群众重大关切，深入开展主题特色科普活动，为社会公众解疑释惑，提高公众的科学认知水平和科学生活能力。加大科技惠民成果推广力度，提高百姓的科学意识、科学能力、科学水平。

随着互联网技术的不断发展，新媒体异军突起，以其易于接收、互动性强、覆盖率高、精准到达、性价比高等独特的优势强烈地冲击着传统的科普传播模式，并逐渐发展为科普传播的主要渠道。但总体而言，科普对新媒体的运用还处于初级阶段，建议实施"互联网＋科普"工程，提升科普信息

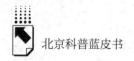

化水平。增强科普传播的互动性与娱乐性，让广大科普工作者能够在传统媒体与新媒体上共同围绕公众关注的热点事件、突发事件，实现多渠道、全媒体科普传播。

五　深度融合"两个一百年"目标，是推进北京科普高质量发展的核心

纵观中国科技发展历程，我们有璀璨的科技成果，也有在近代科技落后的惨痛教训。改革开放 40 年的风雨历程，从邓小平同志提出"在世界高科技领域占有一席之地"，到习近平总书记提出"掌握全球科技竞争先机"的中国科技创新宏伟目标，中国从未像现在一样紧抓世界科技创新的前沿领域，中华民族也从未像现在一样拥抱科学精神、科学方法。在这一奋斗历程中，历史的经验告诉我们应当充分发挥科技进步与科学普及的"两翼"作用。

我们伟大祖国的首都——北京更应当发挥中国科普事业发展的总引擎功能，通过不断推进科普事业的全面进步，推动首都及全国人民形成讲科学、爱科学、学科学、用科学的良好氛围。通过多年建设，北京积累了中国最高水平的科技场馆、科普基地，拥有丰富的科普活动组织经验，更有一大批科普组织管理、科普创作专业人才队伍，为带动全国科普事业迈向高质量发展打下了坚实的基础。习近平总书记为坚持走中国特色自主创新道路指出了"三个面向"，即面向世界科技前沿、面向经济主战场、面向国家重大需求。北京科普工作走高质量发展道路，必须丰富科普内容，紧抓以第四次工业革命为代表的系列前沿技术；必须提升民族科学文化水平，让亿万同胞的智慧充分释放，为经济增长提供长久的创新力；必须以提升公民科学素质为目标，顺利实现"到本世纪中叶，把中国建设成富强、民主、文明、和谐、美丽的现代化强国"的奋斗目标。北京的科普工作者，需要站到对历史负责、对人民负责的高度，为成就伟大梦想，实现百年奋斗目标，加快高质量科普发展的步伐。

参考文献

［1］习近平：《为建设世界科技强国而奋斗——在全国科技创新大会、两院院士大会、中国科协第九次全国代表大会上的讲话》，2016 年 5 月。

［2］北京市科技传播中心主编《北京科普发展报告（2017～2018）》，社会科学文献出版社，2018。

［3］北京市科学技术委员会、北京市科普工作联席会议办公室：《北京市"十三五"时期科学技术普及发展规划》，2016 年 6 月。

［4］欧阳自远：《小行星撞击地球的"祸"与"福"》，《科技导报》2019 年第 2 期。

［5］欧阳自远：《嫦娥四号月背软着陆的重大意义》，《世界科学》2019 年第 3 期。

［6］董全超：《发达国家科普发展趋势及其对我国科普工作的几点启示》，《科普研究》2011 年第 35 期。

［7］王康友、郑念主编《国家科普能力发展报告（2006～2016）》，社会科学文献出版社，2017。

B.10
北京科普发展航向标的作用及国际化路径选择

徐海燕*

摘　要： 北京作为中国政治文化中心，是科普推广的主体，具有强大的科普教育、传播和普及能力。本报告分析了科普航向标的作用，找出了北京科普工作在综合实力与科技竞争力、基础设施建设、国民科学素质比例、教育方式与理念与发达国家首都之间的差距。从变革存量，完成高质量的科技发展转型；优化增量，与"一带一路"国家协作发展；文化理念与实践推广相结合，保持中国科普的优势竞争力等方面提出了北京科普航向标的路径选择。

关键词： 创新型国家　航向标　科普国际化路径

一　引言

中国经济正处于新旧动能接续转换、经济转型升级的关键时期，必须实现从过度依赖自然资源向更多依靠创新驱动和人力资源转变，必须重视和发挥科技创新的作用。改革开放以来，从"科学技术是第一生产力"到"创新是引领发展的第一动力"，从实施科教兴国、人才强国战略到深入实施创

---

* 徐海燕，法学博士，中国社会科学院比较政治研究学者，政治学研究所研究员、硕士生导师，主要研究方向：比较政治。

新驱动发展战略，从增强自主创新能力到建设创新型国家，创新在治国理政的不同时期均受到重视。新时代，习近平同志指出，"中国要强盛、要复兴，就一定要大力发展科学技术，努力成为世界主要科学中心和创新高地"①，并在十九大报告中确定了 2020 年进入创新型国家行列、2035 年跻身创新型国家前列、2050 年建成世界科技强国的战略目标②。由此，创新是国之利器，国家赖之以强，企业赖之以赢，人民生活赖之以好。创新已成为新时代国家迈向现代化的内在要求。

在实现创新的诸多要素中，城市作为国家创新战略和创新活动的重要实施单位和区域主体，是经济社会发展的重要载体，也是参与全球市场竞争的主体。一般来说，在经济社会发展的初期阶段，依靠土地、资源、劳动力等生产要素投入的要素驱动经济增长模式以及依靠持续的高投入和高资本积累的投资驱动经济增长模式能够形成强大的动力，推动经济社会的发展。一旦经济社会发展到了较高阶段，要素驱动和投资驱动的发展模式就难以为继，依靠科技创新和经济变革的创新驱动发展模式就成为推动经济社会持续健康发展的必然选择。因此，一个城市的经济社会发展水平越高，开展科技创新的条件就越充分，其对创新活动的需求越强烈，在科技创新投入、推动科技成果转化应用等方面，就越有坚实的经济基础做保障。依靠科技、知识、人才、文化、体制等要素驱动城市发展，已经成为世界各国展示创新战略的共同选择。

城市科普能力是加快构架创新型城市的基础性力量，是增强城市竞争力的原动力。城市的科技能力决定着一个城市的"文明样式"和"竞争范式"，是保持城市可持续发展的核心变量。城市科普能力越强，公民科学素质越高，城市科技能力的后劲就越足。当前，在政府的推动下，我国国家科

---

① 《习近平总书记在两院院士大会上的重要讲话》，http：//paper.people.com.cn/rmrb/html/ 2018-05/30/nw.D110000renmrb_20180530_6-01.htm，2018 年 5 月 30 日。

② 新华网：《中共中央国务院印刷〈国家创新驱动发展战略纲要〉》。

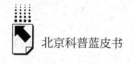
普能力年均增速达到了 8.3%①。

2018 年，为进一步增强城市的科普能力，中国科技部、中宣部、中国科协等相关单位相继发布了《关于举办 2018 年全国科技活动周的通知》《关于征集"2018 中国国际科普作品大赛"科普作品的公告》《关于开展全国青少年海洋科普系列活动的通知》《关于举办 2018 年青少年科学调查体验活动骨干教师培训暨全国首发活动的通知》《关于组织参加 2018 年京津冀科普资源（河北）推介会的通知》《关于开展 2018 年中国公民科学素质抽样调查的通知》《关于开展全国学会科普工作考核的通知》等若干引领科普创新的纲领性文件，加强了在科普创作、科技传播渠道、科学教育体系、科普工作社会组织网络、科普人才队伍以及政府科普工作宏观管理等方面的指导，为科技创新与科普推广协同发展提供了保障。

二 北京科普发展的航向标作用

由于在全国范围内依然存在经济社会发展、全民科学素质不均衡现象，迫切需要先进的科普示范区的引领与推广，促进公共资源向基层延伸、向农村覆盖、向弱势群体倾斜，以有效地解决城市科普发展不均衡现象。北京作为中国政治文化中心，是学术大师云集、顶尖企业汇聚、一流高校集中的城市，是全国科技最有活力的地区，是中国科普事业发展的最高代表，是开展重大科普示范活动的重要地点，是科普推广的主体，具有强大的科普教育、传播和普及能力。

（一）衡量城市科普能力的要素

城市科普能力建设是厚积薄发的过程，需要长时间的积累。城市的科普也是一个复杂的系统，包括经济、环境、科技、资本和人才等多方面要素。

---

① 《国家科普能力发展报告（2006～2016）》http：//www. xinhuanet. com/politics/2017 – 06/15/c_ 129633884. htm，2016 年 8 月 31 日。

各要素之间相互联系、有机结合，共同发挥作用。因此，科普指标体系也是一个有机的整体，要全面、科学、准确地描述、反映城市科普系统的水平和特征，应该遵循系统性的原则。当前，我国正在深入实施创新驱动发展战略，创新无处不在。每个城市都有其产业、企业等各类部门，都具有不同的创新要素。

1. 科普活动所对应的经济发展基础是城市科普能力的基础和保障

经济发展基础包括城市的经济总量、经济发展水平、财政收入和金融发展水平。其中，GDP、人均 GDP、财政收入、人均财政收入、外商直接投资，还包括推广科普的软、硬件条件等，都是衡量城市科普基础能力的指标。

2. 科普活动所对应的科技环境是科普发展的必要条件

良好的科普环境不仅能够有效聚集和优化配置各类创新资源，提高创新资源的利用效率，而且能够培养出具有较强竞争力的创新整体，同时优越的科普环境能促进科普创新的市场化、提高创新绩效、积蓄创新成长能力。创新环境包括信息发展、高技术发展、高校发展规模和政府服务水平等方面的指标，以及千人互联网用户数、千人手机用户数、国家高新技术区园区数、高等院校数等要素。

3. 科普投入是城市科普发展最基本的驱动力

没有对科普的投入，科普的推广就失去了物质基础。科普资源投入的规模质量和结构优化程度直接决定着科普推广的成效，综合体现了城市科普的竞争力，是衡量科普能力高低的核心指标。包括研发经费支出总额、研发经费支出占 GDP 比重、人均研发经费支出、研发人员数量、公共教育支出总额、研发人员占从业人员比重、财政科技支出占一般预算支出比重等。

（二）北京发挥科普航向标作用的条件

1. 科普活动所对应的经济发展基础及科普推广能力

北京作为中国首都，长期以来经济社会发展基础好，科普投入优势显著。

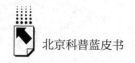

根据 2016 年中国经济社会发展统计数据库的资料，在北京、上海、天津、重庆 4 个直辖市中，北京 GDP 收入为 28000.4 亿元，仅次于上海的 30133.86 亿元，高于重庆的 19500.27 和天津的 18595.38 亿元①。良好的经济社会发展基础和充沛的科普专项资金，为北京航向标作用的发挥提供了物质保障。

目前，在科普推广的硬件方面，北京已经拥有了大范围的科普资源展示区。2018 年，北京地区 500 平方米以上的科普场馆已经达到 101 个，每万人拥有科普场馆面积 221.28 平方米。社区科普体验厅 50 家，市级科普基地 326 家，市级科普社区青年汇 500 家，科普活动室 200 余家，科普画廊 3500 余个。电台、电视台播出科普节目时间达到 9.97 万小时，科普讲座、专题展览、科普竞赛分别达 4.98 万次、4835 次、3035 次，整体科普能力显著增强②。

在科普推广的形式和内容方面，北京各场馆展教水平和研发展示水平逐步提高。从 2012 年开始，北京科技周主展完成了从"展板参观"到"互动、参与、体验"模式的转型。从第一届的"科技在我身边"，到 2018 年的"科技创新富国强民"，科技周主题紧跟时代、内容与时俱进。从 2011 年开始，北京还启动了"科普之旅"，实施更为多样的科普推广形式。此后，又先后举办公民科学素质大赛、科普志愿者招募项目等，极大地丰富了科普项目，创新展教模式，为公众提供了无声的滋养。

从科普推广的受众看，北京地区经济社会发展基础雄厚，人均消费水平高，民众科学素养高，对科普产品的兴趣浓厚。近年来参与科普展会的人数迅速增长。从 2015 年的 2.5 亿人次到 2017 年的 9 亿人次，参展观众从被动组织参观到主动抢票参与，科普的社会氛围不断优化。

如今，北京正通过京津冀协同发展实现科普资源在全国范围内跨地域共享。从 2018 年起，北京开始主办全国科技活动周和科技论坛。在全球经济社会交往、交流日趋频繁的背景下，北京还是中国参与国际重大科普活动的主要力量。与国外科技城市之间既存在竞争，又有交流合作机制，有利于借

---

① 国家统计局：《2017 年经济社会统计年鉴》，http：//www.stats.gov.cn/tjsj/ndsj/2017/indexch.htm，2019 年 3 月 13 日。
② 马云飞：《北京数字内容产品在科普领域的应用》，《科技智囊》2018 年第 6 期。

鉴发达国家的科普推广经验，整体上在国内外两个领域发挥作用，提升国民科技素质。

2. 科普活动对应的科技环境

国家高新技术产业开发区是区域创新发展的主阵地。近年来，国家高新区建设不断加强，高新技术大型企业数、专利申请数、高新技术大型企业专利数、外商投资规模在全国各主要城市中优势明显，高新技术产业发展状况、科研能力名列前茅。特别是在高等学校研发课题投入人员、研发课题数、研发机构数、外商直接投资方面占有明显优势。

北京已基本建立包括科技咨询培训、技术孵化转化、投融资服务等多方面、分层次的科技中介服务体系。在改革中应运而生的各类孵化器、加速器、众创空间等科技中介组织不断加快发展。通过对比 2016～2017 年中国四大直辖市高新技术产业及其基础发展状况可知，北京的科技环境排名靠前、条件优越（见表1、表2）。

表1 四大直辖市高新技术产业发展状况

直辖市	高新技术大型企业数（家）	专利申请数（件）	高新技术大型企业专利数（件）	外商直接投资（万美元）
北京	45	6775	2547	1303000
天津	41	2998	916	1010000
重庆	44	2469	407	262630
上海	77	7645	4490	1851400

资料来源：中国经济社会发展统计数据库，http：//tongji.cnki.net/kns55。

表2 四大直辖市高新技术基础发展状况

单位：人，个

直辖市	高等学校研发课题投入人员数	研发课题数	研发机构数	博物馆数	2017年图书馆数
北京	32260	91089	396	41	25
天津	10343	22503	61	22	32
重庆	8516	23569	37	82	43
上海	23887	51743	134	99	24

资料来源：中国经济社会发展统计数据库，http：//tongji.cnki.net/kns55/Dig。

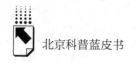

3. 科普投入的物质基础

北京科普的航向标作用还体现在北京的科技基础条件较好。北京拥有公开统一的国家科技计划管理平台，包括大型的科学装置和仪器、国家重点实验室、科学数据库文献库、行业技术平台、企业技术中心、国家工程研究中心、国家工程实验室、国家级企业技术中心等新型科技服务组织。2007 年《关于科研机构和大学向社会开放开展科普活动的若干意见》发布后，北京地区还形成了科研院所对社会开放的长效机制。

根据《2017 年全国科技经费投入统计公报》，北京是中国研发经费投入超过千亿元的六大城市之一，2017 年研发经费投入 1579.7 亿元（见表 3），仅次于广州（2343.6 亿元）、江苏（2260.1 亿元），位列全国第三。研发经费投入强度超过全国平均水平的省份有 7 个，分别为北京、上海、江苏、广东、天津、浙江和山东①。

表3　2017 年中国四大直辖市研发经费和经费投入强度

直辖市	研发经费（亿元）	研发经费投入强度（%）
北京	1579.7	2.13
天津	458.7	2.47
重庆	364.6	1.88
上海	1205.2	3.93

资料来源：国家统计局《2017 年全国科技经费投入统计公报》，http：//www.stats.gov.cn/tjsj/zxfb/201810/t20181009_ 1626716.html，2018 年 10 月 9 日。

4. 城市创新竞争力综合排名

2018 年 6 月由福建师范大学担纲完成的《中国城市创新竞争力发展报告（2018）》，将 GDP、人均 GDP、财政收入、人均财政收入、外商直接投资、金融存款余额、千人互联网用户数、千人手机用户数、国家高新技术园区数、国家高新技术企业数、高等院校数、电子政务发展指数、研发经费支

---

① 国家统计局：《2017 年全国科技经费投入统计公报》，http：//www.stats.gov.cn/tjsj/zxfb/201810/t20181009_ 1626716.html，2018 年 10 月 9 日。

出总额、研发经费支出占 GDP 比重、人均研发经费支出、研发人员、研发人员占从业人员比重、财政科技支出占一般预算支出比重、专利授权数、高新技术产业产值、高技术产品出口总额、高技术产品出口比重、全社会劳动生产率、注册商标数、单位工业产值污染排放量等指标作为衡量全国各主要城市竞争力的变量，将城市的竞争力划分为创新基础竞争力、创新环境竞争力、创新投入竞争力、创新产出竞争力、创新可持续发展竞争力 5 个方面内容，初步构建了中国城市创新竞争力指标评价体系，并对我国 274 个城市创新竞争力进行综合评价分析。结果显示，中国城市创新竞争力排在第 1～10 位的城市依次为：北京、上海、深圳、天津、广州、苏州、杭州、西安、宁波、武汉①。中国城市创新竞争力排名前 5 的城市见表 4。北京城市创新竞争力的指标对北京科普能力的评价有重要的借鉴意义。

表 4　中国城市创新竞争力排名前 5

单位：分

城市	创新竞争力		创新基础竞争力		创新环境竞争力		创新投入竞争力		创新产出竞争力		创新可持续发展竞争力	
	排名	得分	排名	得分	排名	得分	排名	得分	排名	得分	排名	得分
北京	1	70.0	2	82.4	1	52.4	1	82.6	2	61.9	1	54.9
上海	2	60.5	1	88.5	4	44.6	3	56.1	4	55.2	2	50.5
深圳	3	57.6	3	66.1	8	41.8	26	61.5	1	73.8	3	42.1
天津	4	46.4	4	62.2	11	58.8	18	49.5	16	42.6	6	36.0
广州	5	44.4	5	47.1	2	45.4	11	36.6	7	46.4	11	32.8

资料来源：参见王瑞军、李建平等《中国城市创新竞争力发展报告（2018）》，社会科学文献出版社，2018，第 34 页。

总之，稳步推进、先行试点是富有中国智慧的改革方法，也是符合马克思主义认识论和实践论的方法。作为中国的政治中心，北京对党中央的决策部署领会快、准、深，践行决策和推广能力强，是执行国家科技战略任务的

---

① 王瑞军、李建平等：《中国城市创新竞争力发展报告（2018）》，社会科学文献出版社，2018。

先行者，对其他地区的科普创新实践可以率先垂范。其发展能力和创新能力的地位与排名说明，北京在创新型国家建设中发挥着重要的支撑、带动、传承和示范作用。其他地区科普推广的具体实践中，对于那些必须取得突破但一时还不那么有把握的科普项目，采取与北京比对目标的方法，可以端正改革的出发点和落脚点，及时对科普工作纠偏和补救，可以让地方科普事业少走弯路，节约资源，实现科普改革的有序推进。如同一艘巨轮行驶在大海上需要不断比对目的地、校准航向一样，北京显然可以承担中国科普事业航向标的功能。

三　北京科普航向标的路径化选择

（一）北京科普发展的中国特色

中国的科技发展历史性成就一方面与近代以来国家崇尚科技、自强不息的信念有关，另一方面与国家经济社会发展的特色有关。中国是人口大国，经济发展的巨大成就不断催生着人们对美好生活的向往，是科技发展的推动力。新时代建设创新型国家的目标，又把科技创新的落脚点放在了惠民、利民、富民、改善民生方面，两者之间的高度契合使中国的科技创新有了强大的后劲。"社会一旦有技术上的需要，这种需要就会比十所大学更能把科学推向前进。"① 从中国国家现有的经济体量看，中国有能力对科普资本、人员等进行可观的投入，从而为科技发展提供保障。随着新时代科学技术的迅猛发展，网络化、信息化和基础设施建设的突飞猛进，地区关联性和互动性增强，正为北京航向标作用的发挥助力。

北京科普航向标作用的发挥是以中国特色社会主义的民主集中制、公共行政管理优势及经济建设的巨大成就为前提的。中国是全球第二大经济体、具有科技"后发优势"的国家，加大科技投入、跟踪模仿先进国家

---

① 《马克思恩格斯选集》第 4 卷，人民出版社，1995。

的科技成果具备得天独厚的条件，但也存在关键技术自给率低、发明专利数量少等方面的不足。以综合指标衡量的城市发展质量来看，北京与以美国为首的西方发达国家的城市有较大的距离，北京科普航向标作用的发挥受到多重因素特别是科技发展水平的制约。提高北京科普的发展质量，依然是重中之重。

（二）北京科普发展的国际差距

科技创新、科学普及是实现创新发展的两翼，要把科学普及放在与科技创新同等重要的位置。没有全民科学素质的普遍提高，就难以建立宏大的高素质创新大军，难以实现科技成果快速转化[1]。北京作为科普航向标，实现科普资源的全社会开放共享，必须提升科技水平，加快基础设施建设，提升公民素质、教育方式与理念。但毋庸置疑的是，北京的科普发展能力与其他国家城市相比存在一定的差距。

1. 综合实力与科技竞争力

2018 年 10 月 11 日香港发布的全球城市竞争力排行榜显示，北京的经济发展与城市综合实力之间存在内在的差异性。虽然北京在 2018 全球国家（经济体）竞争力排行榜位居前三，但如果将城市资源潜力指数、文化蕴力指数、科技动力指数、创新能力指数、开放张力指数、管理效力指数、民生保障指数等要素纳入进行综合考察，城市综合竞争力会发生较大变化。研究表明，在城市综合竞争力排行榜方面，美国纽约、日本东京、英国伦敦位列前三，北京仅排第 22 位[2]。

科技竞争实力是提升科普层次的基础。在研发经费投入方面，中国在 2013 年已经超过日本，成为仅次于美国的世界第二大研发经费投入国家，2015 年研发投入占世界各国研发投入总额的 21%，而同期美国占

---

① 《习近平总书记在两院院士大会上的讲话》，http：//paper. people. com. cn/rmrb/html/2018 – 05/30/nw. D110000renmrb_ 20180530_ 6 – 01. htm，2018 年 5 月 30 日。

② 《全球城市竞争力排行榜》，http：//finance. eastmoney. com/news/1365，20181013961147345. html。

26%。从 2000 年到 2015 年，中国的研发费用平均每年增长 18%，比美国 4% 的速度快 4 倍多[1]。但 2017 年研发经费投入强度仅为 2.13%，低于美国的 2.7%，比重依然过小。中国教育经费占 GDP 比重为 5.2%，其中财政投入教育支出占 GDP 比重为 3.8%，同期其他国家的比重为：美国 4.9%，英国 5.7%，法国 5.5%，德国 4.9%，日本 3.6%，韩国 5.1%[2]。

当前，我国科学人才和科学论文产出数量实现快速增长。2017 年中国科学论文被引用次数已超过德国、英国，上升到世界第二位。2000～2014 年，每年理工科学士学位毕业人数从 35.9 万人增加到 165 万人。在同一时期，相当数量的美国毕业生大约从 48.3 万人增长到了 74.2 万人。但我国每百万人拥有的研究人员数仅有 1000 人左右，远低于高收入国家 4000 人左右的水平[3]。

从研究领域上看，美国和欧盟更关注生物医学科目的研究，中国在工程研究方面处于领先地位。但在引用率方面，美国的引用率往往高于中国。在研究投入的类别方面，中国侧重于试验发展研究，2017 年试验发展经费占所有研究投入比重达 84%，而基础研究、应用研究经费所占比重分别仅为 5.5%、10.5%。基础研究投入额仅相当于美国的 1/4，占比低于美国 20 个百分点，低于俄罗斯 15 个百分点。21 世纪以来，我国大幅度扩展了技术人员的队伍，从专利涉及的领域看，中国人口是美国的 4 倍多，但专利数量不多。在专利获得方面，在国际上依然延续着美国专利数量约占全球总量的一半，欧洲和日本占据其余的绝大部分份额。当前，中国在高铁、港口机械、民用无人机、数字安防方面处于全球领先地位，但在生物医药技术、半导体、计算机技术方面原创性成果较少，中国需要进一步提升创

---

[1] https://www.washingtonpost.com/opinions/chinas-breathtaking-transformation-into-a-scientific-superpower/2018/01/21/03f883e6-fd44-11e7-8f66-2df0b94bb98a_story.html，2018 年 10 月 13 日。

[2] 国家统计局、科学技术部、财政部：《2017 年全国科技经费投入统计公报》，2018。

[3] 胡志坚、玄兆辉、陈钰：《从关键指标看我国世界科技强国建设——基于〈国家创新指数报告〉的分析》，《中国科学院院刊》2018 年第 33 期。

新能力①。

2. 基础设施建设

据国家统计局数据，2017 年我国博物馆达到 4721 个，公共图书馆有 3166 个，每 17.6 万人拥有 1 个博物馆和图书馆。作为科普航向标的北京，公共图书馆数量有 25 个，仅次于重庆（43）和天津（32）②，在全国范围内数量处于领先水平，但与其他国家首都的图书馆数量有较大差距。由表 5 可知，同期伦敦有 383 个，东京为 226 个，纽约为 224 个③。

表 5　北京与发达国家首都公共图书馆数量与每 10 万人平均公共图书馆数量比较

单位：个

指标	北京	伦敦	东京	纽约	首尔	巴黎	新加坡
公共图书馆数量	25	383	226	224	128	78	26
每 10 万人平均公共图书馆数量	0.1	4.7	2.5	2.6	1.3	3.5	0.5

资料来源：北京市城市规划设计研究院编译《首尔与世界大都市：千禧年之后的城市变化比较》，https：//www.thepaper.cn/newsDetail_ forward_ 1997812，2018 年 2 月 14 日。

3. 国民科学素质比例

科学素质是决定人的思维方式和行为方式的重要因素，从长远上决定国家发展的未来。当今世界，发展中国家与发达国家的差距，从根本上说是知识的差距，是人才和劳动者素质的差距。提高公民素质是建设创新型国家的题中应有之义。科普工作的意义在于，科学技术只有为广大人民群众所理解、掌握和运用，才能发挥第一生产力的巨大威力。在全球工业化的历史进程中，发达国家在走向现代化的进程中都十分注重国民素质的培养。二战后的日本既缺乏资源，又缺少能源，却一天也没有放松过对大众知识的普及；

---

① 国家统计局：《2017 年中国专利调查报告》，http：//www.sipo.gov.cn/docs/20180403103317809915.pdf，2018 年 4 月 3 日。

② 北京市统计局：《北京市 2017 年国民经济和社会发展统计公报》，http：//www.bjstats.gov.cn，2018 年 2 月。

③ 北京市城市规划设计研究院编译《首尔与世界大都市：千禧年之后的城市变化比较》，https：//www.thepaper.cn/newsDetail_ forward_ 1997812，2018 年 2 月 14 日。

美国早在 1994 年就将"提高全民科学素质"列为发展科学的五项"国家目标"之一，提出要把美国变成一个"全民皆学之邦"。英国素有重视科学事业的传统，是人均诺贝尔奖获得者最多的国家，注重加强科普教育是保持其科技能力的秘密武器。其根本秘密在于：一手培养诺贝尔奖获得者，一手推动科普[1]。唯有一流的科普工作，才会形成一流的科技软实力，才能真正建立宏大的高素质创新大军，进而顺利推进创新型国家建设。衡量科学素质的指标有很多，包括"具有高等教育文化程度的人数""主要劳动年龄人口平均受教育年限"等。

在中国政府的努力下，中国公民科学素质显著提升。我国公民具备科学素质的比例从 2010 年的 3.27% 提升到 2015 年的 6.2%，2018 年达到 8.47%。2016 年 8 月国务院印发《"十三五"国家科技创新规划》，提出到 2020 年，我国公民具备科学素质比例达到 10% 的目标。而美国在 1988 年就已经达到了这一水平，2008 年提升到 28%；瑞典公民 2005 年具有科学素质的比例已经达到 35%[2]。

为了提高科学素质，弥补与发达国家之间的差距，借鉴吸收其他国家的积极经验，2018 年 9 月北京主办了"世界公众科学素质促进大会"，开展与联合国及重要国际科技组织的对话与合作，共商全球公众科学素质提升大计，为提升中国民众科学素质提供可供借鉴的经验。

4. 教育方式与理念

当前，国家综合国力的竞争，根本上是国民素质的竞争。虽然中国大学经费日益充足，但最好的大学和研究机构仍在美国。例如，在 2015 年世界 500 强科学研究机构 2015 年度排名中，美国共有 198 家科研机构进入世界 500 强，并在科研竞争力的年度排名中保持领先地位[3]。这与美国先进的教

---

① 朱效民：《国民科学素质——现代国家兴盛的根基》，《中国科技论坛》1999 年第 5 期。

② 新华时评：《提高全民科学素质要抓"关键少数"》，http://www.xinhuanet.com/politics/2016 –08/17/c_1119406063.htm，2016 年 8 月 17 日。

③ 搜狐网：《日媒称全球科技进入中美两强时代，中国在 4 领域排榜首》，http://www.sohu.com/a/155538187_505846，2017 年 7 月 8 日。

育方式、理念有很多关系。

相比较而言，中国目前的教育仍然停留在"应试教育"的阶段。一切围绕升学率来进行。在教育过程中，存在单纯注重知识，忽视智慧的开发、实践的运用和交流的缺陷。在阅读偏好方面，经过"全民阅读"活动的推广，2017 年国家综合阅读率（含电子媒介）为 80.3%，与同期发达国家水平相差不大，甚至略高于美国[1]。但从读书偏好上看，中国学生偏爱故事类书籍，美国学生更喜欢哲学类书籍[2]，从而不利于整体上对科普的推广。

（三）北京科普航向标的国际化路径选择

总体说来，城市是一个开放的系统，城市科普同样要具有开放性和全球视野。发挥北京科普航向标的作用，首先要弥补与发达国家在科技发展水平上的差距。

1. 北京发挥科普航向标作用的国际环境

科学技术是世界性的、时代性的，我国的科普发展差距首先是与发达国家科技基础的差距。近代以来，我国屡次与科技革命失之交臂，错失了科技革命的东风。20 世纪七八十年代，为加快现代化建设，我国政府加快了国际交流与合作的步伐，先后与美国、西欧等发达国家签署了双边合作协定，为中国经济的腾飞营造了良好的外部环境。当前，全球新一轮科技革命兴起，各国都优化自身的科技环境，积极加以应对。新一轮科技对我国而言既是机遇又是挑战，唯有深度参与全球科技治理，不断深化国际科技交流合作，努力构建合作共赢的伙伴关系，才能获得加速发展。

从我国国际合作现状看，已经有 158 个国家与我国建立科技合作关系，双边及多边合作协议达到 112 个。科技外交成为国家总体外交战略的重要组成部分。这说明，北京作为开放性城市营造了良好的科普环境。当前，中国

---

[1] 中国新闻出版研究院：《第十一次全国国民阅读调查报告》，2018。
[2] 任泽平：《中美实力对比（科技、教育、营商、民生）》，https://m.gelonghui.com/p/213744。

正处于从"跟踪模仿"到"原始创新"的转型嬗变之中，在经济全球化和知识经济时代，知识、技术、信息、人才等在全球范围内实现自由流通，极大地缩短了城市间的空间距离，为北京科普把握时代脉搏、走向国际化提供了技术条件。

2. 北京发挥科普航向标面临的国际挑战

西方国家认为，中国借助德国工业的 4.0 版，正在从山寨制造者升级为全球领先的制造业大国[1]。2018 年 1 月，美国国家科学基金会和国家科学委员会在以大量数据描述美国技术状况的同时，对中国正以"令人窒息的速度"迈向"科技超级大国"感到忧虑，称中国正在进入"超级计算机和小型喷气式客机的尖端研究领域"，并认为中国的技术实力"具有潜在的威胁"，"如果中国在关键技术上取得突破，如在卫星、导弹、网络战、人工智能、电磁武器等领域，结果可能是战略平衡的重大转变，也可能是战争"。美国国家科学委员会警告说，即使这种情况没有发生，如果中国维持补贴和歧视性政策以维持其企业的竞争优势，中国决心主导人工智能、电信和计算机等新兴产业，也可能导致经济战。而对于美国而言，"计算、机器人和生物技术等行业是美国支持和创造数百万高薪工作和高附加值出口的支柱，"但有可能"因在未来全球经济增长的驱动力中丧失全球领导地位"而受到削弱，而"中国加剧了这一危险"[2]。

毋庸置疑，以美国为首的西方国家对中国的技术封锁、围堵和制裁，都对中国科技发展和科普推广产生了消极影响。

（四）北京科普航向标的路径选择

总体来说，城市作为一个创新系统，其内部的政府、企业、高校、

---

[1] 新浪网：《中国力争成为科技强国，引发欧美竞争对手恐慌》，http：//tech. sina. com. cn/it/2017 - 03 - 23/doc - ifycstww0811762. shtml，2017 年 3 月 23 日。

[2] *China's breathtaking transformation into a scientific superpower*，https：//www. washingtonpost. com/opinions/chinas-breathtaking-transformation-into-a-scientific-superpower/2018/01/21/03f883e6 - fd44 - 11e7 - 8f66 - 2df0b94bb98a_ story. html.

科研机构等科普主体是否具有开放意识，是否能够融入全球科普体系，能否积极参与全球创新资源竞争，直接关系到城市创新竞争力的高低。北京科普航向标作用的发挥同样体现在城市对全球科技资源和科技网络的吸收和利用程度。当前，北京科普工作应该遵循"求同存异，择优而用"的总体原则。变革存量，完成高质量的科技发展转型；做优增量，"一带一路"国家抱团发展；文化理念与实践推广相结合，保持中国科普的优势竞争力。

1. 变革存量，完成高质量的科技发展转型

综上所述，改革开放 40 年来，我国通过多边交流与合作机制引入了大量技术和装备，对提高产业技术水平、提升科普的质量和层次发挥了巨大作用。但在激烈的国际竞争和资本主义国家的围堵下，必须清醒地看到，只引进而不注重技术的消化吸收和再创新，势必削弱自主研发能力，拉大与世界先进水平的差距。在国民经济命脉和国家安全的关键领域，无法用购买核心技术来实现发展。未来，提高自主创新能力，掌握核心技术，拥有自主知识产权，以提升国家创新的"自主性"为核心，才能实现国家竞争力的整体提高。

当前国际科技资源不均衡性，发达国家设置科学知识分享的壁垒，扩大知识鸿沟和发展鸿沟，损害了中国科技与科普的发展进程。但中国在与西方主要发达国家在创新领域存在差距的同时，也在科技领域具备独特的优势。面对西方的挤压，应该加快将自身的科技优势做大做强，在国际科技舞台上找到自己的位置，发挥自身应有的作用，才能在激烈的科技竞争市场求同存异，实现合作共赢。

与此相对应，北京科普推广取得的巨大成就是中国特色社会主义制度优势的体现，是中国特色制度下优势资源的配置结果，虽然在科普推广方式、手段上造成一定的路径依赖，但在当前适度发挥现有资源优势和管理优势，是保持科普推广有效性的动力源泉之一。因此，科学普及首先需做好自己的事情，夯实发展的基础，把基本功练好一点、扎实一点。最终实现变革存量，实现高质量的科普发展转型。

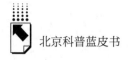

2. 做优增量，"一带一路"国家抱团发展

就北京发挥科普航向标的作用而言，加大科普力度，借鉴吸收国际化科普推广的经验和教训，也是科普推广的重要路径之一。当前，中国创新取得突飞猛进的进展，为科普发展奠定了较强实力，但没有达到领先和领跑世界的程度。

"一带一路"建设的推进，为中国走向国际化、区域化联动发展迎来重大机遇。虽然"一带一路"沿线国家有不同国情，但这些国家大多处于工业化进程的中后期，肩负着"科技强国"的共同基础性任务，借鉴共享"一带一路"国家的科普推广经验，探索科普推广的规律性，追求经验互补、板块共振、经验共享、发展共荣，加快科普升级的步伐，在协同合作中共同成长，有其现实合理性，是值得关注的路径选择。

3. 文化理念与实践推广相结合，保持中国科普的优势竞争力

科普模式的形成是国家长期的历史文化教育理念等综合实力的体现。科普推广不仅在于基于硬实力的国家间的合作、交流、互补，更需要科普理念的更新。当前，科普推广工作虽然卓有成效，但与西方创新型国家相比，仍有不小的差距。科普推广工作的根本还在于教育文化理念的塑造，最终打造出具有中国特色和国际影响力的北京科普原创品牌。

参考文献

［1］习近平：《为建设世界科技强国而奋斗——在全国科技创新大会、两院院士大会、中国科协第九次全国代表大会上的讲话》，2016 年 5 月。

［2］马云飞：《北京数字内容产品在科普领域的应用》，《科技智囊》2018 年第 6 期。

［3］王瑞军、李建平等主编《中国城市创新竞争力发展报告（2018）》，社会科学文献出版社，2018。

［4］胡志坚、玄兆辉、陈钰：《从关键指标看我国世界科技强国建设——基于〈国家创新指数报告〉的分析》，《中国科学院院刊》2018 年第 33 期。

［5］朱效民：《国民科学素质——现代国家兴盛的根基》，《中国科技论坛》1999 年第 5 期。

B.11
新时代北京科普人才发展
优势与挑战分析

侯岩峰 董全超*

摘　要： 科普工作是推动公民科学素质提升的重要途径，高质量开展科普工作需要专业化的科普人才队伍支撑。《北京市"十三五"时期科学技术普及发展规划》对新时期北京市科普人才队伍建设提出了新要求。基于此，本报告根据科普统计数据，分析北京科普人才发展现状，认为专（兼）职科普人员数量、质量、稳定性存在突出问题，并在一定程度上有结构性矛盾。最后针对上述问题，提出建立科学评价机制，加大培养力度，增加经费投入，建设跨界交流平台，建成高素质科普人才队伍等建议，推动北京科普工作高质量发展。

关键词： 人才评价机制　人员投入　科普人才培养

一　引言

2016 年国务院办公厅印发《全民科学素质行动计划纲要实施方案（2016～2020 年）的通知》（国办发〔2016〕10 号，以下简称《通知》），

---

* 侯岩峰，硕士，北京国际科技服务中心中级工艺美术师，主要研究方向：科普理论与卡牌活动。董全超，博士，研究员，中国科学技术交流中心副处长，主要研究方向：科普政策、科普理论研究。

明确指出要实施科普人才建设工程，加强科普人才队伍建设，建立完善科普人才激励机制，完善科普人才培养、使用和评价制度，加强科普人才培养和继续教育，加强科普专业队伍建设，大力发展科普志愿者队伍。为贯彻落实《通知》精神，北京市政府出台了《北京市全民科学素质行动计划纲要实施方案（2016~2020年）》（京政办发〔2016〕31号），其中第十条"实施科普人才建设工程"，对科普人才的培养做出了具体规划，指出要分层构建科普人才队伍，优化科普人才队伍结构，提升科普人才队伍的整体素质，加强科普工作者队伍培训，加强青少年科技辅导员队伍建设，加强科普创作人才队伍建设，加强科技记者编辑队伍建设，加强基层科普人才队伍建设，加强科普志愿者队伍建设。除了出台相关科普政策，北京市也加大了对科普事业的相关投入，年度科普经费筹集额稳中有升，从2010年的204160万元上升至2016年的251204万元，科技馆从12家增加至30家，科普人员、科普出版物的数量也有了长足进步。以上措施凸显出北京市各级政府对科普人才工作的重视与支持。在北京市科普人才事业蓬勃发展的同时，尚有一些不足值得重视，专职科普人员数量少、质量有待提高，兼职科普人员不稳定，科普创作人员缺口较大，专业科普培训资源分布不均等问题仍然制约着北京的科普人才发展。

二 北京科普人才发展现状与优势

（一）北京科普人才发展现状

如表1所示，2016年，北京市共有科普专职人员9291人，科普兼职人员45669人，科普志愿者18174人，科普创作人员1323人，年度科普经费筹集额251204万元，科普专项经费额12605万元。从中不难发现，北京市科普专职人员数量稳步提升，从2008年的5814人上升到2016年的9291人，增长了近1倍。同时，科普兼职人员数量增长不明显。科普志愿者人数波动较大，由2008年低点的5609人猛增至2013年最高峰的

50236 人，之后又回落至 2016 年的 18174 人。科普创作人员发展较慢，除 2008～2009 年发展较快外，其余年份基本未见明显增长。年度科普经费筹集额总体呈递增趋势，由 2008 年的 134875 万元增长至 2016 年的 251204 万元。

表 1　2010～2016 年北京市部分科普统计数据

单位：人，万元

年份	科普专职人员	科普兼职人员	科普志愿者	科普创作人员	年度科普经费筹集额
2008	5814	37044	5609	791	134875
2009	6472	36472	15429	1270	177933
2010	6762	37817	7414	1514	204160
2011	6147	32196	11652	1090	202819
2012	6728	36172	33348	1339	221402
2013	7727	41044	50236	1559	203614
2014	7062	34677	20676	1132	217381
2015	7324	40939	24083	1084	212622
2016	9291	45669	18174	1323	251204

资料来源：《中国科普统计（2016 年版）》，下同。

（二）北京科普人才发展的优势

1. 首都人才聚集优势

北京是我国首都，是政治、经济、文化中心。云集了全国优秀人才，是中国科学院和中国工程院的总部所在地，院士云集，科技新星荟萃，既有欧阳自远、白春礼等著名院士，也有获世界科幻大会颁发的雨果奖的刘慈欣、郝景芳等青年新秀，这为北京科普事业的发展提供了良好的人才储备。北京市第六次全国人口普查数据显示，2010 年北京市常住人口受教育年限为 11.5 年，显著高于全国平均水平。每 10 万人中具有大学学历的人数为 31499 人，是 1982 年的 6.5 倍。全市文盲率为 1.9%，与 1982 年相比下降 14.1 个百分点。如图 1 至图 3 所示，2008～2014 年，在与天津、上海、重

庆3个直辖市的比较中，北京市科普专职科学家和工程师的数量要远远高于天津和重庆，且比上海发展稳定。而科普兼职科学家和工程师的数量则保持稳中有升的态势。从科普科学家和工程师合计数量上看，北京市始终保持稳定增长。这充分证明北京具备得天独厚的人才基础优势，是发展科普人才必不可少的基础条件。

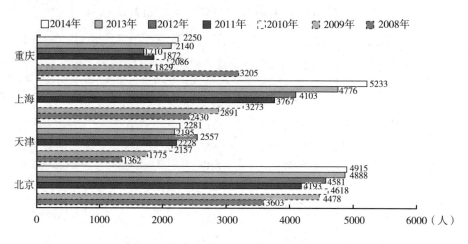

图1 四大直辖市科普专职科学家和工程师

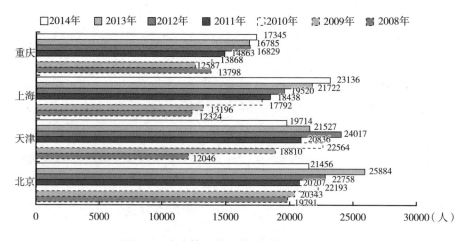

图2 四大直辖市科普兼职科学家和工程师

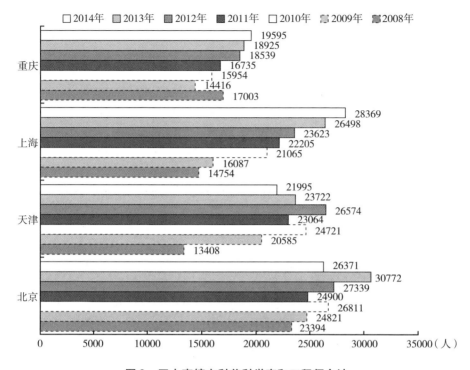

图 3　四大直辖市科普科学家和工程师合计

2. 首都科技创新发展优势

科普事业的发展必然建立在强大基础科学与科研实力的基础上，科学家、科研工作者是科普人才的主体。科技创新发展能够促进科研工作者的会聚，从而更好地提升科普人才发展水平。2014 年 2 月，习近平总书记视察北京，明确北京全国科技创新中心的战略定位。近些年北京建设具有全球影响力的科技创新中心的步伐不断加快。北京市统计局发布的《改革开放 40 年北京经济社会发展成就系列报告之十四》显示，北京社会研发投入持续保持较高水平。2017 年，全市研发经费支出为 1580 亿元，与 1996 年相比增长了 36.8 倍，年均增长 18.9%（见图 4）。研发经费占地区生产总值的比重为 5.6%，比 1996 年提高 3.3 个百分点，研发经费位居全国前列，投入强度连续多年居全国之首。

创新主体实力不断增强。政府属研究机构、高等学校和企业是北京市研发活动的三大主体。2017 年，政府属研究机构研发经费支出 741.2 亿元，

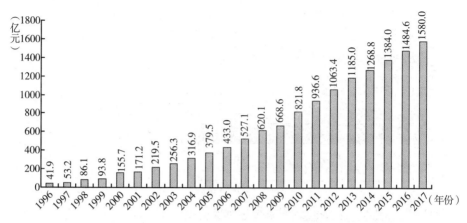

图4 1996~2017年北京市研发经费支出

比2000年增长7.6倍，占全社会研发经费支出的比重为46.9%；高等学校研发经费支出182.8亿元，比2000年增长9.9倍，占全社会研发经费支出的比重为11.6%，比2000年提高了0.8个百分点；各类企业研发经费支出618.4亿元，比2000年增长11.8倍，占全社会研发经费的比重为39.1%，比2000年提高8个百分点。北京市科技创新蓬勃发展的同时也必将促进北京科普事业的发展，从而促进北京科普人才的健康发展。

3. 首都文体资源优势

文体资源为科普人才提供了场地支持，使科普人才有的放矢，北京既有诸如国家科技馆、国家历史博物馆、北京科技馆等诸多科普展览场地资源，又有国家图书馆等提供科普图书借阅服务的专业性场馆，在此方面具备较大优势。根据科技部发布的《中国科普统计》，2016年全市共有科技馆30家，比2008年增加19家。全市共有科学技术博物馆74家，比2008年增长了1倍。另据北京市统计局统计，2017年，全市公共图书馆共有24个，较1978年增加6个，总藏书量由1423万册增加到6528万册。全市共有博物馆179个，比2008年增加31个，文物藏品数达430万册（万件）。

4. 首都文化创意产业优势

科普工作是综合性很强的工作，需要多方面的人才相互配合，不仅需要科技工作者、科研人员、科学家的奉献，还需要文化创意产业相关人员提供优质的后期服务，将抽象晦涩的科学理论、科技成果通过创意策划转化为大众能理解、易接受的科普展品。北京市统计局数据显示，2004年第一次全国经济普查时，北京市共有文化产业法人单位3.03万个，从业人员55.5万人，营业收入合计1749亿元，资产总额为2942亿元；2013年第三次全国经济普查时，文化产业法人单位数量达到了9.78万个，从业人员94.2万人，比2004年分别增长2.2倍和0.7倍，营业收入、资产总计分别为6409亿元、9296亿元，比2004年分别增长2.7倍和2.2倍。另据统计，2017年，北京市规模以上文化产业法人单位4400余家，从业人员超60万人，营业收入合计超过1万亿元，资产规模达16260亿元。2017年，北京市文化产业增加值占全市地区生产总值的比重为9.6%，比2004年提高了3.2个百分点，比全国高5.4个百分点，文化产业增加值占地区生产总值比重居于全国首位。从某种意义上讲，文化创意产业工作人员可以从事科普展项策划、展品设计、科普图书编辑等工作，是潜在的科普人员。因此，拥有良好文化创意产业优势的北京，对科普人才的发展具有积极的促进作用。

5. 首都国际交往优势

近些年北京的国际交往更加密切，对北京科普人才的国际交流起到很好的促进作用，有利于国外优秀科普作品及人才的引进，也有利于北京优秀的科普作品"走出去"。截至2017年，有231个国家和地区与北京有贸易往来，来北京投资的国家和地区超过100个，市级友好城市达到56个。作为国际性综合交通枢纽，2017年北京首都国际机场进出境人员达到2470万人次，国际航线100余条。据科技部最新科普统计，仅2016年一年，北京进行的科普国际交流就多达466次，为全国之首。良好的国际交往渠道，为北京市科普工作提供了非常好的交流背景。对比2008～2016年四大直辖市科普国际交流次数，北京遥遥领先于其他3个直辖市，这已经证明北京科普人才的国际交流优势明显（见图5）。

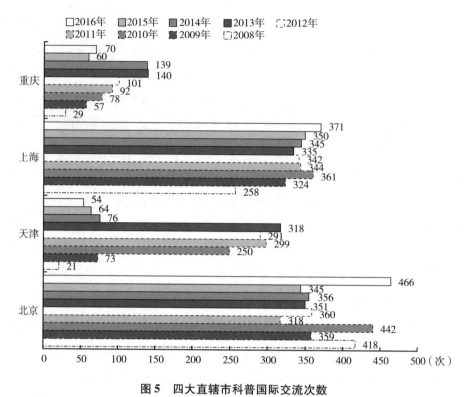

图5　四大直辖市科普国际交流次数

三　北京市科普人才发展的挑战

前文分析了北京市科普人才发展的现状及优势，在看到北京市科普人才发展优势的同时，也应该注意到其所面临的挑战。《"十三五"国家科普与创新文化建设规划》中指出："加强科普创作人才培养，推动科研人员和文艺工作者的跨界合作……以作品征集、推介、评奖等方式，加大对优秀原创科普作品的扶持、奖励力度，激发社会各界人士从事科普作品创作的热情。"《北京市"十三五"时期科学技术普及发展规划》中强调："加强科普人才梯队建设。建成一支由顶级专家引领，百名科普专家指导，千名科普专职人员参与，万名科普志愿者组成的专兼职结合的高素质科普人才队伍。

适时启动科普领军人才培养计划，推动一批具有科研水平又有专业科技传播能力的大科学家有意愿做科普、有能力讲科学。依托高等院校、科研机构、科普场馆、科技社团、社区科普大学等，建设科普人才培养培训基地，培育和扶植专业化的本土科普创作和宣教人才。采取多种措施，切实提高科普兼职人员和志愿者的科技知识水平和科学传播能力，不断壮大科普兼职人员和志愿者服务队伍。"上述文件精神对新时期北京市科普人才发展提出了新要求和新挑战。

（一）专职人员数量少，兼职人员不稳定

一方面，就专、兼职人员在某一年中的数量进行比较，以2016年为例，北京市共有科普专职人员9291人，科普兼职人员45669人，科普兼职人员数量约是专职人员的5倍；另一方面，从2008年到2016年，北京市科普专职人员数量稳步提升，从2008年的5814人上升到2016年的9291人，增长了近1倍，而科普兼职人员数量不稳定。从上述数据中发现，北京市科普专职人员的数量近年来稳步提升，但与兼职人员相比数量依然不足，而兼职人员虽然数量有所保障，但流动性较大，很难保证长期从事科普工作。

（二）专职人员质量有待提高，科普创作人员缺口较大

科技部最新科普统计显示，在科普专职人员数量不足的前提下，在现有的专职人员中，截至2016年，具备中级职称以上或大学本科以上的科普专职人员为6586人，占科普专职人员总数的70%左右（见表2）。而科普创作人员仅为1323人，且专职科普创作人员更少。这说明科普专职人员不仅需要从数量上提高，在质量上也有待进一步提升。而作为科普创新工作的重要一环，科普创作人员缺口较大，他们的缺失将直接导致科普展教品、科普读物、科普展览等的质量下降。所以，科普创作人员特别是专职科普创作人员的数量急待提升。

表2 2010~2016年北京市部分科普统计数据

单位：人

年份	科普专职人员	科普兼职人员	中级职称以上或大学本科 以上科普专职人员	科普创作人员
2008	5814	37044	3603	791
2009	6472	36472	4478	1270
2010	6762	37817	4618	1514
2011	6147	32196	4193	1090
2012	6728	36172	4581	1339
2013	7727	41044	4888	1559
2014	7062	34677	4915	1132
2015	7324	40939	5070	1084
2016	9291	45669	6586	1323

（三）专业科普培训资源分布不均

专业科普培训多由政府、国企、事业单位发起举办，参加这类专业培训的多为国家公职人员、国企员工及事业单位工作人员，而面对社会举办的专业科普培训则少之又少，这使民企、外企及其他类型科普人员无法获得有效专业的科普培训，使本就薄弱的社会科普力量进一步削弱，因此面对社会的普惠型专业科普培训亟待增加。

四 北京市科普人才发展的建议

（一）通过科学评价机制提高科普人员积极性

通过前文分析不难发现，北京市存在科普专职人员少、专职科普创作人才短缺的现象，要解决上述问题，应先从建立有针对性的科普人才评价体系着手。首先，把科研人员的年度科普工作列为年底绩效评估的重要指标，在科研人员职称评价体系中添加科普工作评价标准，将有助于提升科研人员参与科普工作的积极性，稳定科普兼职人员数量。其次，设立针对科普专职人员的职称序列，为科普专职人员提供职称评定标准，使他们的工作从职称制度上得到认可与保障，这样才能真正发展壮大科普专职人员队伍，提升他们的积极性。

（二）加大科普人才培养力度

建立普惠性科普培训班，提升兼职科普人员水平，并在高校设立科普专业，培养专门的科普人才。一方面，为更好地提升全社会科普工作人员的素质，有必要将现有的科普培训资源深入社会基层。建立由政府指导，企事业单位带动的普惠性科普培训班，让非体制内的科普工作人员能学习到最新的科普知识，提升他们的专业素质。另一方面，科技部门应与教育部门等单位合作，设立以科普为专业学科的本科教育，从而从根本上扭转科普专业人员素质低、专业创作人才短缺的局面。

（三）多渠道开源，募集人才培养经费

应建立政府指导、企事业单位为主、社会力量积极投入的良性机制。在政府、企事业单位大力投入培养经费的基础上，创新形式，多渠道开源，募集人才培养经费，激发社会力量办科普，筹集社会资金培养科普人才。认真贯彻落实《科普法》中关于科普减税的政策，鼓励社会资本加大对科普事业的投入，从而更好地促进科普人才健康发展。

（四）建立交流平台，推动科研、文创、专职科普人才跨界合作

利用北京丰富的文化创意产业优势，充分调动文化创意产业相关工作人员的积极性、创造性，积极促进科研人员、科普工作者与文化创意产业的相关策划、设计人员沟通、交流、合作。为这两类人员提供交流平台，积极鼓励建设一批由相关科研人员、文化创意工作人员组成的科普工作室、科普创意坊，从而创造出一批形式新颖、内容丰富的科普作品，使文化创意产业相关工作人员全身心、无障碍地融入北京市科普工作。

在保持现有科普人才交流的基础上，利用首都国际交往优势，积极拓展

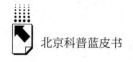

人才"走出去，引进来"的渠道与方式。首先，积极促进北京市优秀科普工作者出国交流，学习国外先进科普理念；其次，将外国优秀科普人才请进来，为公众展示原汁原味的国外科普；再次，将国外优秀科普培训机构引入北京，对在北京科普专（兼）职人员进行培训，拓展他们的视野。

五 结语

科普事业的发展，关键在于科普人才的培养与发展。针对该问题，本报告分析了北京科普人才发展的现状与优势，探讨了北京科普人才发展所面临的挑战，并提出了建议。北京科普人才发展能否得到应有的重视，直接影响着北京科普事业的成败，可喜的是北京市各级政府已高度重视该问题。我们相信在科普事业上拥有诸多优势的北京，在科普人才的发展上一定会乘风破浪、蓬勃前行，更好地为提升北京全民科学素质做出应有的贡献。

参考文献

［1］国家统计局北京调查总队：《科技创新能力大幅提升，经济发展动力持续增强——改革开放 40 年北京科技创新发展回顾》，《改革开放 40 年北京经济社会发展成就系列报告》，2018。

［2］国家统计局北京调查总队：《创意引领首都文化产业发展，社会效益经济效益同步彰显——改革开放 40 年北京文化产业发展回顾》，《改革开放 40 年北京经济社会发展成就系列报告》，2018。

［3］国家科学技术部：《中国科普统计（2016 年版）》，科学技术文献出版社，2016。

B.12

京津冀协同发展中北京科普的
引领、带动、服务作用探析

李 晔 陈奕延*

摘 要： 区域科普事业合作是有效提升区域科普水平，提高区域公民
科普素质，发掘区域经济新增长点，促进区域科技自主创新，
实现区域科普事业综合发展的重要途径。北京市作为京津冀
三地中科普实力最强的一方，应该在京津冀三地区域科普事
业的发展中起到领头作用。本报告论述了近几年京津冀三地
开展区域科普事业合作的经典案例，通过三地各指标下的年
度科普数据，从发展的视角分析了北京市科普工作在京津冀
协同发展中起到的引领、带动与服务作用，并提出了有针对
性的对策建议。

关键词： 京津冀协同发展 科普区域合作 北京引领作用

一 引言

科学普及是一种非正式的学习方式，如参观博物馆、体验科普设施、参

---

* 李晔，中国社会科学院大学数量经济与技术经济系博士研究生，主要研究方向：复杂不确定
科学决策、计量经济学。陈奕延，中国社会科学院研究生院继续教育学院在职博士生，工程
硕士，主要研究方向：复杂不确定科学决策、技术经济及管理。

加科普活动、浏览互联网上的科普网站等，自这一概念问世以来，其已经完全区别于人们在学校中接受的系统的正规教育[1]。从广义的角度来说，科学普及通常泛指科技交流，其不仅包括科普史或少数专业领域的普及，同时包括公共科学的普及。对于公共科学普及，其内在意义不限于科学家传播科学知识的活动，同时涵盖"公共科学认知"和"公共科学参与"这两方面，通过科普可以让更多的普通公民特别是年轻人有机会早日体验科学环境，由此激发他们的科学使命感并促进其从事科学事业[2]。改革开放以来，我国政府对科普工作日益重视：1994年国家发布了《关于加强科技推广工作的几点建议》；2002年颁布了《中华人民共和国科学技术推广法》，这是世界上第一部科学普及法；2006年，国务院颁布了《全民科学素质行动计划纲要（2006—2010—2020年）》；党的十九大报告也特别强调要弘扬科学精神，普及科学知识。这些法案与政策的实施成效显著：中国公民基本科学素养比例已经从1996年的0.2%增长到2015年的6.2%，与发达国家的差距正在逐步缩小。

科普工作的具体落实有多种方式，区域合作是其中之一。区域合作打破了传统的行政发展壁垒，通过拓展合作领域、丰富合作形式、创新合作机制等方式，使各地区充分发挥自身比较优势，各类要素有序自由流动，各类资源自由优化配置，最终形成地区间良性互动的区域协同发展格局。只有通过区域合作，才能打破各地科普事业"各自为政"的局面，实现科技、人才、资金等科普要素的高度统一与自由流通，形成良性的科普生态循环体系，逐步实现国家科普事业"从点到线，从线到面，从浅到深，从简到难"的科学发展机制。由此可知，科普事业的繁荣发展离不开区域合作。

---

[1] Arapaki, X. and Koliopoulos, D. , "Popularization and Teaching of the Relationship Between Visual Arts and Natural Sciences: Historical, Philosophical and Didactical Dimensions of the Problem," *Science & Education*. 2010. Vol. 20（7-8）.

[2] Schall, V. , "Science Education and Popularization of Science in the Biomedical Area: Its Role for the Future of Science and of Society," *Memórias Do Instituto Oswaldo Cruz*. 2000. Vol. 95（suppl. 1）.

二 京津冀区域科普事业合作的现状

（一）区域合作对于科普工作的意义

党中央高度重视区域合作，党的十七大报告中提出"推动区域协调发展，优化国土开发格局"的战略，明确要通过生产要素的跨区域合理流动来缩小区域发展的差距，目标是形成若干联系紧密的经济圈与经济带，从而调整经济上的总体布局，鼓励东部地区帮助、带动西部地区发展，实现优势互补的协调发展方式；党的十八大报告提出要"继续实施区域发展总体战略，充分发挥各地区比较优势"；党的十九大报告则进一步深化了区域合作的理念，报告中明确指出"以城市群为主体，构建大、中、小城市和小型城镇协调发展的城镇格局，建立更加有效的区域协调发展新机制"。区域合作包括区域经济合作、区域生态合作、区域交通合作、区域贸易合作等，而区域科普事业合作也是区域合作中的重要组成部分，是在区域协同发展的背景下开展科普工作的必要手段之一，通过不同区域主体拥有的不同科普要素（科技、人才、资金等），区域科普事业合作可以充分调动各区域主体的优质科普要素，摒弃劣质科普要素，通过取长补短、互利共赢、携手并进的方式，打破科普事业由各区域主体"各自为政，各管一摊"的局面，使各个区域主体耦合成一个紧凑有序、良性运转的区域系统，在国家法律法规的良性约束下实现发展最优化与利益最大化的双重目标，找到区域科普事业协同发展的全局最优解，为整个国家科普事业的发展奠定基础。

（二）区域科普事业合作的载体

区域科普事业合作的载体可以是乡镇、市县、省乃至城市群，从宏观角度看，通常情况下作为载体较多的是省级行政区域或更大范围的地理区域，诸如东北地区、东南沿海地区等，由于后者的概念和范围较为模糊，通常将

"城市群"这一概念作为载体。城市群，又称城市化群落，是指特定区域范围内，一般以一个以上的特大城市为核心，由多个城市构成单元，依托城市所在的省级行政区域，通过发达的交通通信等基础设施网络形成的空间组织紧凑、经济紧密联系、高度一体化的行政区域群落。在城市群内部，由于各个城市及其所属的省级行政区域的知识和信息会产生溢出效应，这种效应能够产生经济集聚，同时，人力资本积累能够促进内生经济增长，所以单个城市往往伴随着人力资本的不断积累和知识的溢出而增长，即城市数目增加以后所形成的城市化群落越来越成为经济增长的重要引擎。

截至 2018 年 2 月，中国共有 9 个获批的城市群（见表 1），其中规模最大的城市群是中原城市群，其横跨河北、山西、安徽、山东和河南 5 个省份，而规模相对较小的城市群则只横跨了 2 个省份的区域，比如成渝城市群。值得指出的是，京津冀三地由于情况特殊，所以并未由国务院单独批复，而是在中央政治局审议后才通过了相应的规划纲要。

表 1　2015～2018 年发展规划获得国务院批复的城市群

编号	名字	依托省份	获批时间
1	长江中游城市群	安徽、江西、湖北、湖南	2015 年 3 月 26 日
2	哈长城市群	吉林、黑龙江	2016 年 2 月 23 日
3	成渝城市群	重庆、四川	2016 年 4 月 12 日
4	长江三角洲城市群	上海、江苏、浙江、安徽	2016 年 5 月 22 日
5	中原城市群	河北、山西、安徽、山东、河南	2016 年 12 月 28 日
6	北部湾城市群	广东、广西、海南	2017 年 1 月 20 日
7	关中平原城市群	山西、陕西、甘肃	2018 年 1 月 9 日
8	呼包鄂榆城市群	内蒙古、陕西	2018 年 2 月 5 日
9	兰西城市群	甘肃、青海	2018 年 2 月 22 日

（三）京津冀一体化下区域科普事业合作的典型案例

京津冀三地是中国的"首都圈"，这是一个包括北京市、天津市以及河北省的石家庄、保定、唐山、廊坊、沧州、秦皇岛、张家口、承德、邢台、邯郸、衡水 11 个地级市，人口总数约 9000 万人的大范围城市群落。京津冀一体化是李克强总理在 2014 年 3 月 5 日进行政府工作报告时指出的发展规划方案，实现京津冀一体化的主要目的是加强环渤海及京津冀地区的经济协作。2014 年 2 月 26 日，习近平总书记在听取京津冀协同发展工作汇报时特别强调："实现京津冀协同发展是一个重大国家战略，要坚持优势互补、互利共赢、扎实推进，加快走出一条科学持续的协同发展路子。"2015 年 4 月 30 日，中共中央政治局分析研究当前经济形势和经济工作，审议通过了《京津冀协同发展规划纲要》，这份纲要作为京津冀三地全面区域合作的里程碑，标志着京津冀三地将携手并进、协同发展，在经济、科技、卫生、文化、娱乐、教育等领域开展全方位的新型合作。2017 年出台的《北京城市总体规划（2016～2035 年）》明确提出"一核、双城、三轴、四区、多节点和两翼"的概念，规定了三地各个城市的不同作用，也明确指出了北京市在京津冀协同发展中作为"一核"的引领作用。

为贯彻落实京津冀一体化协同发展的国家战略，自 2015 年起，京津冀三地便在各个领域开展了规模不等的诸多合作，这其中也包括科普方面的合作，下面介绍其中两个典型的成功案例。

1. 京津冀签署科普资源共享合作协议①

2016 年 12 月 22 日，首届京津冀科普资源推介会在中国气象局气象会堂隆重举行，推介会由北京市科学技术协会、天津市科学技术协会和河北省科学技术协会共同主办，北京市科协数字内容产业协作中心、北京科普发展中心、北京科普资源联盟、北京数字科普协会和北京数字内容产业协会承办，中国气象局气象宣传与科普中心、国家卫星气象中心和北京科普新技术研究院协办，推介会还得到了中国气象局和中国科普研究所的大力支持。京津冀科协领导，以及京津冀地方科协、科普专业机构、科普企业 500 多名代

① 蝌蚪五线谱（北京市科协主办）:《首届京津冀科普资源推介会在京隆重举行》，http://news.kedo.gov.cn/c/2016－12－23/866484.shtml，2016 年 12 月 23 日。

表参加本届活动。本届推介会以"e 连互通·融合发展"为主题，举办 6 项活动，分别是京津冀科普资源共享合作协议签约仪式、京津冀科普发展论坛、"京津冀科普理论创新与实践发展"学术沙龙、科学秀表演、京津冀科普资源展示推介、北京地区全国科普教育基地和基层科普场馆调研。22 日下午，推介会组织了"京津冀科普理论创新与实践发展"学术沙龙，京津冀三地科协、科普专业机构、科普企业代表围绕"科普资源共享合作的新方法新路径"进行了研讨。活动期间，大会组织了科学秀表演，以崭新的科普表演形式，将科学实验的教育因素与舞台表演完美结合，获得了参会人员的广泛赞誉。本届推介会吸引了 40 多家科普机构和企事业单位，共展出科普信息化资源、青少年科技教育资源、青少年创客教育资源、智慧社区资源、航空航天科普资源、军事科普资源等 40 多项科普项目，展览内容丰富、形式多样，受到科普工作者的高度关注和与会人员的一致好评。京津冀科普资源共享合作协议的签署，有利于推动京津冀区域科普资源汇聚共享，深化三地科普领域的全方位合作交流，从而推进公益性科普事业和经营性科普产业共同发展，助力区域公民科学素质的提升。

2. 京津冀科普旅游

科普旅游，是一种将旅游娱乐活动与科学普及工作有机结合的科普传播方式。科普旅游把科学知识的传播与旅游融为一体，让参与的公众在轻松愉快的旅游氛围中体验科技、圆梦科技，是一种较为新颖的科普方式。自 2010 年起，北京市科委便牵头组织开展了主题为"创新之城，科技之旅"的首届科技旅游月，自 2015 年京津冀一体化协同发展战略公布以来，科普旅游的活动规模扩大，参与人数增加。① 2017 年 5 月 22 日，以"科技探索创新引领"为主题的 2017 年京津冀科普之旅在科技周主场启动。京津冀科

① 人民网：《北京科技旅游月"启程"持续至 10 月 25 日》，http：//scitech. people. com. cn/GB/12813810. html，2010 年 9 月 26 日。天津政务网（搜狐号）：《2017 年京津冀科普之旅启动仪式在京举行》，http：//www. sohu. com/a/143140418_ 274663，2017 年 5 月 24 日。人民网：《京津冀联动："旅游 + 科普"新模式盘活三地旅游资源》，http：//travel. people. com. cn/n1/2018/0702/c41570 - 30104138. html，2018 年 7 月 2 日。

普之旅推荐了 18 条线路和 72 个景点，这 18 条主题科普旅游线路分别是寰宇探秘之旅、健康养生之旅、现代农业之旅、湿地之旅、动物奇妙之旅、和谐自然之旅、创意设计之旅、青少年探梦之旅、节能环保之旅、食品安全之旅、消防安全之旅、历史古迹之旅、成才之旅、游园之旅、奥运之旅、地质之旅、音乐之旅和文化之旅。涵盖的 72 个景点既包括北京航空航天大学月宫一号、活的 3D 博物馆、北京二锅头酒博物馆、运河怡水文化园、凯达食品加工体验园等 2017 年新命名的科普基地，也包含了津冀两地的线路，如天津滨海龙达都市农业主题公园科普基地、天津古海岸与湿地国家级自然保护区、河北赵王城遗址公园、河北省地质博物馆等科普基地，这种通过旅游增加科普知识的方式每年可吸引数千万观众参与。2018 年 7 月，由北京市旅发委和北京市科委主办，天津市旅游局和河北省旅发委协办的"2018 年京津冀科普旅游活动"在北京举行出发仪式，北京市街道社区群众代表和大、中、小学生代表 100 余人参加出发仪式。这次旅游活动以"协同京津冀，科普旅游行"为宣传口号，以"旅游 + 科普"的方式，持续开展环保科普旅游、军事科普旅游，以及国有企业老字号体验活动等。通过组织群众参观三地科普教育基地，宣传跨地区、跨类型的多种科普旅游线路，盘活现有科普基地的旅游资源，提高科普基地知名度，进一步充实京津冀旅游协同发展内涵，丰富京津冀特色旅游产品和特色旅游项目。科普旅游的实施不仅提高了三地民众对科普的认知程度，也提升了三地科普责任单位与旅游责任单位之间相互协作的熟练程度，为今后在科普事业上开展跨部门、跨领域、跨区域的工作提供了参考经验。

三 发展视角下北京科普工作对津冀两地的引领、带动、服务作用

（一）政策节点前后的灰色关联分析简述

从发展的视角分析北京科普工作对津冀两地的引领、带动与服务作用，

可以使用灰色关联分析的方法。灰色关联分析是灰色系统理论中一个十分常用的方法,其基本思想是根据序列曲线几何形状的相似程度来判断不同序列之间的联系是否紧密;基本思路是通过线性插值的方法将系统因素的离散行为观测值转化为分段连续的折线,进而根据折线的几何特征构造测度关联程度的模型。折线几何形状越接近,相应序列之间的关联度就越大,反之就越小。由于灰色综合关联度在处理时序型数据上有计算简单、使用灵活的特点,因此本报告引入灰色综合关联度来计算不同时序数据之间的关联程度,以2015年《京津冀协同发展规划纲要》的审议通过为政策节点,将京津冀三地的年度科普统计数据分为2个时间序列簇:2015年以前与2015年以后(含2015年)。分别在不同科普指标下对其进行灰色关联分析,对于某一个科普指标,若政策节点之后京津与京冀的灰色综合关联度高于政策节点之前,则说明在该科普指标下,京津冀协同发展相对政策出台之前取得了进展,在京津冀一体化的战略框架下,北京与天津、河北在区域科普事业上的合作更加紧密。加之北京在不同科普指标(科普指标均为正向指标,越大越好)下的数值当量明显高于天津和河北,则有充分理由认为在该科普指标下,实施京津冀协同发展这一战略后,北京对津冀两地的引领、带动及服务作用显著增强,中央的政策对于该科普指标涉及的领域合作起到了支撑作用,京津冀三地则有力地贯彻落实了中央的政策,强化了该科普指标下区域科普事业的合作。

由于存在多个科普指标,即需要获得多个科普指标的灰色综合关联度,为综合反映所有指标下政策节点前后北京科普工作引领、带动及服务作用的程度变化,可以将多个科普指标的灰色综合关联度写作向量形式,计算向量的模,用模的大小进行综合比较评价。

(二)指标选取与指标体系构建

科学普及主要是一项由政府负担的非营利性社会公益事业,我国政府历来重视科普工作,全国各地区都在科普上投入了巨大的人力、财力和基础设施,创办了一系列的科普图书、期刊和电视、广播节目,举办了很多不同主题的科普活动。但因为各地区的经济社会发展程度不同，以及全社会重视程度不同，各地区的科普投入和产出存在一定程度的差别。若要科学合理地对这一问题进行定量分析，首先必须构建一套客观、全面的指标体系，指标体系的选取需要满足：①数据可获得性原则，即设置的指标能不能采集到数据，有些指标在理论上有意义，但若不具有可操作性，无法采集到，则不应使用；②全面性原则，指标的设置要能真实反映各地区科普工作的发展及科普建设现状，尽量不要遗漏重要的评价指标，否则会造成评价的片面性；③客观性原则，设置指标时应尽量避免出现主观评价，应该利用地区科普量化数据；④准确性原则，指标设置应该避免指标之间的交叉和重叠，同时充分考虑资料来源的限制和数据渠道的真实可靠性，尽可能减少调查误差；⑤稳定性原则，指标体系应该长期稳定，指标类目不能轻易变动，需要达到时间上累计比较的目的。

根据以上指标选取原则，参照《中国科普统计（2017 年版）》等相关资料，筛选相关指标并进行加总合并，得到 2008～2016 年的以下 21 个指标：①科普专职人员数；②科普兼职人员数；③科普创作人员数；④中级职称以上或大学本科以上科普专职人员数；⑤年度科普经费筹集额；⑥年度科普专项经费额；⑦科技活动周经费筹集额；⑧年度科普经费使用额；⑨科技场馆数量合计；⑩展厅面积合计数；⑪公共场所科普宣传场地合计；⑫科普图书种数；⑬科普期刊种数；⑭科普音像制品种数；⑮电视、电台科普播出时间合计；⑯科普网站数；⑰三大科普竞赛举办合计；⑱科普国际交流；⑲科技活动周科普专题活动数；⑳实用技术培训举办数；㉑重大科普活动数。这 21 个指标分别隶属于科普人员、科普经费、科普设施、科普创作及科普活动 5 个平行的准则层（有时也称"一级指标"）。其中科普人员、科普经费和科普设施属于科普投入，科普创作及科普活动属于科普产出。构建相应指标体系（见表2）。

表2　2008～2016 年科普指标体系

准则层	指标层
科普人员	科普专职人员数(人) 科普兼职人员数(人) 科普创作人员数(人) 中级职称以上或大学本科以上科普专职人员数(人)
科普经费	年度科普经费筹集额(万元) 年度科普专项经费额(万元) 科技活动周经费筹集额(万元) 年度科普经费使用额(万元)
科普设施	科技场馆数量合计(个) 展厅面积合计(平方米) 公共场所科普宣传场地合计(个)
科普创作	科普图书种数(种) 科普期刊种数(种) 科普音像制品种数(种) 电视、电台科普播出时间合计(小时) 科普网站数(个)
科普活动	三大科普竞赛举办合计(次) 科普国际交流(次) 科技活动周科普专题活动数(次) 实用技术培训举办数(次) 重大科普活动数(次)

（三）建模分析

以 2015 年《京津冀协同发展规划纲要》通过审议为政策节点，将 2008～2016 年 21 个不同科普指标下的科普观测数据分成两个时间序列簇：2008～2014 年，2015～2016 年。分别进行灰色关联度分析，计算北京与天津、北京与河北在 2015 年《京津冀协同发展规划纲要》审议通过前后的灰色综合关联度，灰色绝对关联度与灰色相对关联度的权重皆取 0.5，计算全部 21 个指标下的灰色综合关联度，结果四舍五入保留小数点后两位，计算结果见表 3。

表3 灰色综合关联度计算结果

指标序号	指标名称	北京－天津		北京－河北	
		2008～2014年	2015～2016年	2008～2014年	2015～2016年
1	科普专职人员数(人)	0.78	0.61	0.94	0.90
2	科普兼职人员数(人)	0.66	0.71	0.61	0.78
3	科普创作人员数(人)	0.59	0.71	0.84	0.69
4	中级职称以上或大学本科以上科普专职人员数(人)	0.65	0.68	0.72	0.78
5	年度科普经费筹集额(万元)	0.71	0.76	0.65	0.78
6	年度科普专项经费额(万元)	0.56	0.63	0.73	0.61
7	科技活动周经费筹集额(万元)	0.53	0.77	0.54	0.72
8	年度科普经费使用额(万元)	0.72	0.76	0.66	0.79
9	科技场馆数量合计(个)	0.66	0.66	0.88	0.69
10	展厅面积合计(平方米)	0.70	0.66	0.76	0.65
11	公共场所科普宣传场地合计(个)	0.53	0.70	0.62	0.93
12	科普图书种数(种)	0.54	0.59	0.59	0.68
13	科普期刊种数(种)	0.58	0.77	0.83	0.67
14	科普音像制品种数(种)	0.59	0.62	0.53	0.60
15	电视、电台科普播出时间合计(小时)	0.56	0.65	0.75	0.86
16	科普网站数(个)	0.67	0.69	0.80	0.90
17	三大科普竞赛举办合计(次)	0.57	0.99	0.60	0.66
18	科普国际交流(次)	0.52	0.67	0.55	0.69
19	科技活动周科普专题活动数(次)	0.62	0.73	0.93	0.73
20	实用技术培训举办数(次)	0.71	0.74	0.52	0.69
21	重大科普活动数(次)	0.52	0.72	0.75	0.97

首先，分析政策节点前后，北京市与天津市21个指标的灰色综合关联度。由表3可知，在全部21个指标中，《京津冀协同发展规划纲要》这一政策审议通过后，仅有"科普专职人员数"和"展厅面积合计"这2个指标下的灰色综合关联度比政策审议通过之前小，"科技场馆数量合计"没有发生变化，其余18个指标下的灰色综合关联度都比政策审议通过之前有所

增加，占全部指标总数的 85.7%，说明对于这 18 个指标中的每个指标而言，北京与天津在该指标涉及领域的科普事业合作得到了加深与强化，京津两地在该指标下的合作变得更加紧密。又由于北京在京津冀协同发展中被赋予了"一个核心"的特殊地位，且北京的绝大多数科普指标对应的数据要高于天津，故有理由认为，在这 18 个指标下，北京在与天津的科普事业合作中发挥了引领、带动与服务作用，且这种作用在政策审议通过之后得到了加强。北京丰富的科普资源通过区域科普事业的相互合作流入了天津，使得两地的科普资源分布状况在绝大多数指标下越发接近，并且接近的程度较政策通过审议之前有所提高。这足以说明，《京津冀协同发展规划纲要》这一政策的实施加深了京津两地在绝大多数科普领域下的合作程度，有充分理由认为京津冀协同发展这一政策对京津两地的科普事业合作起到了强有力的支撑作用。

其次，分析政策节点前后，北京市与河北省 21 个指标的灰色综合关联度。由表 3 可知，在全部 21 个指标中，《京津冀协同发展规划纲要》这一政策审议通过后，有 7 个指标下的灰色综合关联度比政策审议通过之前小，其余 14 个指标下的灰色综合关联度都比政策审议通过之前有所增加，占全部指标总数的 66.7%。说明对于这 14 个指标中的每个指标而言，北京与河北在该指标涉及领域的科普事业合作得到了加深与强化，京冀两地在该指标下的合作变得更加紧密。又由于北京市在京津冀协同发展中被赋予了"一个核心"的特殊地位，且北京绝大多数科普指标对应的数据要高于河北，故有理由认为，在这 14 个指标下，北京在与河北的科普工作合作中发挥了引领、带动与服务作用，且这种作用在《京津冀协同发展规划纲要》出台以后得到了加强。与天津的情况类似，北京丰富的科普资源也通过京冀两地之间的区域科普事业合作流入了河北，使得两地的科普资源分布在绝大多数情况下越发接近，并且接近的程度较政策通过审议之前有所提高。这足以说明，《京津冀协同发展规划纲要》这一政策的实施加深了京冀两地在绝大多数科普领域下的科普事业合作程度，与北京和天津之间的区域科普事业合作一样，有充分理由认为京津冀协同发展这一政策对京冀两地的科普事业合作起到了强有力的支撑作用。

进一步分析灰色综合关联度增加的绝对程度与相对程度，计算北京－天津、北京－河北在政策审议通过前后之间灰色综合关联度的变化情况（见表4）。

表4　灰色综合关联度变化情况

指标序号	指标名称	北京－天津		北京－河北	
		绝对变化程度	相对变化程度（％）	绝对变化程度	相对变化程度（％）
1	科普专职人员数（人）	−0.17	−21.79	−0.04	−4.26
2	科普兼职人员数（人）	0.05	7.58	0.17	27.87
3	科普创作人员数（人）	0.12	20.34	−0.15	−17.86
4	中级职称以上或大学本科以上科普专职人员数（人）	0.03	4.62	0.06	8.33
5	年度科普经费筹集额（万元）	0.05	7.04	0.13	20.00
6	年度科普专项经费额（万元）	0.07	12.50	−0.12	−16.44
7	科技活动周经费筹集额（万元）	0.24	45.28	0.18	33.33
8	年度科普经费使用额（万元）	0.04	5.56	0.13	19.70
9	科技场馆数量合计（个）	0.00	0.00	−0.19	−21.60
10	展厅面积合计（平方米）	−0.04	−5.71	−0.11	−14.47
11	公共场所科普宣传场地合计（个）	0.17	32.08	0.31	50.00
12	科普图书种数（种）	0.05	9.26	0.09	15.25
13	科普期刊种数（种）	0.19	32.76	−0.16	−19.28
14	科普音像制品种数（种）	0.03	5.08	0.07	13.21
15	电视、电台科普播出时间合计（小时）	0.09	16.07	0.11	14.67
16	科普网站数（个）	0.02	2.99	0.10	12.50
17	三大科普竞赛举办合计（次）	0.42	73.68	0.06	10.00
18	科普国际交流（次）	0.15	28.85	0.14	25.45
19	科技活动周科普专题活动数（次）	0.11	17.74	−0.20	−21.51
20	实用技术培训举办数（次）	0.03	4.23	0.17	32.69
21	重大科普活动数（次）	0.20	38.46	0.22	29.33

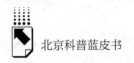
对于北京和天津，政策审议通过前后，灰色综合关联度变化最大的是"三大科普竞赛举办合计"，增加了 73.68%，说明该指标受政策影响最大，京津两地在三大科普竞赛领域的合作在政策审议通过后增幅最大。另外，北京和天津同属京津冀协同发展战略中的"双城"，二者都是直辖市，天津又是老牌的工业城市、港口城市，在京津冀协同发展中拥有仅次于北京的重要地位，加上天津与北京在地域上接近，京津的科普资源流动较为频繁，科普事业合作相对便捷，所以北京对天津在科普事业中的引领、带动和服务作用随着《京津冀协同发展规划纲要》的审议通过得到了强化。

对于北京和河北，政策审议通过后，灰色综合关联度变化最大的是"公共场所科普宣传场地合计"，增加了 50.00%，说明该指标受政策影响最大，京冀两地在开发新建公共场所科普宣传场地领域的合作在政策审议通过后增幅最大。另外，河北由于地域广阔，发展空间大，且居于京津冀协同发展战略中"三轴、四区、多节点和两翼"的关键位置，若将北京和天津比作两个关键点，则河北省更像是这两个关键点所在的整个平面，其发挥的作用尤为重要，没有河北依托，京津两地的科普资源和优势就无法完整地辐射整个首都圈。北京为了疏解非首都功能，将许多产业和企业迁徙到河北，这种行为带动了河北的经济发展，也给河北在生态环保、绿色发展、建设规划等问题上带来了一定程度的挑战，只有加强科普建设，提高行政管理水平，才能有效地应对这一系列挑战。相对于北京和天津，河北与北京之间的合作程度虽然在政策审议之后得到了提升，但仍显不足，仍然有 1/3 的科普指标所涉及的领域，北京的引领、带动与服务作用并没有因京津冀协同发展而增强，反而弱化了，这是亟待解决的问题。河北在科普资金、科普技术手段、科普人才等领域都逊色于北京，仅靠河北一省之力是无法顺利解决这些问题的，只有加强协作，积极吸纳北京流入的科普资源，积极回应北京在科普工作上的带动、引领与服务作用，河北省的科普事业才能得到更好的发展。

四 对策与建议

自 2015 年《京津冀协同发展规划纲要》通过审议之后，京津冀三地的协同发展与一体化正在如火如荼地进行，在科普领域也是如此。三地在区域科普事业合作上取得了较大的进步，也形成了一些较为完备的合作机制，但是在这些成绩的背后仍存在一些不足，从前文灰色关联度分析可以看出，对于津冀两地的少部分科普领域，北京的引领、带动与服务作用并没有因《京津冀协同发展规划纲要》的审议通过而得到强化，这并不能绝对说明三地对区域科普事业的合作以及京津冀一体化协同发展的国家战略贯彻落实不到位，有可能是因为某些科普指标涉及的领域对政策落实的反馈有一定的延后性，成效较慢。但从另一方面来说，为了加强北京对津冀两地科普工作的带动、引领与服务作用，需要考虑一些新的方式方法，加强北京的带动、引领与服务作用并不是为了把京津冀一体化完全捆绑在北京身上，而是要充分发挥北京的科普资源优势，提振科普资源相对匮乏城市的科普水平，最终实现协同发展。各个城市和地区也不用完全照搬北京的模式，而是应该因地制宜，根据自身实际情况选择性地制定相应的科普对策，从而使整个京津冀地区的科普事业可以在这种反馈调节的循环机制中得到良性的可持续发展。建议从如下方面发展北京在科普工作上对津冀两地的引领、带动与服务作用。

（一）与新传媒平台合作，大力拓展三地青少年人群

传统的广播、电视和报刊等传媒对青年人群的吸引力已有所下降，对此，为了更加积极地开展科普工作，增加京津冀三地的区域科普事业合作，建议与新传媒平台合作，大力拓展三地科普的青少年受众群体，特别是经常进行线上娱乐的青少年人群，只有提振青少年人群对科普工作的兴趣，科普工作才可以可持续性地发展下去。可以与著名新传媒平台 bilibili、AcFun、爱奇艺、虎牙直播、熊猫直播、斗鱼直播等合作，建立专门的科普账号，同

时利用"网红效应",与这些新媒体平台上的"大 V 网红"进行商业合作,定期制作播出生动娱乐的科普小节目,录制短视频、直播视频,增加与青少年人群的线上互动;还可以以北京为中心,建立相应的科普俱乐部或"粉丝"会,不定期组织线上"粉丝"见面会、科普达人评选、科普网红评选等;还可以与日本的动漫公司合作,定期制作一些关于科普的动画与漫画,吸引京津冀三地青少年人群的眼球,提高青少年人群对科普的兴趣;在保证科普知识客观性、真实性的前提下,应该着力引入社会资本,提升普通企业和个人的参与度,大力发展商业科普,特别是新传媒形式的商业科普。

(二)在京津冀三地的相关院校设置科普专业,联合培养科普人才

当前,京津冀三地院校还没有设置相关的科普专业,建议在管理学、经济学或社会学下面开设科普相关专业,利用三地院校各自的优势资源,联合培养相应的科普人才,毕业后成绩优秀者可以在三地的科普相关单位优先安排工作,对于特别优秀的高学历(硕士以上)应届毕业生,更应该提供优惠的经济、政治待遇,解决或协助解决包括落户、子女入学、配偶工作、父母养老、住房条件等一系列现实问题,使三地院校联合培养出来的科普人才可以专心从事科普工作,为京津冀协同发展做出应有的贡献。

(三)在京津冀协同发展领导小组内设立专门的科普咨询委员会

为了统筹京津冀三地的区域科普事业合作,可以在京津冀协同发展领导小组内设立专门从事科普咨询工作的科普咨询委员会,从中国社会科学院、清华大学、北京大学、国务院发展研究中心、中央党校等科研院校机构抽调从事科普工作的专家,为京津冀协同发展中的区域科普事业合作建言献策,提供宝贵建议,提高政策执行的科学性与决策合理性。也可以与中国社会科学院合作成立常设机构,利用中国社会科学院亚洲第一智库的优势和资源,进一步丰富区域科普事业合作的理论指导。

（四）设立专门针对科普工作者的官方奖项

建议在国家传统的"三大奖"之外新增"国家科学普及奖"，奖项的级别与权威性和传统的"三大奖"相当，作为国家在科普领域设立的最高荣誉。同时，还可以在京津冀三地试点设立"北京市科学普及奖""天津市科学普及奖""河北省科学普及奖"，级别与省部级奖励相同，用来奖励那些为京津冀三地的区域科普事业合作做出卓越贡献的科普工作者。通过这些奖项可以大大提高科普工作者的从业积极性，大大提振科普工作者的从业自豪感，为科普工作的开展注入全新正能量。

五　结语

京津冀协同发展是一项重大国家战略，中共北京市也在第十二次代表大会提出要建设具有全球影响力的科技创新中心，推进科技创新与科普两翼齐飞，全面提高公民科学素质。这是习近平新时代中国特色社会主义思想指导下京津冀三地科普工作的具体要求，京津冀三地的区域科普事业合作，不能是北京一家的独唱，而应是京津冀三地的合唱。只有进一步弘扬科学精神，打破传统区域行政壁垒，充分调动京津冀三地的科普积极性，强化北京作为京津冀协同发展中核心的引领、带动与服务作用，充分发挥三地各自的优势，取长补短，才能在螺旋式上升中循序渐进地提高三地的科普水平，为创新型国家建设及党领导下的国家大科普体系建设做出应有的贡献。

参考文献

［1］李群、王宾：《中国科普人才发展调查与预测》，《中国科技论坛》2015 年第 7 期。

［2］李群、刘涛：《城镇劳动人口科学素质及影响因素——以京津沪渝湘川为例》，《中国科技论坛》2017 年第 5 期。

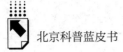
［3］ 李群：《积极开展哲学社会科学普及工作》，《中国社会科学报》2016 年第 5 期。

［4］ 吴福象、刘志彪：《城市化群落驱动经济增长的机制研究——来自长三角 16 个城市的经验证据》，《经济研究》2008 年第 11 期。

［5］ 王小鲁：《中国城市化路径与城市规模的经济学分析》，《经济研究》2010 年第 10 期。

［6］ 中华人民共和国科学技术部：《中国科普统计（2017 年版）》，科学技术文献出版社，2017。

B.13
北京市科普工作联席会议的
兴起、发展与效果分析

王 伟 龙华东*

摘　要： 科普工作制度的实质是社会主体从事科普工作共同遵循的规范和准则，是科普事业持续健康有序发展的重要保障。北京的科普工作一直处于全国领先水平，与北京建立并实行科普工作联席会议制度密不可分。本报告阐述了北京科普工作联席会议制度的历史背景、组织体系和运行现状，并从联席会议制度对科普工作发展的现实意义为分析重点，阐述和研究了提升科普工作水平的组织手段和现实保障。

关键词： 科普联席会议　科普管理制度　科普资源协调

　　随着中国科技事业的进步和时代变化，科普工作在国家科技事业发展全局中的位置不断提升。为更好地提升科普工作水平，为全国科普做出表率，北京市不仅全面推动科普设施、科普产品、科普活动、科普传播等蓬勃发展，更是在制度源头上做好基础性工作，因地制宜、科学合理地制定科普政策，指导科普实践。

---

* 王伟，硕士，北京市科技传播中心科普部副主任，主要研究方向：科技传播。龙华东，硕士，北京市科学技术委员会宣传与科普处副处长，主要研究方向：科技管理。

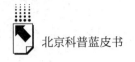
一 历史沿革

（一）科普工作联席会议制度的背景和建立

1994 年 12 月，中共中央、国务院下发了《关于加强科学技术普及工作的若干意见》（以下简称《意见》），对科普工作的战略意义、加强对科普工作的领导、科普工作运行机制等根本性问题做出了明确规定。《意见》中提出："要进一步加强与改善党和政府对科普工作的领导。科普工作是国家基础建设和基础教育的重要组成部分，是一项意义深远的宏大社会工程。各级党委和政府要把科普工作提到议事日程，通过政策引导、加强管理和增加投入等多种措施，切实加强和改善对科普工作的领导。"这是新中国成立以来党中央、国务院共同发布的第一个全面论述科普工作的纲领性文件，对推动全国科普工作起到了重要指导作用。

1996 年 4 月，由国家科委、中宣部、中国科协、国家计委、国家教委、财政部、中科院、全国总工会、共青团中央、全国妇联等部门组成的全国科普工作联席会议制度成立，加强了对全国科普工作的统筹管理和组织协调。

北京市为贯彻落实《意见》，加强对全市科普工作的统筹、组织和协调。1996 年 4 月，由中共北京市委办公厅、北京市人民政府办公厅联合下发《关于建立北京市科学技术普及工作联席会议制度的通知》（以下简称《通知》），建立了由主管科教工作的副市长任主席，市科委、市委宣传部、市科协等市委办局、人民团体参加的科普工作联席会议制度，主要任务是审查和批准全市科普规划及年度计划，研究制定加强和推动科普工作的实施方案，指导和协调全市性的科普活动。依据《通知》精神，由北京市科委设立北京市科普工作联席会议办公室，负责联席会议日常工作。联席会议成员单位的调整，由市科委有关部门商定并报联席会议主席批准后，通知成员单位。《通知》要求，北京各区也应建立科普工作组织协调机构，加强对各区科普工作的领导。

（二）科普立法为科普联席会议制度提供了法律保障

2002 年，第九届全国人民代表大会常务委员会第二十八次会议通过颁布《中华人民共和国科学技术普及法》，首次以法律的形式对我国科普的组织管理、社会责任、保障措施、法律责任等做出规定。第十一条规定："国务院科学技术行政部门负责制定全国科普工作规划，实行政策引导，进行督促检查，推动科普工作发展。国务院其他行政部门按照各自的职责范围，负责有关的科普工作。县级以上地方人民政府科学技术行政部门及其他行政部门在同级人民政府领导下按照各自的职责范围，负责本地区有关的科普工作。"

北京市科普法规的出台要更早一些，1998 年，北京市第十一届人民代表大会常务委员会第六次会议通过《北京市科学技术普及条例》。第九条规定："市和区、县人民政府应当加强对科普工作的领导，将科普工作纳入国民经济和社会发展计划。市和区、县人民政府建立科普工作联席会议制度，加强对科普工作的指导和协调。"第十二条规定："市人民政府有关部门应当根据各自职责，做好本市科普工作规划和计划的实施工作。"第十四条规定："工会、共青团、妇联等群众团体应当结合职工、青少年、妇女的特点，开展多种形式的科普活动。"《条例》的出台为北京市科普联席会议制度的发展提供了法律保障。

二　组织体系

科学普及是社会化的系统工作，无论是科普学科、科普领域还是科普产业链都是一个庞大系统，必须通过机制的创新让更多区域、更多机构、更多的人参与到科普工作中。北京市根据《中华人民共和国科学技术普及法》《北京市科学技术普及条例》有关规定，结合全市科普工作实际需要，按照"政府引导、社会参与、创新引领、共享发展"的方针，加强组织引导，注

重资源配置，形成了在科普工作联席会议框架下，市、区两级政府共同推进科普发展的工作体系。近年来，北京市科委通过科普政策制定、科普专项资金引导等方式，推动政府科技部门主导、相关部门和各区协同推进、社会机构共同参与的具有首都特色的社会化大科普新格局蓬勃发展。

（一）科普管理机制高效运行

科学合理的科普工作运行管理机制，是科普事业发展的关键环节和重要保障。北京市在科普工作推进过程中，充分发挥科普联席会议制度在规划、指导、组织、协调等方面的作用。北京市科普工作联席会议由 40 家成员单位和 16 个区政府组成，包括：中共北京市委组织部、中共北京市委宣传部等市委有关部门，北京市发展改革委、北京市教委、北京市科委、北京市经济信息化局等市政府有关部门，北京市广播电视局、北京市文物局、北京市体育局、北京市园林绿化局、北京市地震局等市政府相关机构，以及北京市总工会、共青团北京市委员会、北京市科协、北京市社会科学联合会、北京市红十字会等群团组织。

北京市科普工作联席会议每年在市政府召开，各成员单位和各区政府参会，审定本市科普年度重要工作，指导协调全市性科普活动。2018 年北京市科普工作联席会议在市政府召开，会上总结了 2017 年北京市科普工作情况，市科委、市科协进行了工作汇报，科技部有关领导介绍了 2018 年全国科技活动周方案。会议审定通过了《2018 年北京市科普工作要点》《2018 年北京市全民科学素质行动工作要点》《2018 年北京科技周活动主场实施方案》等重要文件。

（二）科普政策体系日益完善

科普工作的推进离不开强有力的政策支持。科普政策是指导和管理本部门科普工作的行为准则，在制度建设、规划制定、资源配置、组织建设、协作机制等方面发挥重要作用。

北京市通过颁布实施《北京市"十三五"时期科学技术普及发展规划》《北京市全民科学素质行动计划纲要实施方案（2016～2020 年)》《关于加

强北京市科普能力建设的实施意见》《关于加快首都科技服务业发展的实施意见》《北京市科普工作先进集体和先进个人评比表彰工作管理办法》《北京市科普基地管理办法》等一系列政策措施，进一步优化了首都科普事业的发展环境。

（三）科普社会化格局持续优化

北京市调动各部门的积极性，形成各部门联动开展科普工作的良好机制。充分依靠科协、工会、共青团、妇联、社科联等社会力量开展科普工作。将行业工作与科普工作有机结合，挖掘各自特色和资源优势。通过项目征集、政策推动，引导高校、院所、企事业单位等参与科普工作。通过建立科普基地联盟、科普资源联盟等专业组织，开创科普资源开发与共享的新模式，为市民提供更优质的科普服务。

北京科普基地联盟作为国内首家科普联盟，聚合中国科技馆、中国农业博物馆、北京自然博物馆、北京天文馆、首都博物馆、北京规划展览馆、中国科学院中关村科技教育园区、中国电影博物馆、首都师范大学、中国科学院高能所、北京排水科普馆、索尼探梦科技馆、北京电视台、北京科技报社等北京地区乃至国内顶尖科普教育场馆、科普产品研发机构、科普传媒机构等科普主体，每年通过组织开展科普讲解大赛、科普微视频大赛、优秀科普活动展评等科普活动，搭建了共享共建、互惠互利、共创共赢的科普工作平台。

近年来，北京市科委通过科普专项资金的支持与引导，鼓励更多的社会力量融入科普工作体系。比如，在科普专项中设立了"科普基地科普服务体系建设"项目，通过社会征集和专家评审的方式，遴选并推出了一批面向群众、贴近生活的科普服务。其特点是项目实施单位要组织不少于10家北京市科普基地，并整合利用这些科普基地的资源开展科普服务，形式不限于竞赛、巡展、科学表演、科学之夜等。通过这样的手段，加强了北京市科普基地之间协同联动、合作共赢的工作机制，提升了全市科普基地的整体服务水平。

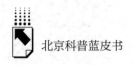

三 推进特色科普发挥重要作用

在北京市科普工作联席会议制度统筹推进下，各成员单位和各区紧密结合首都城市功能定位和各自职责，开展了各具特色的科普工作，持续推动本市公民科学素质提升。

（一）科学思维和决策水平显著提升

北京市人力社保局、市科协等部门，通过举办领导干部系列讲座、公务员科学素质大讲堂等科学素质教育培训，使广大公务员进一步理解科学发展、科技进步的重要意义，促进公务员全面提升科学素质和科学管理水平，为提高全民科学素质发挥示范引领作用。搭建北京干部教育网等"互联网＋"科普培训平台，使领导干部和公务员可随时随地通过手机、电脑学习、掌握最新科技知识。

（二）科技资源科普化能力增强

深度推进科技资源转化为教育资源，强化创新过程教育，形成了"在科学家身边成长"的青少年后备人才培养模式。市教委深入推进"翱翔计划""雏鹰计划""青少年科技创新能力建设工程"，积极探索基础教育阶段人才培养方式的创新，通过户外拓展、科技创新作品大赛、科技沙龙等活动，鼓励学生树立参与世界科技竞争的远大志向。各区中小学建成多领域科学探索实验室近80个，激发中小学生的科学探索热情。市教委、团市委、市科协、市地震局、市气象局等部门分别开展了以北京学生科技节、青少年科技创新大赛、首都大学生"挑战杯"为代表的各类科普活动千余项，营造了爱科学、学科学、用科学的社会环境。

（三）科普覆盖范围显著扩大

科普联席会议制度扩大了科普活动组织的广度，如市总工会等部门积极搭建平台，举办职工创新成果推广活动，覆盖职工 150 余万人，涉及成果 1.5 万余项。举办职工技能大赛，参与人数超过百万人次。创建职工创新工作室近 500 家，覆盖新材料、新能源等首都重点发展领域。设立职工职业发展助推资金，惠及 5000 余人。在全市形成了崇尚创新、渴望创新的社会氛围。

（四）科普下乡和农村创业紧密结合

市农委、市财政局、市民政局、市妇联等部门实施推进科普惠农兴村计划、社区科普益民计划、农民致富科技服务套餐配送工程、六型社区和巧娘工作室建设。开办农民田间学校 800 所，建成农村科普示范基地近 200 余家，培养农民乡土专家、科技示范户、新型农民近 2 万人。推广"12396"农村科技信息服务公益热线，建设北京农业信息网科普专栏，受益农民 4 万余人次。

（五）科普惠及民生水平大幅提升

市发改委、市生态环境局、市园林绿化局、市公园管理中心等围绕"首都蓝天行动"、清洁空气行动计划等，举办节能环保周、环境文化周、园林绿化科技创新暨科学普及活动和生物多样性宣传月等系列科普活动，倡导生态环保、绿色出行理念。市卫健委、市体育局、市规划自然资源委、市商务委等围绕卫生健康、绿色消费等主题，开展全民健身日、世界地球日、商业科技周等科普活动，增强健康生活意识。市公安局、市地震局、市红十字会等围绕安全生产、安全生活和防灾减灾等主题开展科普工作，提高市民的安全防范意识和防灾避险能力。

（六）北京特色科普活动不断涌现

各区结合自身功能定位、地域优势和科技资源，开展了各具特色的科普活动。东城区举办"中医药文化节""水文化节"等科普品牌活动，影响力不断扩大；朝阳区打造朝阳区精品"科普之旅"，从奥运、农业、环保、航

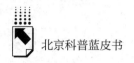

天、交通、传媒等方面展示朝阳区的科技成果；海淀区开展"科普之春""科普之夏""科普大篷车巡游"等群众性、社会性和经常性的科普活动百余项；石景山区举办"玩转科学"快乐科学体验营、"科普进军营"活动之军事科普知识讲座等活动；怀柔区承办"北京市青少年科技创新大赛"，全市中小学生代表，以及来自美国、意大利、丹麦等 10 余个国家和我国香港、澳门、台湾的青少年代表参加；延庆区开展"2022 年冬奥会、冬残奥会"以及"世界园艺博览会"系列主题科普活动。

参考文献

［1］《国务院关于印发北京加强全国科技创新中心建设总体方案的通知》，国发〔2016〕52 号，2016 年 9 月。

［2］北京市科学技术委员会、北京市科普工作联席会议办公室：《北京市"十三五"时期科学技术普及发展规划》，2016 年 6 月。

［3］北京市科学技术委员会：《北京市"十三五"时期加强全国科技创新中心建设规划》，2016 年 9 月 22 日。

［4］阴和俊：《实施创新驱动发展战略，引领天津高质量发展》，《天津日报》，2019 年 3 月 12 日。

［5］董全超：《发达国家科普发展趋势及其对我国科普工作的几点启示》，《科普研究》2011 年第 35 期。

［6］王康友、郑念主编《国家科普能力发展报告（2006～2016）》，社会科学文献出版社，2017。

典型案例

Case Reports

B.14

公民科学素质视角下的
科普影视作品评价

——基于北京《科普影视集萃》的实证分析

张九庆　刘　涛*

摘　要： 科普影视作品是非常重要的科普载体。比起科普短文、科普
图书、科普喜剧、科普广播等其他方式，科普影视作品兼顾
科学性、社会性和艺术性，有自己的特征要素。因此，评价
一部科普作品，要从科普知识本身的呈现、文字脚本的编写、
声音和画面效果、镜头剪辑、观众可接受程度和产品可传播潜
力等多方面进行综合评价。本报告以2012~2016年北京《科普

---

* 张九庆，硕士，中国科技发展战略研究院科研办副主任，研究员，主要研究方向：科普、科
研不端行为、科学共同体、科技政策。刘涛，中国社会科学院研究生院数量经济与技术经济
研究所博士研究生，主要研究方向：经济预测与评价、科普评价。

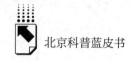

影视集萃》中的40部科普影视作品为研究对象，整体描述这些作品在公民科学素质体现、所涉及基础学科、科学权威性体现、作品传播广度、艺术水准等方面的表现。本报告还尝试建立一个综合评价体系，通过专家对每一部科普影视作品的打分，来比较不同作品之间综合表现的差异。

关键词： 北京科普影视　公民科学素质　科普作品传播

一　引言

科普影视作品具备丰富灵活的表现形式，它能够使用图、文、声、动画等多重展现方式，信息量大且生动。在电视媒体、网络媒体高度发达的当代社会，科普影视是科学普及的重要手段。优秀的科普影视作品在科学精神传播、科学技术知识传递和科学生活引导上发挥巨大作用。创作、传播优秀的科普影视作品，能够广泛地促进科学普及，提升公民科学素质。

科普影视作品的创作和传播属于国家提高公民科学素质的系统性工程中的一部分。目前，中国科普影视作品主要由政府引导创作，由中央电视台和北京电视台等平台传播。由于科普影视作品很难在院线上映或者排片很少，其难以通过市场化手段实现盈利，这进一步加大了科普影视作品的创作和传播难度。为了解决该难题，激发科普影视作品的创作，需要对科普影视作品的发展现状进行评估，建立科学的评价机制。

作为科普材料，科普影视作品评价的第一指标是其自身的科学性。科普作品应当具备科学的严肃性和权威性，同时作为公众传播的影视作品，其应当具备一定程度的表现力，对科普作品的评价不能简单地从艺术制作、表现形式、公众反映等方面进行，而需要考虑其制作水准和传播广度。

二 科普影视作品的特征和评价方法

（一）科普影视作品的特征

学术界对科普影视作品的评价研究较少，在理论上对其进行系统分析的文章更是寥寥无几。通过对相关文献的收集和整理，本报告从科普影视作品的内涵出发，对其特征进行分析。

第一，科普影视作品首先是科普作品，必须服务于公民科学素质的提高。科普活动包括普及科学知识、倡导科学方法、传播科学思想和弘扬科学精神，因此科学性成了科普作品的最重要特征。除此之外，科普作品具有公共品属性和商品属性，因此要兼顾社会效益和经济效益。根据中国科普作家协会的评奖标准，优秀的科普作品要满足："在选题内容、表现形式、创作手法上有较大创新，深刻地诠释科学的内涵，以公众能够理解的方式，诠释科学精神和科学方法，诠释科学与社会的关系，引导公众理解科学；反映科学发展观的要求，反映时代的要求，反映科技发展的最新动态，具有较大的社会效益及经济效益；普及面广，对提高全民科学文化素质发挥了重大作用，并对我国科普作品创作工作的开展产生重要意义和推动作用。"[①]

第二，科普影视作品是影视作品，区别于其他形式的科普作品，如纯粹的文字作品、图文作品、声音作品和戏剧作品。影视作品涉及的评判内容会更多一些，包括画面、音乐、导演、故事、表演、节奏等多个方面。如何评价科普影视作品呢？见于文字的描述并不多见。比如，"一部好的科普影视作品应达到科学性、思想性、艺术性和教育性的统一"。这里，科学性、思想性和教育性是所有科普作品共有的特征，艺术性是针对科普影视作品的特别要求。松鹰在谈到 Discovery 探索频道的成功之道时，特别强调了作品的

---

① 第五届《中国科普作家协会优秀科普作品奖评奖规则》，http://www.kpcswa.org.cn/web/notice/101324I2017.html，2018 年 12 月 17 日。

社会影响力，并将其归纳为两个公式：①节目理念＋精心制作＝精品节目，②有效的平台＋成功的策划营销＝传播全球①。

第三，科普影视作品要体现时代性，要符合科普影视发展规律。不同的时期，人们对科普影视作品的要求不一样。在人们普遍缺乏科学知识的时期，简单介绍科普知识的影视作品也能受到普遍的欢迎。随着中国公民科学素质的提高、影视制作水平的提升和互联网技术的发展，科普影视作品呈现较大的转向态势②。例如，科普叙事从说明型到故事型，科普方式从讲座访谈转向实证求真，科普受众从被动收视到互动娱乐。

（二）科普影视作品的定性与定量评价

评审专家依据上述科普影视作品的特征，在观看完作品之后，会给出一个总体的评价意见。如果这个意见是纯粹以文字表达的，给出的总体评价是优秀、优良、好、一般、差这类词，定性评价得以完成；如果将这个意见转化为较小的五分制重新赋值，如5分、4分、3分、2分、1分，粗略的定量评价得以完成；如果将这个意见转化为百分制重新赋值，则精确的定量评价得以完成。

一般为消除少量专家的主观偏见，把定性与定量相结合，建立一个对科普影视作品的综合指标体系，由多位评审专家打分后，计算出不同影视作品的综合得分，能更客观地反映这些作品的水平和差异。

三　北京《科普影视集萃》基本情况分析

本报告进行实证研究的影视材料来自北京市科学技术委员会和北京科学教育电影制片厂编制、国际文化出版公司发行的历年《科普影视集萃》，共计40部作品（不含科技周宣传片），其主要内容来自央视纪录频道、科教

---

① 董仁威：《科普创作通览（上）》，科学普及出版社，2015。
② 张九庆：《中国科普影视的转向态势及其对未来的启示》，《科普研究》2015年第6期。

频道、少儿频道相关节目和各级电影制片厂制作的科普电影，涵盖了生态学、天文学、医学、工程技术、考古学、人类学等多种题材，节目长度适中，具有较高的制作水准，《科普影视集萃》内容见表1。

表1 历年《科普影视集萃》内容

科教电影:《地球变暖》	央视纪录片:《历史传奇:破译曹操密码》
科教电影:《白蜡传奇》	纪录片:《青春鹦哥岭》
走进科学栏目:《蓝色家园:给珊瑚把脉》	央视纪录片:《滔滔小河》
央视纪录片:《视错觉》	央视纪录片:《天工开物》
央视纪录片:《太空金属:超导传奇》	探索发现栏目:《消失的建筑:童话中的中国瓷塔》
走进科学栏目:《天上有座桥》	探索发现栏目:《消失的建筑:王之浮屠》
科教电影:《添加剂与食品安全》	探索发现栏目:《屋脊上的王朝》
挑战大现场栏目:《对决大森林》	原来如此栏目:《小火花大火灾》
地理中国栏目:《北极探秘之旅:仰望星空篇》	央视纪录片:《圆明园》
地理中国栏目:《隐形的水库》	科教电影:《月球探秘》
运动空间栏目:《游钓中国:吉林大安》	科教电影:《正确认识反式脂肪酸》
挑战大现场栏目:《走近白眉长臂猿》	见证发现栏目:《噩梦时刻》
央视纪录片:《足下生风》	央视纪录片:《孤岛蛇国》
央视纪录片:《楚国八百年》	央视纪录片:《绝境溯源》
央视纪录片:《瓷路》	央视纪录片:《哭泣的海龟》
发现之旅栏目:《帝国宝藏》	央视纪录片:《雷鸣之夜》
发现之旅栏目:《河姆渡》	百科探秘栏目:《鹿王之死》
央视纪录片:《红色通道》	央视纪录片:《请上座》
央视节目:《你不知道的水怪真相》	神奇之窗栏目:《小鸡蛋大智慧》
央视纪录片:《最后的微笑》	央视科教频道纪录片:《祖先的生活》

（一）科普影视对公民科学素质基准的体现

制作传播科普影视作品的首要目标是提升公民科学素质，科普影视作品应当体现公民科学素质基准的精神或内容。本报告依据科技部2016年制定的《中国公民科学素质基准》26条并增加"体现马克思唯物史观"来加强哲学社会科学精神，将影视作品对公民科学素质的体现进行了汇总，结果见表2。

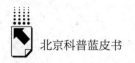

表2 科普影视对公民科学素质的体现

作用	原基准编号	科学素质基准内容	体现次数(次)①
弘扬科学精神	1	知道世界是可被认知的,能以科学的态度认识世界	12
	3	具有基本的科学精神,了解科学技术研究的基本过程	12
	8	崇尚科学,具有辨别信息真伪的基本能力	3
倡导科学方法	16	知道用系统的方法分析问题、解决问题	7
	17	具有创新意识,理解和支持科技创新	8
	9	掌握获取知识或信息的科学方法	7
	10	掌握基本的数学运算和逻辑思维能力	2
传播科学思想	6	树立生态文明理念,与自然和谐相处	7
	7	树立可持续发展理念,有效利用资源	4
普及科学知识	11	掌握基本的物理知识	9
	12	掌握基本的化学知识	7
	13	掌握基本的天文知识	3
	14	掌握基本的地球科学和地理知识	9
	15	了解生命现象、生物多样性与进化的基本知识	14
	16	了解人体生理知识	7
	17	知道常见疾病和安全用药的常识	1
	18	掌握饮食、营养的基本知识,养成良好生活习惯	3
	19	掌握安全出行基本知识,能正确使用交通工具	2
	20	掌握安全用电、用气等常识,能正确使用家用电器和电子产品	1
	21	解农业生产的基本知识和方法	3
	22	具备基本劳动技能,能正确使用相关工具与设备	1
	23	具有安全生产意识,遵守生产规章制度和操作规程	0
	24	掌握常见事故的救援知识和急救方法	3
	25	掌握自然灾害的防御和应急避险的基本方法	0
	26	了解环境污染的危害及其应对措施,合理利用土地资源和水资源	2
表达科学与社会关系	5	了解科学、技术与社会的关系,认识到技术产生的影响具有两面性,	8
	—	体现马克思唯物史观②	6

注：①数据源于专家观看科普影视后勾表填选。

②评价指标采用26条《中国公民科学素质基准》,并增加"体现了马克思唯物史观"条目来反映影视作品对哲学、社会科学的传播作用。

在《科普影视集萃》的科普作品中，表现最突出的是公民科学素质基准中"普及科学知识"方面，体现了65次；"弘扬科学精神"体现次数较高，为27次。需要注意"弘扬科学精神"中，"知道世界是可被认知的，能以科学的态度认识世界"和"具有基本的科学精神，了解科学技术研究的基本过程"两个基准体现次数较多，均为12次，但是"崇尚科学，具有辨别信息真伪的基本能力"的体现次数仅有3次，结合近年来公众对科学事件的反应，科普影视作品中关于科学的思辨能力的体现需要进一步增强。另外在"普及科学知识"上，出现了科普题材扎堆现象，"了解生命现象、生物多样性与进化的基本知识"一条体现了14次，而"具有安全生产意识，遵守生产规章制度和操作规程"和"掌握自然灾害的防御和应急避险的基本方法"两个和群众生活密切相关的科普题材涉及很少。五大方面的体现次数见图1。

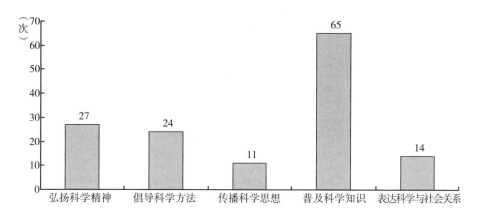

图1 科普影视对公民科学素质的体现

（二）科普影视作品涉及的学科

依据国家一级学科分类标准，对科普影视作品进行评议，发现这40部科普影视作品涉及学科中，生物学、历史学、物理学、民族与文化学4个一级学科体现最多，分别在10部、9部、8部、8部影视作品中有所体现，各

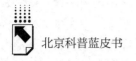
类工程类学科体现题材较少（见图2）。值得注意的是，数学、哲学和社会科学体现较少，没有专家认为有影视作品体现了这些领域。

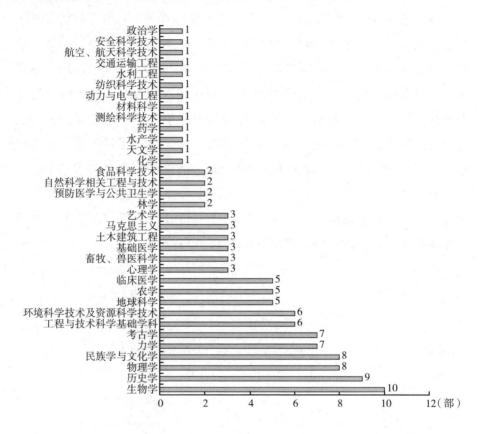

图2　科普影视作品涉及的主要学科

（三）科普影视作品科学权威性的表现

在科学权威性体现上，本报告认为科普影视作品通过三种途径体现：影片中是否有科学家、专家出镜解释科学原理、现象；是否聘请专业科学顾问参与制作；是否采用真实科学资料佐证。所有科普影视作品至少采用一种权威性佐证方式。科普影视作品最为常用的佐证方式是引用科学家采集的真实影像资料，有38部作品使用了此方法；其次是聘请科学顾问或邀请科学家出镜参与作品制作，来提高科普作品的科学性；此外，对于部分生活类、专题类科普影视作品，采用了专家出镜的方式（见图3）。

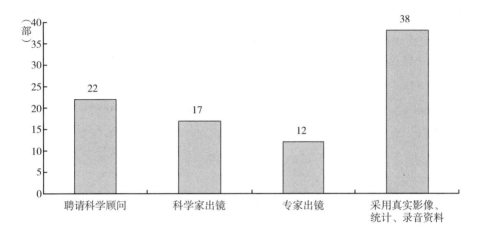

图3　科普影视作品表现科学权威性的主要方法

（四）科普影视作品传播度

关于社会传播程度的度量，本报告采用网络传播度和电视传播度相结合的方式，对网络传播度的度量采纳豆瓣网评分，未被豆瓣网收录即认为网络传播度低，被豆瓣网收录未获得评分即认为网络传播度中等，获得豆瓣网评分则采用该评分；在电视传播度上，在中央电视台播出即认为传播度高，未播出即认为传播度低。通过对科普影视作品的资料统计，可以发现网络传播力度低、电视传播度高是科普影视作品的普遍特征。多数科普影视作品在豆瓣网没有获得评分，在仅有的6部有评分的作品中，豆瓣评分均为8分以上。同时必须认识到，中国科普影视作品与国际最高水准科普影视作品仍有差距，如英国BBC系列纪录片《地球脉动》的豆瓣网评分为9.7分，美国科普纪录片《卡尔·萨根的宇宙》的豆瓣网评分为9.5分，中国科普影视作品的网络传播度仍有提升空间。获得豆瓣网评分的作品分别是央视大型纪录片《楚国八百年》《瓷路》《滔滔小河》《圆明园》，以及探索发现栏目"消失的建筑"系列节目：《童话中的中国瓷塔》《王之浮屠》。这些作品均为民族、历史、文化题材。这些纪录片体现了中华民族文化内在的吸引力和良好的制作水平，但同时反映出公众对科普影视作品的欣赏偏好和理工类科普影视作品在网络传播上的缺位。中央电视台在科普影视作品的传播方面发挥主要作用，绝大部分科普影视作品通过央视电视、互联网平台广泛传播。科普影视作品的网络、电视传播度见图4。

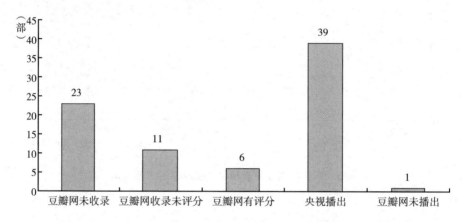

图4　科普影视作品的网络、电视传播度

（五）科普影视作品的艺术水准

在对科普影视作品进行整体观看后，按照优秀、良好和一般三级评价，从叙事吸引力、画感与乐感、表现与节奏3个维度进行打分，认为优秀为10分，良好为7分，一般为5分。根据打分结果，总体上科普影视作品在叙事吸引力上表现最好，为326.62分，画面与乐感得分为312.99分（见图5）。

在科普影视作品的艺术表现中，《红色通道》《青春鹦哥岭》《月球探秘》3部科普影视作品得分较高，分别是31.75分、31.49分和32.6分，做到了在传递科学知识的同时具备良好的观影体验。此外，历史题材类纪录片表现较好，如《楚国八百年》《瓷路》《圆明园》这类大型央视纪录片的评分均超过30分，并且3个维度的得分均衡。其他评分较低的科普影视作品，

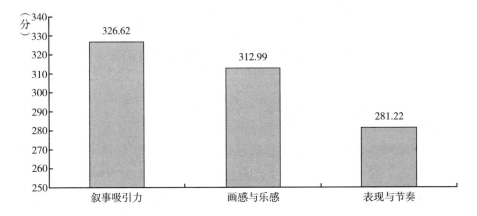

图5 科普影视作品的艺术表现情况

虽然立意新颖，标题和开头也较为吸引观众，但是内部的画面美感稍显不足，部分作品甚至过度放大悬疑色彩，配乐过于惊悚，解说亦令人反感。

（六）科普影视作品的科学表现力

在影视表现方法上，有20部影视作品采用了3D动画来辅助表现科学原理，有17部影视作品聘请专业演员来演绎情景（见图6），占比分别为50%和43%，这些作品主要是历史题材纪录片和生活、生产安全知识类科普影视。

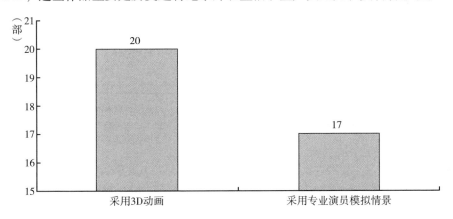

图6 科普影视作品的科学表现力

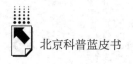

四 对科普影视作品的综合打分

（一）评价指标体系及权重

为兼顾科普影视作品的多重属性，在综合评价指标体系中，设计了科学表现力、社会传播力、真实性表现力、艺术性表现力4项一级指标。其中，科学表现力指标反映了科普影视作品中体现的公民科学素质基准的数量和强度，涵盖学科数量及是否有科技工作者参与影视制作；社会传播力指标包括科普影视节目在电视媒体和网络媒体上传播的热度和评价；真实性表现力主要来自三个方面，分别是影片中的3D动画制作水准，影片所采纳的第一手科学文献、影像资料的采集情况和通过专业人员演绎情景的表现程度；艺术性表现力指标是指科普影视作品在讲述科学原理、现象的过程中，在叙述吸引力、画面和配乐美感、整体节奏的协调性等方面的表现。为了减少计算的麻烦，采取的是各三级指标等权重的方法（见表3）。

表3 科普影视作品综合评价指标权重

A1 科学表现力（30%）	A1 - 1 公民科学素质体现力（10%） A1 - 2 知识传播力（10%） A1 - 3 权威性体现力（10%）
A2 社会传播力（10%）	
A3 真实性表现力（30%）	A3 - 1 3D 动画水准（10%） A3 - 2 真实资料收集情况（10%） A3 - 3 专业演员模拟情景水准（10%）
A4 艺术性表现力（30%）	A4 - 1 叙事吸引力（10%） A4 - 2 画感与乐感（10%） A4 - 3 表现与节奏（10%）

（二）评价指标打分方法

在观看科普影视作品后，对二级指标项进行评价，根据其各个评价指标的强弱程度来打分，具体评价方法见表4。

表4　科普影视指标定量转化方法

指标	评价依据	一般（5分）	较强（7分）	很强（10分）
公民科学素质体现力	科普影视作品体现公民科学素质数目	小于3条	3~5条	5条以上
知识传播力	涉及的学科数量	1门学科	2~4门	4门以上
权威性体现力	按照科学家、专家参与科普影视制作的程度	专家参与	聘请科学顾问或科学家出镜	聘请科学顾问并且权威科学家出镜
社会传播力	按照网络热议程度和电视播出情况综合评价	央视播出或豆瓣网收录	豆瓣网收录，并且在央视播出	豆瓣网评分高于7分且在央视播出
3D动画水准	3D动画的制作水准	无	有3D动画	3D动画逼真，切合主题
真实资料收集情况	资料数量、来源广泛程度等	一般	有丰富的图像、影像	有权威第一手资料
专业演员模拟情景水准	—	无	有专业演员	有专业布景、道具，演员表现力强
叙事吸引力	艺术类指标采用专家主观打分的总值			
画感与乐感				
表现与节奏				

根据分项指标打分结果，按照表3汇总后，《科普影视集萃》中40部影片的综合评价见表5。

表5　科普影视作品综合评价结果

作品名称	评分	作品名称	评分
科教电影：《地球变暖》	82.19	央视纪录片：《历史传奇：破译曹操密码》	78.57
科教电影：《白蜡传奇》	57.77	纪录片：《青春鹦哥岭》	68.49
走进科学栏目：《蓝色家园：给珊瑚把脉》	67.51	央视纪录片：《滔滔小河》	83.82

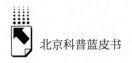

续表

作品名称	评分	作品名称	评分
央视纪录片:《视错觉》	69.59	央视纪录片:《天工开物》	83.62
央视纪录片:《太空金属:超导传奇》	70.39	探索发现栏目:《消失的建筑:童话中的中国瓷塔》	82.42
走进科学栏目:《天上有座桥》	74.04	探索发现栏目:《消失的建筑:王之浮屠》	78.97
科教电影:《添加剂与食品安全》	64.30	探索发现栏目:《屋脊上的王朝》	74.52
挑战大现场栏目:《对决大森林》	49.96	原来如此栏目:《小火花大火灾》	68.48
地理中国栏目:《北极探秘之旅:仰望星空篇》	72.03	央视纪录片:《圆明园》	93.37
地理中国栏目:《隐形的水库》	56.59	科教电影:《月球探秘》	86.60
运动空间栏目:《游钓中国:吉林大安》	45.51	科教电影:《正确认识反式脂肪酸》	63.37
挑战大现场栏目:《走近白眉长臂猿》	53.19	见证发现栏目:《噩梦时刻》	60.58
央视纪录片:《足下生风》	65.25	央视纪录片:《孤岛蛇国》	56.99
央视纪录片:《楚国八百年》	91.76	央视纪录片:《绝境溯源》	73.48
央视纪录片:《瓷路》	98.81	央视纪录片:《哭泣的海龟》	57.90
发现之旅栏目:《帝国宝藏》	69.62	央视纪录片:《雷鸣之夜》	53.76
发现之旅栏目:《河姆渡》	73.51	百科探秘栏目:《鹿王之死》	56.56
央视纪录片:《红色通道》	93.75	央视纪录片:《请上座》	69.84
央视节目:《你不知道的水怪真相》	68.92	神奇之窗栏目:《小鸡蛋大智慧》	57.54
央视纪录片:《最后的微笑》	65.87	央视科教频道纪录片:《祖先的生活》	78.39

五　主要结论

本研究的创新性在于首次尝试提出了一种考察科普影视作品整体情况的方法,对已经出版的《科普影视集萃》进行了实证分析;本报告还首次建立了一套评价科普影视作品的指标体系,并对《科普影视集萃》的所有作品进行打分,给出了它们的综合分值。这为今后政府科普管理部门和学会、协会组织开展有关科普影视作品的评价活动,提供了颇具操作性的、较为客观公平的、定性与定量相结合的方法，具有现实应用价值。同时，当这一套完备的指标建立和应用之后，也能为今后科普影视作品的创作和传播指明方向。

通过上述实证分析，可以发现当前科普影视的创作和传播具备较高的水平，如采用科学家出镜、邀请科学顾问等方式来体现科学权威性，使用3D动画等方式来形象展现抽象的科学概念和技术细节，使用故事性叙述等方式来吸引观众。大部分公民科学素质基准得到体现，发挥了提升公民科学素质的作用。但是也应当注意到，当前科普影视作品的传播，特别是网络传播相对于国际最高水平科普影视作品仍有差距。从整体观感来看，真正的科技前沿领域选题较少，科普选题相对陈旧；直接介绍科学知识的多，而科学方法、科学思想和科学精神融入不够；在科普创作的选题上，生物学、环境学、历史题材较多，数学和科学的重要组成部分——社会科学体现较少，这是普影视创作选题需要考虑的部分。此外，部分科普影视作品过分烘托场景，削弱了对科学和技术的展示。

六　研究展望

由于时间和经费的限制，本研究未能在更大范围内展开。对科普影视作品的定性评价和定量打分中，都存在仁者见仁、智者见智的差异性。为尽可能建立完备的评价体系，需要有更多专家参与到各级指标的设定、指标的明确含义以及指标的权重等讨论之中。同时，为尽可能消除专家的主观影响，要邀请不同领域、不同学科和不同层次的多名专家，共同参与观影和打分。例如，在考察作品是否体现公民科学素质时，可邀请数名专家观看科普影视作品，对影视作品中所体现的公民科学素质基准进行勾选，当半数以上专家对该影视作品体现的公民科学素质基准意见一致时，就可认为该影视作品体现了该条公民科学素质基准。又如，可以采取更为复杂的方法来处理数个不同专家对权重的分歧和对分数的差异。在一级定向指标和二级定性指标得到各位专家共识之后，如果数个

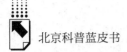

专家对二级定性指标的权重存在不同的看法，要使用数学处理方法来得到最终权重；如果数个专家对二级指标的把握比较模糊，即不能给出更精确的得分，对一部科普作品只能给出一个好、一般、差的三级模糊评价或者好、较好、一般、较差、差的五级模糊评价，就要结合上述权重，运用综合模糊评价法对此进行处理。

参考文献

［1］ 董仁威：《科普创作通览（上）》，科学普及出版社，2015。

［2］ 张九庆：《中国科普影视的转向态势及其对未来的启示》，《科普研究》2015 年第 6 期。

［3］ 胡志坚、玄兆辉，陈钰：《从关键指标看我国世界科技强国建设——基于〈国家创新指数报告〉的分析》，《中国科学院院刊》2018 年第 33 期。

［4］ 任嵘嵘、郑念、赵萌：《我国地区科普能力评价——基于熵权法 GEM》，《技术经济》2013 年第 32 期。

［5］ 李婷：《地区科普能力指标体系的构建及评价研究》，《中国科技论坛》2011 年第 7 期。

B.15
北京科技周活动平台建设
现状、问题与对策

祖宏迪　汤健*

摘　要： 作为公众参与度高、覆盖面广、社会影响力大的科普活动品牌，北京科技周已经成为推动北京科普事业发展的标志性活动和重要载体。本报告研究了近年来北京科技周从活动主题、展示内容、活动形式、活动宣传等方面不断创新的情况。本报告主要探讨了北京科技周活动平台建设的现状，梳理了北京科技周的主要特点和成效，分析了举办北京科技周的经验体会，为进一步加强北京科技周平台建设提出了对策建议。

关键词： 科技活动周　科普品牌　平台建设

党的十九大对建设创新型国家做出全面部署，强调要"倡导创新文化""弘扬科学精神，普及科学知识"，为推进科普工作提供了根本准则。2016年5月30日，习近平总书记在全国科技创新大会上指出："科技创新、科学普及是实现创新发展的两翼，要把科学普及放在与科技创新同等重要的位置。"习近平总书记运用形象的比喻，深刻揭示了科学普及对于创新发展的重要意义。

科普活动作为普及科学知识、传播科学思想、倡导科学方法、弘扬科学

---

* 祖宏迪，硕士，北京市科技传播中心主管工程师，主要研究方向：科学传播、科普管理。汤健，硕士，北京市科学技术委员会原科技宣传与软科学处处长，主要研究方向：科技管理。

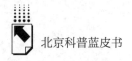
精神的重要载体，以其多样多元的形式、丰富的展品展项成为提升全民科学素质的有效手段，为新时代全面深入实施创新驱动发展战略、加快建设世界科技强国营造了良好的创新文化氛围，以北京科技周、北京科普日为代表的各类科普活动产生了广泛的社会影响。2017 年各类科普活动参加人数共计 7.71 亿人次，比 2016 年增长 6.30%。全国科研机构和大学向社会开放，开展科普活动的数量达到 8461 个，参观数量达到 878.65 万人次。由此可以看出，重大科普活动越来越受到领导的重视和群众的喜爱。经过数十年的精心培育，科技周、科普日、社科周等群众性科普活动的引领示范作用明显。

一 北京开展科技周情况

北京科技周作为公众参与度高、覆盖面广、社会影响力大的科普活动，在一年一度的组织中形成了良好的品牌，已经成为推动北京科普事业发展的标志性活动和重要载体，在推动社会公众理解科技、传播科技、应用科技，提高公众科学素质方面发挥了重要作用。

（一）北京科技周开展背景

1994 年底，中共中央、国务院颁布《关于加强科学技术普及工作的若干意见》，倡导利用"科技周""科技节"等群众喜闻乐见的形式开展科学普及活动。1995 年初，中共北京市委、北京市人民政府决定于每年 5 月举办全市性大型科普活动——北京科技周。1999 年 1 月，每年 5 月举办北京科技周正式列入《北京市科学技术普及条例》。2001 年中国政府批准每年 5 月第三周为"科技活动周"。

自 2011 年以来，北京科技周与全国科技活动周同一个主题、同一个主场举行。北京市科委充分发挥科普工作联席会议机制的作用，认真研究制定科技周实施方案，调动各方面的积极性和创造性，举办科技成果展示、科普产品展示、科研机构向社会开放、科普志愿者行动等一系列丰富多彩的群众性科技活动。同时组织动员各类新闻媒体深入基层，及时全面地宣传科技活动周情况。加强电视科普宣传，重视新媒体科普宣传，创新科普宣传方式，拓展科普宣传载体，扩大科技周的覆盖面和影响力。

（二）2018年北京科技周开展情况

2018年5月19~26日，以"科技创新·强国富民"为主题的第24届北京科技周在全市范围开展。主场设在中国人民革命军事博物馆，主场采用"1+3+2"布局，即一个形象墙、三大板块和两个户外体验区。一个形象墙：采用交互式场景设计，在展区展示习近平总书记在新年贺词和十九大报告中提到的天宫号空间站、墨子号、悟空号、大飞机、复兴号、蛟龙号等重大科技创新成果，以及全国科技创新中心建设"三城一区"主平台和十大高精尖产业部署，体现首都高质量发展和为建设世界科技强国做出的重要贡献，呈现科技创新助力"中国梦"的重要成就。三大板块：包括基础前沿技术"塑造未来"板块、科技创新"加速度"板块和科技智造"品质生活"板块，从基础前沿技术突破、十大高精尖产业成果和科技创造美好生活三个角度来展现。两个户外体验区：分别是科技探索"成就梦想"和科普产品"精彩荟聚"。采用AR、VR、MR等手段，让观众能充分体验科技创新生活方式、提高生活质量的最新成果，享受科技创造的美好生活。

2018年北京科技周活动主场凸显四个"新"。一是策划设计引入了新团队。由专业科普顾问团队、设计团队为科技周活动出谋划策。二是在表现形式上增加了新手段。首次采用手绘动画、三维生长视频、剪纸动画、信息图示、手绘漫画等多种表现形式，并大量采用VR、AR、MR、多点触摸交互等技术手段，提升科普互动体验效果。三是在展示内容上体现了新要求。在"十大高精尖产业""科技助冬奥""科技促成长"板块展示最新科技成果。四是在展项遴选上反映了科技满足人民群众对美好生活的新需要。通过智造生活、创意生活、悦读生活等展区，展示一大批贴近民生的新技术新产品、新型农业和民间发明，体现科技惠民。

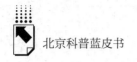

（三）北京科技周活动成效

2018 年北京科技周深入贯彻落实党的十九大精神，以习近平新时代中国特色社会主义思想为指导，着重围绕人民群众对美好生活的需求，按照创新驱动发展战略、全国科技创新中心建设、高精尖经济结构构建等战略部署，内容涵盖了基础研究和前沿技术创新成果。党和国家领导人、北京市委市政府领导同志出席启动式并参观主场，对北京科技周活动表示了充分肯定。

据不完全统计，北京共举行了 2018 年全国科技活动周暨北京科技周活动主场、中国科学院第十四届公众科学日、2018 年气象科技活动周、市科研院北京科技周开放日等大型标志性科普活动 10 余项，市科普工作联席会议各成员单位、16 个区举办包括领域特色科普活动或各区科技周主场等重点科普活动 100 余项，高校院所、企业和科普基地约 600 个机构举办各类基层科普活动超过 900 项，让公众了解到全国科技创新中心建设的重要成果，体验到丰富多彩的科普活动和新鲜有趣的科普展品，增强了公众对科学发展和科技创新的理解和获得感。主场 8 天共吸引 12 万人次到现场参观体验。科技周作为集聚高端、前沿、新奇、酷炫等元素为一身的科普盛宴，已成为公众了解、体验全国科技创新中心建设和我国科技发展成就的重要窗口。参观者不乏刚会走路的孩子和 90 多岁的老人，不仅有京津冀的观众，也有其他省市甚至国外游客，一些科技"粉丝"更是连续几年参加科技周主场。受众多元化、参与热度高、影响持续性，科技周已成为诠释科技创新、激发科学精神的可靠阵地。

北京科技周自举办以来，从活动主题、展示内容、活动形式、活动宣传等方面不断创新，满足首都市民日益增长的科普需求。在活动主题上，紧跟形势变化，持续创新，紧贴群众需求；在展示内容上，突出新颖，始终坚持将最新的科技成果和科普项目在科技周上展出，引领首都市民科学生活新风尚；在活动形式上，科技周始终强调互动、体验、好玩；在活动宣传上，北京科技周主场活动开了电视节目现场直播的先河，每年科技周举办期间，电视、报纸、网络、微博等媒体不间断地报道科技周的现场盛况，形成了全方位的立体宣传网络。

二 北京科技周主要做法和经验

北京科技周已是北京的大型科普活动品牌，具有广泛的社会影响力，为加强全国科技创新中心建设提供了强有力的支撑。每年北京科技周都有新突破、新成果，形成了鲜明的特色，值得学习和研究。

（一）以高质量科普资源为保障

科技部和北京市委、市政府高度重视，成立了科技周组委会，加强对科技周的组织领导和统筹协调，主要体现在三点。首先，部市协同。北京市科委和科技部政策法规司等相关司局建立定期沟通协调机制，明确责任分工、时间进度和关键节点，及时协调解决突发情况。其次，院市协同。市科委与中科院有关司局紧密沟通，遴选了能代表中科院成果的重大科技创新展项，加快推进高端科技资源科普化。最后，市区协同。市科普工作联席会议确定市区两级责任分工和协同工作机制，考虑到每年科技周的观众接待量较大，举办地点均在长安街沿线，市科委主动谋划、积极协调，同市公安局、市公安交通管理局、市公安局消防局、市城市管理委员会、西城区政府建立工作协调机制，举行专题会议明确各方责任，确保活动安全有序进行。

在科技周各类资源筹备上，采取政府办展和市场化运作并举，探索新的运作模式。主要通过政府购买服务的方式，经过招标采购，引进专业会展公司进行运营总承包。政府负责科技周的总体策划、总体宣传、安全保障、重要来宾接待、安全保卫等工作，从大处着想、从细节入手，做好各种安全保障预案，做好服务保障。专业公司负责展馆搭建、展品布展、展商接待等可进行市场化运作的相关工作。10 余年的科学普及专项培育提供了丰富多样的展品，2007～2017 年，北京市科普专项累计征集支持项目 800 多个，重

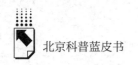

点围绕互动展品研发、科普展厅建设提升、科普影视作品制作、科普图书创作和中小学科学探索实验室建设5个方面，有效促进高校院所、企事业单位开放共享科普资源，拓展科技传播渠道，激发社会力量参与科普的主动性与潜在活力，尤其是科普图书和科普展品为科技周提供了丰富的展品来源。

（二）政府组织协调，充分发挥社会各界作用

市科委各处室、各直属中心充分调动、组织力量，从推荐项目到会展的服务保障充分配合。除此之外，充分发挥市科普工作联席会议制度优势，市区联动，营造科技周活动的良好氛围。各成员单位、各区立足行业科普资源优势，举办丰富多彩的品牌活动。各高校院所、各科普基地向社会开放，讲解相关科技知识，让公众近距离接触科研活动，感受科技创新的魅力。

在市科委官网上发布遴选展项通知，围绕全国科技创新中心建设的重点任务，广泛征集数学、物理、化学、天文、地理、生物等基础学科方面的互动体验展品，与基础前沿、关键技术、大科学装置等科技创新成就相关的科普化展品，以及互动性、体验性强的新技术、新产品。每年能收到来自各类创新主体约300份展项申请，2017年，总共收到288份展品申请。以领域来划分，工业设计类展项最多，占18%；农业类展项次之，占12%。2018年，总共收到展项申请255份，十大高精尖产业展项最多，占25%。每年从社会各界征集的展项为北京科技周的成功举办打下了坚实的基础（见图1、图2）。

科普志愿者作为科普工作的一支重要力量，在开展科普宣传、科技咨询、科技培训、科技下乡等多种形式的科普活动方面，发挥了积极作用。2017年北京地区拥有科普人员5.11万人，每万人口拥有科普人员23.49人。其中，科普专职人员0.81万人，占科普人员总数的15.85%；科普兼职人员4.30万人，占84.15%。专职科普创作人员1269人，占科普专职人员的15.67%；专职科普讲解人员1713人，占专职科普人员的21.15%。兼

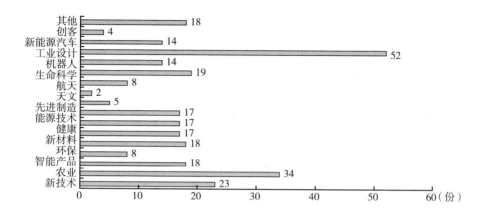

图1　2017年北京科技周展项申请情况

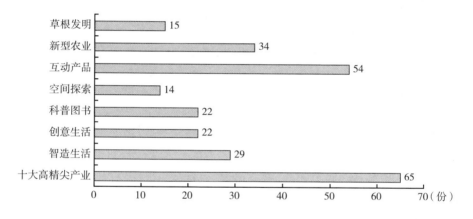

图2　2018年北京科技周展项申请情况

职科普人员年度实际投入工作量4.88万人月，人均投入工作量1.13个月。注册科普志愿者2.37万人。2018年，志愿者在科技周举行的8天期间，发挥了重要的服务保障功能，包括安检、秩序维护、展品介绍、紧急救援等，志愿者服务能力全面提升，增进了观众对展品的了解和认知，提升了观众参展的综合体验。对志愿者个人来说，参与北京科技周活动既丰富了人生阅历，又体现了责任感和友善心。

此外，科技部每年都会举办交流座谈会，会上各省市交流举办科技活动

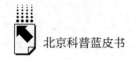

的优秀经验和做法。北京积极借鉴其他省市的优秀做法，交流新技术手段的运用，为北京科技周的成功举办积累经验。

（三）多种媒体渠道参与，实现科普效益倍增

各区各部门都重视对科技周的宣传报道，组织动员各类新闻媒体深入基层，及时全面地宣传丰富多彩的群众性科技活动。重视电视、广播、报纸、"两微一端"等开办专题节目，创新宣传方式，拓展宣传载体，扩大科技周影响。

以2018年北京科技周活动主场为例，中央电视台、北京电视台、《人民日报》、《科技日报》、《北京日报》和《北京青年报》等主要媒体都在重要时段或重要版面持续报道了2018年北京科技周活动。同时，北京市科委利用新媒体对科技周活动主场开展了全方位的报道。北京网络广播电视台"北京时间"进行了7场现场直播，并开启了由北京时间、今日头条、一直播、爱奇艺、花椒、映客、酷6、六间房、第一视频、优酷、凤凰、搜狐、一点资讯、网易等16家北京属地网站共同组建并运行的"新时代网上正能量直播矩阵"，采用"中央厨房"式的运作机制，把科技周活动主场的直播视频进行全网推广，总点击量达到600万人次。无线互联利用新媒体的传播优势，与"IT科技数码"等60余家微博、微信账号以及媒体资源发布活动现场图文信息，累计点击量3000余万次。新华网、中国科技网等主要媒体开辟了北京科技周活动主场报道专题，"2018北京科技周""科普北京""全国科技创新中心""科技北京"等微信、微博，同步开展科技周报道和线上互动。各类新媒体共编发500余篇原创稿件，总点击量达到6300余万人次。

三　北京市科技周平台建设的问题

尽管北京科技周取得了较好的社会反响，获得了较高的品牌知名度，但随着全国科技创新中心建设的纵深推进，北京科技周要提高政治站位，紧贴

国家战略，深入落实首都城市战略定位。目前看，北京科技周平台建设进一步提升，还需要解决如下问题。

（一）顶层设计应更紧贴北京发展战略

北京科技周的设计和谋划必须坚决贯彻习近平新时代中国特色社会主义思想，牢固树立"四个意识"，提高政治站位，紧贴国家战略，深入落实首都城市战略定位，展现北京建设创新型国家和世界科技强国排头兵的风采。尤其是要更加突出"三城一区"主平台建设成果，把北京科技周打造成全国科技创新建设成就荟萃的大舞台。但从目前来看，北京科技周顶层设计还不够，展项还未能充分体现全国科技创新中心建设筚路蓝缕的历程，还未能充分展示科技管理者、科研人员为建设科技强国攻坚克难、不屈不挠的精神面貌。

（二）科技周展览手段方式应进一步丰富

当前在移动互联网、微博、微信等新兴媒体快速发展和知识经济崛起的时代背景下，大众媒介资源不断丰富，公众的知识需求和获取科学知识的渠道发生了巨大的变化，科普工作要在保持和发扬传统方法的同时，不断拓宽科普展品的传播渠道，并借助现代科技手段不断创新展品展现形式，增强展品的互动性和体验性，培养观众对周围世界的好奇心，让观众在体验过程中充分领略科技的魅力。每年北京科技周展项有 400 余项，但能实现互动体验的展项不超过 20%，绝大多数是采用展板、视频、实物模型等传统手段。这使得部分高端科研成果的展品未能被观众充分理解，根据 2018 年现场观众调查，73.4% 的观众认为"科技成果的展品应提升互动性"，这样可以加深观众对展品背后的科学知识、科学原理的认知和理解。

（三）应进一步加强科技周对全国的辐射带动作用

北京科技周是市区两级联动举办的大型科普活动。但从目前来看，主场活动吸引了绝大多数公众的关注和参与，16 区的科技周活动则相对薄弱，

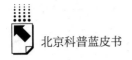
展项吸引力不足、受众偏少、后劲不足，影响了北京科技周平台的整体影响力和显示度。同时，受到活动举办时间和空间的限制，很多外地观众无法到现场感受北京科技周的魅力，体会科普活动的震撼。2016～2018年三年期间，天津市科技局组团来北京参观北京科技周，但对于地域偏远的其他省市来说，现场参观和交流还存在较大困难，这也使北京科技周的引领、辐射作用略显薄弱。

四　提升北京科技周平台建设的对策

北京科技周已经走过了24年的发展历程，是市民参与度高、覆盖面广、社会影响力大的群众性科技活动品牌，成为推动北京科普事业发展的标志性活动和重要载体，为提升公众科学素质、夯实北京建设全国科技创新中心的社会基础发挥了重要作用。为更好地发挥北京科技周的平台作用，延伸北京科技周的品牌魅力，提出以下几点对策建议。

（一）注重规划引领，强化总体统筹

在党中央的坚强领导下，在社会各界的共同努力下，北京科技事业密集发力，加速跨越，实现了历史性、格局性重大变化，重大创新成果竞相涌现。作为展示北京科技事业成果的重大展示平台，北京科技周应围绕人民群众对美好生活的需求、创新驱动发展战略、全国科技创新中心建设、高精尖经济结构构建等战略部署整体布局。同时，遴选的展项要能"面向世界科技前沿，面向经济主战场，面向国家重大需求"，要以全球视野谋划科技周，展示北京在全球创新格局中的位势，提升北京在全国科技治理中的影响力。

（二）加强新技术、新产品的推广展示

毋庸置疑，北京科技周已经成为首都科普最耀眼的品牌科普活动，是展现科普产品的绝佳平台，也是对各场馆展教水平和展品研发展示水平的大检阅。在科技周举行以前，要全面筛选与经济社会发展和保障、改善民生紧密

相关的新技术、新产品；科技周活动期间，要充分展示新技术、新产品带来的生产、生活便利，充分提升公众的现场体验；科技周活动结束以后，更要利用好各类科技展会、各类科普基地，推广应用受公众喜爱的新技术、新产品，使之成为普及新技术、新产品的重要平台。近年来，北京市科委针对北京科技周主场活动举办时间固定的问题，推出"在线展厅"，把科技周展厅"搬到"网上，打破时间、空间界限，让更多的观众关注和感受一年一度的"科普盛宴"，打造永不落幕的"北京科技周"。

（三）提升科学思想的理念传播力

加强推动科学知识、科学思想、科学方法、科学精神四个"轮子"同时同向发力、协同推进。北京科技周不仅是展示创新成果和传播科学知识的科技盛宴，更是一次激发人们创新思维、启迪科学思想的头脑风暴。通过科技周，让"崇尚科学、探索求真、勇于创新"的科学精神、科学思想、科学方法在公众心中落地生根、发芽结果、茁壮成长。科技周要集中体现科技工作成效，展现科技管理者、科研人员的精神风貌，重点展示原始创新成果和关键技术突破，要提前策划宣传主题、重点和亮点，全媒体、全过程加强宣传引导，让公众及时知晓科技创新和科技改革成效，激发社会对创新驱动发展的认同和支持，使其成为深入开展科技传播的重要阵地。

（四）注重展项的科技性与体验性

当前，社会公众需求越来越多样、参与意识越来越强，科学普及日益呈现人人传播、多向传播、海量传播的特征。单向、平面、受制于时空的传统科普方式已经是"力不从心、难以为继"。如十九大报告中提到的天宫、蛟龙、天眼、悟空、墨子、大飞机等重大科技成果以及量子科学、人工智能等科学发展前沿，公众对这些科技成果、科学前沿的了解需求在加大，向公众推广普及高端科技成果，使公众共享科技发展成果，成为科技周部署工作的重中之重。让"高大上"的科学充满趣味与温度，增强展项的体验性、互动性、贴近性，将北京科技周打造为展示全国科技创新中心建设成果的舞台。

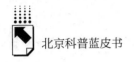
五 结语

党的十九大提出加快建设创新型国家，北京市第十二次党代会提出要建设具有全球影响力的科技创新中心，推进科技创新和科普两翼齐飞，全面提高全民科学素质，营造良好的创新文化氛围，是新的发展阶段对科普工作提出的要求。新时代，北京科技周要以习近平新时代中国特色社会主义思想为指导，坚持和加强党对科技工作的全面领导，动员号召全国科技工作者、社会各界人士，积极投身实施创新驱动发展战略、加快建设世界科技强国的伟大实践，依靠科技创新支撑经济高质量发展和现代化经济体系建设，让科技发展成果更多、更广泛地惠及全体人民，不断满足人民日益增长的美好生活需要，助力全面建成小康社会和社会主义现代化强国建设，助力实现中华民族伟大复兴的中国梦。

参考文献

［1］北京市科技传播中心主编《北京科普发展报告（2017～2018）》，社会科学文献出版社，2018。

［2］朱世龙、伍建民：《新形势下北京科普工作发展对策研究》，《科普研究》2016年第4期。

［3］王刚、郑念：《科普能力评价的现状和思考》，《科普研究》2017年第1期。

［4］董全超、李群、王宾：《大数据技术提升科普工作的思考》，《中国科技资源导刊》2016年3月。

［5］习近平：《为建设世界科技强国而奋斗——在全国科技创新大会、两院院士大会、中国科协第九次全国代表大会上的讲话》，2016年5月。

［6］《国务院关于印发北京加强全国科技创新中心建设总体方案的通知》，国发〔2016〕52号，2016年9月。

B.16
北京市开展科学普及的路径、模式和经验探索

刘玲丽　陈杰*

摘　要： 本报告以提高北京地区市民的科学素养，引领京津冀科普建设事业的协同发展为目标，分析了北京市各级政府、科普场馆及科普企业以多种途径和模式参加高质量高规格的科学普及工作的模式和经验。针对政府如何引领科普工作，提高科普经费；丰富科普场馆资源，培育科普市场；发展和壮大科普产业，助推北京科普工作发展探索了路径和模式。

关键词： 科普经费　科普场馆　科普产业

一　引言

北京作为具有世界级影响力的大都市，正处于成为科技创新中心的进程中。为提高北京市民的科学素养，加快科技创新的速度，科学技术普及是这项工作的基础工程和重要任务。

目前北京地区的科学普及工作主要由三个方面组成：各级政府相关部门；科普场馆及科研院所；从事科普展览及展品制作企业。这三种力量由于体制不同，开展科普的模式有差异，以不同的方式履行各自的使

---

* 刘玲丽，北京市科技传播中心科普部副主任，主要研究方向：科普评价。陈杰，硕士，中国科学技术馆研究员级高级工程师，主要研究方向：科普评价。

命，在工作中各有侧重、相互补充，共同促进了北京地区科普事业的蓬
勃发展。

二　政府引领科普工作

《北京市"十三五"时期科学技术普及发展规划》（以下简称《规划》）
提出了要坚持"政府引导、社会参与、创新引领、共享发展"的工作方针，
北京科普工作要站在大视野、大科普、国际化的高度，以建设国家科技传播
中心为核心，以提升公民科学素质、加强科普能力建设为目标，以打造首都
科普资源平台和提升"首都科普"品牌为重点，着力提升科普产品和科普
服务的精准、有效供给能力，着力加强新技术、新产品、新模式、新理念的
推广和普及，着力推进"互联网＋科普"和"两微一端"科技传播体系，
着力培育创新文化生态环境，激发全社会的创新、创业活力，为全国科技创
新中心建设提供有力支撑。

《规划》提出到 2020 年，全市公民具备基本科学素质的比例达到24%，
人均科普经费社会筹集额达到 50 元，每万人拥有科普展厅面积达到 260 平
方米，每万人拥有科普人员数达到 25 人，打造 30 部以上在社会上有影响
力、高水平的原创科普作品，培育 3 个以上具有一定规模的科普产业集群和
5 个以上具有全国或国际影响力的科普品牌活动。

北京作为中华人民共和国的首都，其科学普及工作主要是受到 3 个
层面的管理。第一个层面是中央政府相关部门制定的科普政策，属于决
策层面。第二个层面，北京市的科学普及工作，除了严格遵守、贯彻执
行国家相关科普法律和规定，还必须建设健全政策组织体系，整合各类
科普资源，培养科普品牌，营造科普氛围，分配、控制、监管科普经
费。可以说这些工作是北京市开展高质量、高标准的科普活动的基础和
保证。第三个层面，各区县政府结合区域特点，开展有地方特色的科普
活动。

北京市科普事业在市委、市政府及各区工作中具有重要的位置，从

2011 年开始，北京市的科普经费逐年大幅提高。各区科普经费总额从 2011 年的 4382.2 万元提高到 2017 年的 10765 万元，是 2011 年的 2.46 倍（见表 1）。在这期间北京市的 GDP 增长率分别是 7.7%、7.7%、7.3%、6.9%、6.8% 和 6.7%。这表明各区科普经费的增长率远远高于 GDP 的增长率，充分体现了各级政府对科普事业的重视。

表 1　北京各区科普专项经费增长

单位：万元

区	2011 年	2012 年	2013 年	2014 年	2015 年	2016 年	2017 年
东城区	218.0	227.0	245.5	256.3	379.45	464.77	678.9
西城区	466.2	512.82	582.0	635.0	690.0	760.0	797.0
朝阳区	718.0	730.0	800.0	945.0	945.0	1094.0	1221.0
海淀区	1575.0	1816.0	1908.7	2267.16	2558.56	2715.0	2781.58
丰台区	300.0	360.0	430.0	516.0	620.0	745.22	893.76
石景山	130.0	135.0	136.0	137.0	138.0	139.0	140.0
门头沟	38.4	40.8	43.2	45.6	45.6	50.4	50.4
房山区	88.0	96.8	106.5	325.61	246.5	310.8	510.06
通州区	86.0	90.5	220.0	420.0	590.0	600.0	1480.0
顺义区	140.0	161.0	185.0	210.0	252.0	424.5	607.0
大兴区	52.0	54.0	56.0	57.0	59.0	63.0	409.0
昌平区	193.6	231.6	277.92	336.52	336.52	490.73	505.0
平谷区	53.0	54.0	55.0	60.0	63.0	63.5	64.5
怀柔区	173.0	205.0	220.0	264.0	264.0	226.0	226.0
密云区	104.0	115.2	120.0	180.0	216.0	234.0	340.0
延庆区	47.0	48.0	50.0	52.0	54.0	56.0	60.8
合计	4382.2	4877.72	5435.82	6707.19	7457.63	8436.92	10765.0
增长率（%）	—	11.31	11.44	23.39	11.19	13.13	27.59

资料来源：摘录 2017 年、2018 年北京市科普联席会议总结。

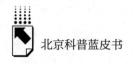

表 2 2017 年各区 GDP 总值与科普经费对比

区	GDP(亿元)	GDP 排名	科普经费(万元)	科普经费排名
海淀区	5915.28	1	2781.58	1
朝阳区	5629.41	2	1221.0	3
西城区	3916.84	3	797.0	5
东城区	2242.71	4	678.9	6
大兴区	2009.51	5	409.0	10
顺义区	1717.31	6	607.0	7
丰台区	1425.81	7	893.76	4
昌平区	839.27	8	505.0	9
通州区	758.13	9	1480.0	2
房山区	679.53	10	510.06	8
石景山区	534.03	11	140.0	13
怀柔区	286.36	12	226.0	12
密云区	278.24	13	340.0	11
平谷区	233.57	14	64.5	14
门头沟区	174.49	15	50.4	16
延庆区	137.56	16	60.8	15

资料来源：摘自北京市统计局官网。

通过表 2 可以得出结论，经济实力决定科普实力。经济发展好、GDP 高的地区科普经费就比较宽裕，GDP 低的区科普经费较少。通州区是特例，尽管通州区 GDP 排名仅排北京市第九位，但其科普经费名列第二，说明通州政府非常重视科普工作。

各级政府对北京地区科普的引领作用已取得了显著效果，它的作用不仅体现在当前，其潜在的后续效果将在未来若干年内体现。

三 科普场馆资源投入扩大科普市场

目前，北京地区 500 平方米以上的科普场馆达到 100 多个，随着 2018 年上半年宋庆龄基金会开办的中国少年儿童科技培训基地儿童活动体验中心、2018 年下半年北京科学技术协会旗下的北京科学中心等大型科普场所陆续开放，北京地区科技馆类科普场馆面积达到 110 多万平方米，每万人拥有科普场馆面积超过 220 平方米。另外已建成各类社区科普体验厅 50 多家，覆盖本市 16 个区共计 50 多万人，还有科普基地、科普活动室、科普画廊遍布街道、乡村。

TEA 联合 AECOM 共同发布了《2016 全球主题公园和博物馆报告》。在全球前 20 家人气指数最高的博物馆中，中国国家博物馆以 755 万人次的参观数量位居世界第一，美国国家航空航天博物馆位居第二，法国卢浮宫博物馆位居第三。中国科学技术馆以 383 万人次的参观数量位列第 16。中国国家博物馆展览面积近 20 万平方米，科普内容越来越多。10 万平方米的中国科学技术馆则每年要接待 1000 万人次，体现了科普市场的巨大潜力。

2017 年 3 月，中国少年儿童科技培训基地儿童活动体验中心正式启用，这标志着又一个大型科普场所开始为市民服务，其建筑面积达 8 万平方米，以启、蒙、创、粹四个空间为主线，采用科普主题活动的方式开展十分有特色的科学传播，每年可服务几十万人次的青少年。同年 9 月开馆的北京科学中心是又一个服务青少年的公益性社会科普教育基地，是实现"绿色北京、科技北京、人文北京"的互动展示平台。北京科学中心着眼于科技发展的"现在"和"未来"，在内容上重点突出北京特色。北京科学中心的展览面积近 2 万平方米，预计每年的参观人数至少百万人次。

在北京的副中心通州区，未来几年将会诞生一个展览面积超 1 万平方米的通州科技馆（暂定），它位于京杭大运河畔，服务人群不仅是通州居民，还辐射河北。

在北京的北部怀柔区，由北京市科委、中国科学院主办的"怀柔科学城综合性国家科学中心科普展厅"将在 2019 年 8 月问世。它集中展示了中国科学院近年来的重大科研成果，以科普的方式呈现给大众。该展厅虽然面积仅几百平方米，但 16 组高新技术的展览会引发媒体和社会各阶层人士的关注。

为改变北京博物馆分布不均衡的现状，城南大兴区要建造 18000 平方米

的"北京生态博物馆"，计划 2022 年开馆，为北京市民提供了一个体验科普的好去处。

这些已经完成的科普场馆以及今后几年陆续揭开面纱的新型科技场所必将使北京的科普场馆资源更加丰富多彩，激发百姓的创新思维、创新理念，让科学成为生活的主旋律。

四　科普企业提升科普事业水平

中国的科普产业是在改革开放的基础上发展起来的，它经历了从无到有、从小到大的发展过程。科普是一个舶来品，1988 年中国科学技术馆一期展厅的开放，标志着中国具有规模效应的真正意义上的科普展品出现。当时的展品一部分是从加拿大购买，另一部分是参照国外科技馆的展品，由中国的工程技术人员开发研制的。当时中国还没有专门制作科普展品的企业，科普展览的设计、制作主要是由博物馆工作人员和部分大学教师来完成。

在任何一个社会，企业都是国家经济的重要组成部分，可以说，没有企业家群体的崛起就没有国家的崛起。同样，在科普领域没有科普企业群体蓬勃发展，中国的科普事业就不能做大做强。反过来说，即使政府通过行政力量强化科普的职能，如果没有一个科普企业群体的支撑，科普的强大也会变得不可持续。

随着全国各地陆续建设各种科普场馆，对展品及各种展览的要求日益多样化、专业化，而仅依靠科技馆和大学教师小规模开发研制已不能满足，因此专门从事科普展览展品制作的企业应运而生。经过几十年的发展历程，一些企业由于种种原因而消失了，同时另一些企业顽强地成长起来了，成为这个领域的佼佼者。仅在北京地区，从事科普展览展品策划、设计、制作的企业就达到三位数，每年这类企业的产值在 10 亿元以上，且初步完成了产业分工。这些企业大部分是民企，小部分是国企及大专院校的部门。由于科普产业涉及领域很广，所以每个科普企业都必须有所侧重。

在这个领域的上层是展览设计公司，它主要是依据甲方的要求，完成展览的大纲策划、展览的主题、展区的布置、展品定位甚至展品的初步设计。这类公司必须有国际眼光，对相关展览的知识体系有较全面的了解，同时要有富有经验的工作团队，能充分理解甲方的意图，另外要了解掌握最新的展览模式和展示技术。这类公司由于处在科普领域的顶层，一般会发展顺利。

北京一家专门从事科技场馆设计策划的公司（简称 S 公司），在 2018年 12 月 30 日第十三届中国国际建筑装饰设计艺术博览会上（简称设博会）荣获两项大奖，分别是 2017～2018 年度中国展览展示 50 强机构奖和 2017～2018 年度中国设计十佳精品奖。其设计十佳精品奖是授予该公司的中国宋庆龄青少年科技文化交流中心国际体验馆"创空间"项目，这是一家具有很高水平的设计策划公司。表 3 是 S 公司在 2017～2018 年的部分工作内容，其每年要完成 1 万平方米以上的展览设计，公司有员工 80 多人，每年的产值达上亿元。

表 3　S 公司 2017～2018 年完成的主要工作

项目名称	展厅面积	竣工时间
中国少年儿童科技培训基地儿童活动体验中心	5080 平方米	2017 年
北京电力科普展厅	800 平方米	2017 年
北京科学中心——生存展区	2380 平方米	2017 年
山东科学中心——科学与艺术展区	1500 平方米	2017 年
北京科学中心——临时展区	800 平方米	2018 年
深圳福海儿童体验馆	1046 平方米	2018 年
漯河公共安全体验馆	2010 平方米	2018 年
包头公共安全体验馆	4000 平方米	2018 年
湖北科技馆——儿童馆	2000 平方米	2018 年
晋中科技馆——地球展区	600 平方米	2018 年
天津科技馆——航空展区	300 平方米	2018 年
东莞科技馆——户外展区	400 平方米	2018 年

从表3中可以看到，S公司的安排工作是非常紧凑的，说明北京及全国的科普场馆建设还在成长期。还必须指出北京地区博物馆的策划建设规模相对于科普馆要大不少，如果把博物馆的建设也纳入，则从事这个行业的企业还有许多，每年的产值超过百亿元。

在这个领域还存在一大批由一二十人组成的展品制作公司，他们处在这个产业链的中下端，且员工流动很频繁。这些公司大多具有加工车间，规模大些的自己加工零件，制作控制电路，也可能依靠外协加工，然后组装。每家的年产值为几百万元到几千万元。表4是一家有30多名员工的展品制作公司2016～2017年的业绩，其中2016年的产值1000万元左右，2017年约为1300万元。

表4　N公司2016～2017年完成工作

序号	项目名称	年份	主要工作内容或展品数量
1	临泽凹土资源博物馆甘肃临泽	2016	展厅布展及设计
2	种业博览会北京通州国际种业科技园	2016	展览布展及设计
3	宋庄辛店村科普体验厅北京通州宋庄	2016	10件
4	台湖公园综合馆北京通州台湖	2017	100件
5	通州区疾病防控科普馆	2017	10件
6	通州区科普周展览	2017	展览布展及设计
7	种业博览会北京通州国际种业科技园	2017	展览布展及设计
8	科普楼门文化建设北京通州	2017	9件
9	西集楼大沙务村科普体验厅北京通州	2017	6件
10	永乐店镇应寺村科普体验厅北京通州	2017	6件

除此之外，还有一批以个体身份完成展品制作的科普爱好者，无论是专职还是兼职，他们都有自己的专长，在家中或车库中完成小型科普展品或控制编程，弥补展品策划和展品制作公司的技术短板。同时借助互联网形成了较为松散的圈子，用个人智慧为科普产业做出贡献。

科普企业在我国诞生仅有30多年，是一个很年轻的产业。它是伴随着 40 年前的改革开放应运而生的。这类中小企业（主要是民企）仅在北京就为数万人创造了工作岗位，这数万人的辛勤劳动创造每年数亿元的收益。在这个产业中集合了机械加工、电子电路、软件编程与动漫、美术装潢等诸多工种，激发出了许多新的展览手段、展示技术，为北京的创新城市、设计之都的建设打下了一定的基础，也给许多科普达人一个展示才华和智慧的平台。北京科普事业的发展离不开科普企业做出的贡献。

五　总结

北京作为全国科技创新中心，对科学普及的要求必须是全方位的，高质量、高标准开展科学普及的路径也应该是全方位的。

作为首都，北京较我国其他城市具有独特的资源优势，无论是数量还是质量，都居全国领先地位。如何有效地整合北京的科普资源，化优势为能力，探索出高质量的科普路径和模式，把北京的科普资源变成共建共享的云平台，以达到辐射京津冀、辐射全国的目的，是一个值得各级政府、各个科普场馆和科普研发制作企业共同深思的大问题。

科普品牌的建设是科普建设中非常重要的一个组成部分。在北京除了著名的科普场馆，还诞生了一些知名的科普网站、科普系列丛书、科普嘉年华活动等多样化科普品牌，知名的科普企业也在快速成长。

通过对近年来北京科普事业发展状况的分析、研究和总结可以发现，北京目前已形成了各级政府搭台引领、各类科普企业相互竞争的良好的科普生态系统。这也许就是高质量、高标准的科普模式。

参考文献

［1］北京市科技传播中心主编《北京科普发展报告（2017～2018）》，社会科学文

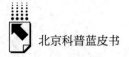

献出版社，2018。

[2] 王刚、郑念：《科普能力评价的现状和思考》，《科普研究》2017 年第 1 期。

[3] 刘华杰：《科学传播的三种模型与三个阶段》，《科普研究》2009 年第 2 期。

[4] 北京市科学技术委员会：《北京市"十三五"时期加强全国科技创新中心建设规划》，2016 年 9 月 22 日。

B.17
北京与六省市开展科普工作的
方式、模式和经验探索

毕 然 邓爱华＊

摘　要： 本报告选取北京、上海、江苏、浙江、山东、湖北、广东7
个2015年科普发展指数超过2.00的省市，对比分析在科普
经费、人才队伍建设、场馆、活动组织等方面的差异，并结
合地区具体科普促进措施，来探究科普先进地区的发展经验，
并归纳地区特色科普发展模式，为新时代科普工作高质量发
展提供参考。

关键词： 科普先进地区　科普模式分析　科普共建共享

一　引言

科学素质是公民素质的重要组成部分，是国家综合竞争力的重要方面，
与国家的发达程度正相关。进入新时代，科普工作肩负着更加重要的使命，
要在科技创新与科学普及的协同发展中，让公众理解科学、让科学普惠人
民，以更加强劲的科普工作，服务于全面建成小康社会和全面建设社会主义
现代化强国的奋斗目标。

根据《北京科普发展报告（2017～2018）》中2015年全国科普发展指

＊ 毕然，中国社会科学院研究生院博士生，主要研究方向：经济预测与评价、科普评价；邓爱
华，硕士，北京市科技传播中心发展研究部主任，主要研究方向：科技传播与科学普及。

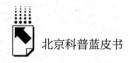

数，包括北京在内的 7 个省市的发展指数超过 2.00，远高于全国平均水平 1.46，指数由高到低排列分别为北京 （4.55）、上海 （3.37）、江苏 （3.22）、浙江 （2.26）、广东 （2.26）、山东 （2.21）、湖北 （2.15）。这些省市的科普工作走在了全国科普工作的前列，探索这些省市开展科普工作的方式、模式和经验，对于新时代科普工作的全面开展具有很好的借鉴作用和示范效用。

基于此，本报告通过分析对比科普工作先进的 7 个省市在科普经费、科普人员建设、科普场馆建设、科普活动开展和科普传媒发展等具体方面的指数，找出各方面成绩突出的代表性省市，介绍其在开展科普工作中的具体方式、模式和经验，为新时代北京科普工作的优化升级提供参考。

二　北京与六省市的科普工作现状

本报告选取的科普指数较高的七省市，主要集中于东部经济发达地区。根据 2015 年的 GDP 指标衡量，北京与六省市的 GDP 占全国 GDP 总量的近 50%。科普事业确实与各地经济发展状况息息相关，但各地区以及各科普领域的状况又有所不同①。下面从科普经费、科普人员、科普场馆、科普传媒、科普活动 5 个方面，比较分析北京及六省市的科普工作状况。

（一）科普经费

科普经费是科普事业发展的关键因素，科普工作的顺利开展离不开科普经费的支持。2015 年全国共筹集科普经费 141.2 亿元，其中北京与六省市共筹集科普经费 75.6 亿元，占比约 53%；全国科普支出共 146.5 亿元，其中北京与六省市支出为 76.9 亿元，占比约 52%。年度科普经费使用额

---

① 王诗云、黄丽娜：《我国科普服务与经济发展关系的区域差异研究——基于灰色关联与空间相关性的实证分析》，《科普研究》2016 年第 11 期。

一项北京独占鳌头，为20.2亿元，其他六省市分别为：上海13.5亿元、江苏10.6亿元、广东9.7亿元、湖北8.7亿元、浙江8.2亿元、山东6.1亿元。

根据《北京科普发展报告（2017~2018）》对科普经费发展指数的测算，北京以3.10占据榜首，其他六省市分别为1.85、1.45、1.13、0.74、0.95、1.28（见图1）。虽然北京与六省市的整体数值均高于全国平均水平的0.63，但其指数数值还是有较大差距。这说明我国科普经费的投入水平不仅在全国范围内具有区域发展不平衡的特征，而且在科普工作表现最突出的省市之间差距也是相当明显。

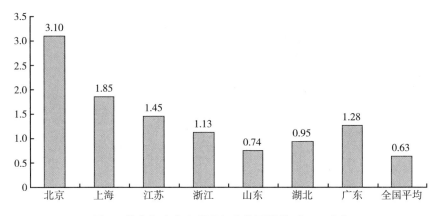

图1 北京与六省市科普经费发展指数（2015年）

资料来源：北京市科技传播中心主编《北京科普发展报告（2017~2018）》，社会科学文献出版社，2018。

（二）科普人员

科普工作离不开科普工作者，科普人员的素质决定了科普工作的质量。2015年全国共有科普人员205.38万人，比上年增长了4.15万人，增幅为2.06%。全国每万人科普人员有14.94人。北京与六省市共拥有科普人员65.63万人，其中科普专职人员7.17万人，科普兼职人员58.46万人，全国占比32%。北京与六省市共有常住人口4.5亿人（占全国人口的32%），

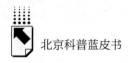

北京与六省市的每万人科普人员为 14.70 人，在人均工作人员数上并没有高出全国平均水平。

根据《北京科普发展报告（2017～2018）》对科普人员发展指数的测算，江苏最高，为 0.68，其他省市均超过全国平均值 0.2（见图 2）。科普人员的区域间发展指标相对比较均衡，至少在基础人员配置上相比科普经费要均衡。但确保科普人员的数量仅仅是在基础层面保障了科普工作的开展，科普队伍的素质、科普工作者的人员构成以及新鲜血液的培养和输送等质量因素更加重要。因此，本报告在案例选取时，着重关注科普工作者质量提升和培养模式的创新。

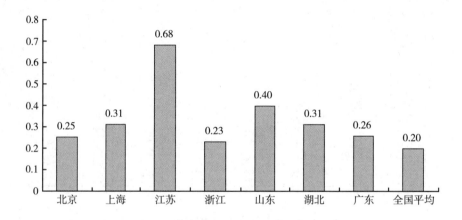

图 2 北京与六省市科普人员发展指数（2015 年）

资料来源：北京市科技传播中心主编《北京科普发展报告（2017～2018）》，社会科学文献出版社，2018。

（三）科普场馆

科普场馆是开展科学普及工作的重要基础性设施，是举办展览、宣讲会等群众性、社会性、日常性科普活动的主要场地。2015 年，全国共有科技馆 444 个，科技馆建筑面积合计 313.84 万平方米，参观人次达 4695.09 万人次；科学技术类博物馆 814 个，建筑面积合计 714.86 万平方米，参观人次达 1.05 亿人次。以上数据都较上年有很大幅度的增加。

北京与六省市共有科技馆 214 个，占全国总量的 48.20%；科学技术类博物馆 356 个，占全国总量的 43.73%。2015 年北京与六省市每万人拥有科技馆建筑面积为 17.19 平方米，拥有科学技术类博物馆建筑面积 26.25 平方米，分别远高于全国的 11.25 平方米和 19.68 平方米。可见在科普场馆的建设上，科普工作先进的北京与六省市还是远高于全国平均水平。

根据《北京科普发展报告（2017～2018）》对科普设施发展指数的测算，上海和山东表现最为突出，分别为 0.49 和 0.48，其他省市均高于全国平均水平（见图 3）。

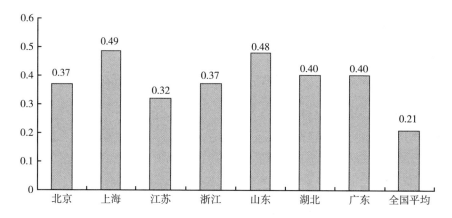

图 3　北京与六省市科普设施发展指数（2015 年）

资料来源：北京市科技传播中心主编《北京科普发展报告（2017～2018）》，社会科学文献出版社，2018。

（四）科普传媒

大众传媒是科学普及的重要途径，《科学技术普及法》规定，大众传媒要承担科学普及的任务，以提高我国公民的科学文化素质。科普传媒主要包括科普图书、期刊和科技类报纸，电台、电视台科普节目，科普音像制品及科普网站等。2015 年，全国共发行科普图书 16600 种，发行量为 1.34 亿册；出版科普期刊 1249 种，发行约 1.79 亿册；发行科技类报纸 3.92 亿份；

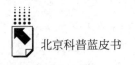
播出科普、科技类电视节目 19. 73 万小时，电台节目 14. 51 万小时；国家财政投资建设网站 3062 个。

根据《北京科普发展报告（2017～2018）》对科普传媒发展指数的测算，北京与六省市中，北京以 0. 38 的成绩占据榜首，远远高于其他六省市和全国平均水平（见图 4）。从微观层面来看，2015 年北京共出版图书 4595 种，是第二名上海的 4. 5 倍，占全国出版总数的 27. 68%。北京与六省市共出版图书 8602 种，占全国总出版种类数的 51. 82%。

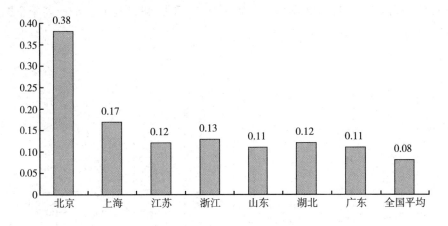

图 4　北京与六省市科普传媒发展指数（2015 年）

资料来源：北京市科技传播中心主编《北京科普发展报告（2017～2018）》，社会科学文献出版社，2018。

（五）科普活动

科普活动旨在向公众普及科学知识、倡导科学方法、传播科学思想、弘扬科学精神，是促进公众理解科学的重要渠道。2015 年全国共举办科普（技）竞赛、展览、讲座等 110. 50 万次，举行重大科普活动 3. 64 万次，进行科技周专题活动 11. 75 万次，举办国际科普交流活动 2279 次。其中，北京与六省市共举办科普（技）竞赛、展览、讲座等 43. 87 万次，占 39. 70%；举行重大科普活动 1. 01 万次，占 27. 75%；举办国际科普交流活动 1025 次，占 44. 98%。

根据《北京科普发展报告（2017～2018）》对科普活动发展指数的测

算，北京与六省市中有6个省市超过全国平均水平。其中，江苏、上海、山东、北京四省市的得分超过0.4，在该方面表现最为突出（见图5）。

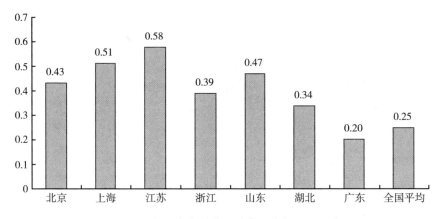

图5　北京与六省市科普活动发展指数（2015年）

资料来源：北京市科技传播中心主编《北京科普发展报告（2017～2018）》，社会科学文献出版社，2018。

三　各省市科普工作的优秀经验

（一）上海：推动科普高质量发展

根据《上海市公民科学素质行动计划纲要实施方案》和《上海市科普事业"十三五"发展规划》，上海市科普工作以科普的能力建设为主线，进一步培育和打造科普的上海品牌，通过创建科普产业孵化基地和培育一批精品科普场馆等方法，在集约利用科普资源、提高科普资源的利用率和影响力等创新发展模式上进行了积极的探索。

1. 成立科普产业孵化基地，促进科普产业集群形成

2018年5月20日，上海市科委联合徐汇区政府及以联合办公为载体的企业服务平台氪空间共同建设了"上海市科普产业孵化基地"，该基地在市区联动的基础上引进了商业服务平台，延伸了科普产业链，为推动政策、资

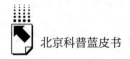

金、技术、人才等产业发展要素向科普产业孵化基地集聚，加速在孵项目成长，做大做强上海科普产业提供了新的动力。

"上海市科普产业孵化基地"由市、区两级产业资金引导，吸引社会资本参与孵化，同时在科普内容提供、科普企业集聚等方面给予大力支持；徐汇区则在招商政策、产业政策方面给予扶持；氪空间提供全国领先的专业孵化和产业创新服务。三方合力打造科普产业，营造产业氛围。培育一批具有知名度的科普项目，促进形成科普产业集群，打造具有影响力的科普服务龙头企业，推进上海市科普产业发展，为上海建设具有全球影响力的科技创新中心提供了动力支撑。

科普产业化是新时代科普事业发展的趋势，科普产业孵化基地的建设是科普产业化之路的重要尝试，其能够吸引更多的社会力量参与到科学普及的工作中来，共同挖掘科普产业更大的市场，联合推进科普产业与资源的协同发展，在全国科普产业的发展中起到了一定的示范作用。

2.培育精品科普场馆，建设国际化科普都市

上海在科普场馆的建设上走在全国前列，不仅在科普场馆的数量上，而且在科普场馆的质量和创新上，上海也探索出一条依托上海优势资源的国际化路线。2017年，上海市已经形成了以上海科技馆、上海自然博物馆2家综合性科普场馆为龙头，以城市规划展示馆等54家专题性科普场馆为骨干，以辰山植物园、上海动物园等273家基础性科普基地为支撑，数量充足、类型多样、功能齐全的科普教育基地框架体系。上海全市平均每45万人拥有1个专题性科普场馆，达到国际先进水平[①]。

以上海科技馆为例，在科普教育工作上，引入STEM理念，注重对知识的整合，开发形成涵盖基础类、拓展类、综合类教育项目的创客教育、团队定制、科学表演、深度看展品、探究性课程等系列教育活动。在科普品牌建设上，上海科技馆打造的"科普大讲堂"已成功举办69场，邀请了包括杨福家、叶叔华等23位院士、诺贝尔和平奖得主在内的134名中外著名科学

---

① 中华人民共和国科学技术部：《中国科普统计（2016年版）》，科学技术文献出版社，2016。

家，聚焦进化论、转基因、极地研究与气候变化、航天技术等社会热点和民众关切话题展开演讲，为科学家和公众之间架起了一座"科普之桥"。在智慧场馆的建设上，2015年上海科技馆以上海自然博物馆（上海科技馆分馆）的开馆为契机，建设了一套以导览和教育为主要功能的数字博物馆应用系统，包括网站、App和微信三大应用模块，可支持PC、手机、PAD等多终端访问，并积极整合监控系统、票务系统、客流系统、自博馆展示AV系统和新增藏品系统。

（二）广东：创新科普人才培养机制

人才是第一资源，科普事业发展离不开科普人才的支撑。广东省十分重视对科普人才的培养，《2017年广东省科协科普工作要点》要求高度重视基层科普组织、人才队伍的培育和发展。近年来，广东省在社会、政府、学校等多方协同培养科普人才方面做出了一些有益尝试。

1. 广东科学中心与高校联合培养科普人才

广东科学中心为教育部联合中科协积极推进联合高校培养科普人才工作的首批试点单位之一，基于自身科普设施资源，结合高校的教育与科研力量，开启了与高校联合培养科技展示工程设计方向专业学位研究生的创新性试点。一是基地改变了原有实习模式中的单一导师负责制，成立研究生导师组，变为联合负责，充分调动了导师积极性；二是基地根据科技馆发展的需要，特别设置了科技馆创新及教育、科技馆展示设计工程与实践等应用型课程，旨在培养一批面向科技馆行业的科普应用型人才；三是科学中心联合多国科技馆开展合作，组织学生参加与各国科技馆交流学习及各类学术年会，开拓了学生的国际化视野，提升了其沟通交流能力。

广东科学中心与高校联合培养高层次科普人才的创新性工作，为我国培养科普人才尤其是科普场馆人才积累了宝贵的经验。

2. 广东省职业教育集团在联合培养农村科普人才上的创新

广东农业职业教育集团在广东科协的指导下，以自身的农业职业教育机构为平台，牵头多家企业、科研机构、科普场馆、科普社团，联合开展了"校企所协深度融合"的农村科普人才协同培养新模式①。"校"为涉农高校和涉农专业，是人才培养的主体，负责培训企业科普人才，参与组织科研合作，组建大学生科普志愿者队伍；"企"为涉农行业企业，是人才培养的基地，参与学校专业建设与人才培养方案的修订，接收大学生科普志愿者实习；"所"为相关科研机构及科技馆，是校企合作的依托，负责接收人员实训，参与教材编写，开展联合技术研发，参与科普志愿者队伍建设；"协"为行业协（学）会，是校企合作的平台，负责连接"校企研"，组织开展科技服务活动，实施专题调研，开展学术交流讨论。

学校、企业、科研机构和行业协会通过创新运行机制、保障机制和利益共享机制，共同推动产学研、农科教的有机统一，大大提升了广东农村科普人才为新农村建设服务的能力。

（三）江苏：打造精品科普栏目，推动科普传媒发展

电视传媒是科学普及的重要渠道，创新科普传媒，让科学以人民群众喜闻乐见的形式传播开来，江苏省广播电视总台做出有益尝试。

1.《最强大脑》

2014 年 1 月 3 日江苏省广播电视总台旗下的江苏卫视播出《最强大脑》（第一季），受到广泛好评，并获得第 27 届中国电视金鹰奖最佳电视文艺节目作品奖。至今，《最强大脑》系列节目已播出到第五季，共播出 60 多期。

科普为先、引进综艺元素是《最强大脑》成功的关键因素。一般传统科普类节目的一大缺陷就是深奥晦涩的科学知识本身很难被广大观众所吸收，并且科学的涉及范围非常广泛而内容又十分抽象，这之间的矛盾让科普节目难以通过电视传媒系统性展播。《最强大脑》则跳出了传统思维，邀请

---

① 罗泽榕、刘思伽：《广东农村科普人才协同培养机制探索与实践》，《广东科技》2016 年第 25 期。

在各个领域知名度较高的嘉宾亲自参与项目挑战，缩小了观众和"脑力者"之间的距离，让科学变得"亲民"起来。《最强大脑》在节目设计方面也做了许多有利于科学普及的考虑，如在挑战项目的设定方面，很多项目借助表演的形式来展现科学的内涵。

《最强大脑》在严守科学性和创新科普性方面，为传统电视传媒在迎合大众新的科普需求上的改革做出了有益性尝试。

2.《未来科学家》

江苏省广播电视总台教育频道《未来科学家》栏目组，在科普教育电视节目的故事化叙事方面进行了积极探索，并取得了良好成效。

从《未来科学家》的近百期节目中可以总结出，叙事结构的创新主要可以归为以下三类。第一种为递进式叙事手法，按照事物发展时间的先后或人们认知的逻辑顺序来安排层次，从外到内、抽丝剥茧、由浅入深地揭示科学原理。第二种是板块式叙事手法。首先明确故事主题，然后再运用一些小故事，将几块相对独立的内容组织在一起，由此来说明和印证其主题。板块式结构相对比较灵活，并且每个板块之间不受严格的逻辑限制。第三种是漫谈式架构手法。节目组以第一视角为线索，看到什么就谈什么，将观众置身其自己的生活中，让其用自己的眼睛去观察，这种方法最真实且亲切。

除了在叙事结构上下足功夫外，《未来科学家》节目组还在叙事方式悬疑化、叙事语言平民化、叙事图像流畅化等方面进行了深入探索。以"科学需要想象，实验探求真相"为理念，以"每天进一所学校、每天做一个科学实验、每天讲一个科学道理，天天都是科技节"为口号，《未来科学家》真正做到了用青少年喜闻乐见的形式传播科学知识。

（四）浙江：聚焦特色小镇，实现多产业链接

2015年4月浙江省政府公布《关于加快特色小镇规划建设的指导意见》，正式推出特色小镇建设工作。浙江利用地方特有的产业和文化优势，打造了一种产业与城镇建设、人文环境、休闲旅游有机融合的人文化产业型

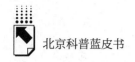

社区。而今，将特色小镇融入更多的科普元素是需要继续探索和追求的事业。以特色小镇为载体打造科普小镇的做法无疑是科普方式的创新，而科普事业的发展也会为特色小镇的产业发展提供强大的动力。

截至 2017 年底，浙江省级命名小镇和创建小镇建设总面积达 147.3 平方公里，用约占全省建设用地 1.13% 的空间，承载了全省 6.8% 的项目投资，创造了全省约 4.6% 的总产出，贡献了 4.4% 的税收收入。其中有 10 个小镇总产出超百亿元，6 个小镇税收超 10 亿元。特色小镇聚焦生态、高新产业等特质使其为科学普及创造了新的立体化的传播路径①。

在浙江金华的新能源汽车小镇就建有华能新能源汽车科技馆，科技馆寓教于乐，充分发挥了科普功能，依托小镇的产业优势，达到了科技创新、科学普及的目的。浙江省科协坚持科协组织延伸基层、村社校企全面覆盖的工作方法，在金华新能源汽车小镇成立全国首个小镇基层科协，为小镇的科普事业注入了坚强的领导力量。除了金华，浙江很多小镇也开始着力于科普事业建设，希望借助小镇的优势资源打造内容独特的科普小镇。西湖的云栖小镇，是一个云计算产业生态的集聚地，每天有各类大数据在此汇集和交融；德清的地理小镇，是一个以地理信息为核心的示范区，有近 150 家国内顶尖地理信息企业；海盐的核电科技馆，是一个国内目前展示面积最大、公众体验最丰富、公众适用性最强的核电科技馆。

（五）湖北：深挖特有资源，开展地质旅游科普

湖北省地跨扬子地块和秦岭大别山造山带两大地质构造单元，具备较为优越的成矿地质条件。黄石市就是典型代表之一，其全境约有 2000 处地质遗迹与矿山遗址，是全球不可多得的矿产资源和地学科普资源富集地。

近年来，黄石在转型跨越发展中，梳理出多条地矿科考和科普线路联结

---

① 刘乐平：《浙江省年产超百亿元特色小镇已有 10 个》，《浙江日报》，http：//www.gov.cn/shuju/2018−10/07/content_5328293.htm，2019 年 3 月 5 日。

的全域矿山和工业遗址，建设地矿科考与科普基地，打造地矿科普展会平台，走了一条充分利用特有资源，打造全国地质科普圣地的科普创城路线。黄石还推动实施具有全域特色的科考、文旅发展蓝图，建成了全国青少年科普活动基地、全国大专院校学生教学实践基地、国际知名的地矿科考基地，并举办地学科普高峰论坛、全国地学旅游大会筹备会、中国地质博物馆建馆100周年相关主题活动、中国观赏石协会矿物晶体专业委员会主题活动、中国观赏石协会化石专业委员会主题活动、全国矿物化石爱好者交流主题活动等多个全国大型科普活动。同时，黄石支持设立了全国首个地矿科普大奖——"孔雀石杯"地矿科普奖，旨在表彰为中国科普事业做出杰出贡献的国内外人物、机构等。

（六）山东：依托基层群众，共建共享科普资源

山东省科协第八届五次全委会审议通过了《山东省科协新"五大计划"实施方案》，为山东科学普及事业的高质量发展奠定了新的基调。依照新"五大计划"的指导思想，山东省各地区在依托基层群众、共建共享科普资源方面做出了巨大努力和创新尝试。

1. 烟台市开展"科普大学"的成效

科普建设一直是烟台市科普工作的重点。近年来，在强化社区科普基础设施方面，主要推进社区科普大学建设。2015 年，烟台市科协率先设立一处市级社区科普大学，各县（区、市）纷纷设立社区科普大学分校和教学点，如蓬莱市在 12 个社区设立科普大学 12 处，蓬莱市开办社区科普大学 29 处。截至 2017 年 4 月，共设立社区大学（分校）或教学点 130 余处，组建科普讲师团 10 余支。科普讲师团根据各社区不同的科普需求，精心制作"科普菜单"，采用"点菜单式"授课方式，灵活有效地开展健康食品、食品安全、节能环保、防灾减灾等各类科普活动。科普大学每年开课 1500 多场次，受众 12 万余人次。

2. 枣庄市实施"百会联百村"科普惠农行动

枣庄是国家农村改革试验区和国家现代农业示范区，科普惠农一直是枣

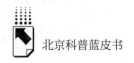

庄市科协的品牌工作。自 2017 年起，枣庄在全市开展"百会联百村"科普惠农行动，计划组织 100 个优秀农村专业技术协会、涉农学会对 100 个行政村进行技术帮扶，实现"五个一"工作目标，即帮助创建一个科普示范村，发展一个农村专业技术协会，建立一个农村科普示范基地，培育一个农村科普带头人，推广一项农业新技术。

"百会联百村"活动的主要做法有以下三个方面：一是与精准扶贫相结合，发挥人才在科普惠农中的生力军作用，组建了科技传播专家服务团，开展科技进门、上门服务、结对帮扶、专家会诊活动，由农民"点菜"，请专家"下厨"，为农民送上"科技大餐"；二是与"基层科普行动计划"相结合，发挥优秀项目的辐射带动作用，每年安排"基层科普行动计划"专项资金 100 万元，重点扶持"百会联百村"行动中有发展前景的农技协等项目；三是各区（市）科协与"百会联百村"行动中的帮扶村签订创建科普示范村共建协议，发挥制度引领保障作用。

（七）北京：强化政府引导，创新引领全国科普发展

公共产品和公共服务的提供是政府的主要职能和责任，也是对纳税人的承诺。科学普及作为公共产品的一种，发展科普事业就必须要发挥政府的引导作用，不断提高科普的规模和质量。

北京市高度重视科普工作制度建设，先后制定了《北京市科学技术普及条例》《关于加强北京市科普能力建设的实施意见》《北京市"十二五"时期科学技术普及发展规划》《北京市"十三五"时期科学技术普及发展规划》《北京市全民科学素质行动计划纲要实施方案（2011～2015年)》《北京市全民科学素质行动计划纲要实施方案（2016～2020年)》《北京市人民政府关于大力推进大众创业万众创新的实施意见》等地方法律法规和政策文件，按照国家科普统计有关要求，建立了完善的科普统计监测工作体系，为北京市科普工作的开展提供了强有力的法律保障和制度支持。

1. 发布北京科普发展指数

北京市委、市政府高度重视科普工作，将科普工作纳入国民经济和社会发展规划，并于1996年建立了科普工作联席会议制度，设立科普专项经费支持开展科普工作。为了更好地保障北京科普事业的高质量发展，对北京市科普发展情况进行全方位的监测分析，2018年7月北京市科技传播中心联合中国社会科学院数量经济与技术经济研究所共同编写了《北京科普发展报告（2017~2018）》，并首次发布了北京科普发展指数。

北京科普发展指数是国内首个区域性科普发展指数。该指数以北京和全国科普统计数据为基础，使用多种发展指数计算方法进行测算和比较，选取最符合科普发展评价目标的发展指数测算方法，创新性地构建了科普发展指数评价指标体系，以定量化的方式对各类科普投入变化情况进行综合评价，以期为北京地区甚至全国的科普发展提供科学决策参考。

北京市在科普工作的评价监测、质量控制和量化分析等方面走在了全国科普工作的最前列，北京市加强政府引导，以科学方法指导"精准科普"工作开展的做法值得其他省份乃至全国借鉴和学习。

2.《北京市"十三五"时期科学技术普及发展规划》

为贯彻落实《中华人民共和国科学技术普及法》《北京市科学技术普及条例》《全民科学素质行动计划纲要实施方案（2016~2020年）》，加快全国科技创新中心建设，提升市民科学素质，营造良好的创新文化氛围，北京市科普工作联席会议办公室制定了《北京市"十三五"时期科学技术普及发展规划》（以下简称《规划》）。

《规划》作为2016~2020年北京科普工作的指导性文件，对科普发展做出了系统谋划和前瞻布局。《规划》提出到2020年，建成与全国科技创新中心相适应的国家科技传播中心，科普传播能力全国领先、创新文化氛围全面优化、公民科学素质显著提高、"首都科普"的影响力和显示度不断提升等总体目标，并分解为公民具备基本科学素质比例、人均科普经费社会筹集额、每万人拥有科普展厅面积等9个具体目标。

《规划》确定了重点实施的八大工程。一是实施科普惠及民生工程。发挥大型品牌科普活动的示范带动作用，提升主题特色科普活动效果，加大科技惠民成果推广力度。二是实施科学素质提升工程。努力提升领导干部和公务员、青少年、城镇劳动者、农民的科学素质，加强科普人才梯队建设。三是实施科普设施优化工程。优化科普场馆服务体系，提升科普基地服务能力，提高基层科普服务水平。四是实施科普产业创新工程。加大对原创科普作品的支持力度，加强科普产业市场培育。五是实施"互联网＋科普"工程。打造"首都科普"新媒体平台，提升科普信息化水平，推动科普大数据开发共享。六是实施创新精神培育工程。加大创新、创业服务引导，培养创新、创业意识，优化创新、创业环境。七是实施科普助力创新工程。推广新技术、新产品，促进高端科技资源科普化。八是实施科普协同发展工程。推动全社会参与科普，加强区域科普协同发展，大力开展国际科普交流与合作。

四　构建北京特色科普的建议

一是突出北京科普社会服务功能。北京科普工作需要做到以下几点：一是要建立和完善科普智库，围绕党委和政府科学决策，打造"决策咨询服务体系"。当今世界科学技术日新月异，政策制定中所涉及的新知识、新技术也越来越多。积极开展全局性、综合性、战略性、长期性和前瞻性问题研究，为决策提供科学依据、智力支撑。二是要致力于党和国家政策的宣传和科学解读。

二是北京科普工作应该和北京传统文化的传承相结合。科学普及使得全民的科学素质得到提高，让一般的老百姓也能对自然有科学的认识，这对传统文化来说，也是一个激浊扬清的过程。科普工作服务于首都的文化建设，首先应聚焦大运河文化带、长城文化带、西山永定河文化带等"三大文化带"，整合三大文化带的文化资源，运用多种宣传手段进行宣传，增加首都文化的国际知名度和影响力。其次，要加强对"运河文化"为特色的北京副中心文化科普。

三是增强北京科普工作为首都科技发展服务，要培厚创新发展的土壤，为北京全国科技创新中心的建设培育良好的创新氛围和环境、打下坚实的市民科学素质基础。支持中关村创业大街、大学科技园、留学人员创业园等开展专业服务能力培训和业务交流活动，引导"众筹、众包、众创、众扶"等创新型模式，完善创新创业生态系统。鼓励市民开展小发明、小创造、小革新等创新活动，支持建设一批低成本、全要素、便利化、开放式的新型创业服务平台，激发全社会创新热情。鼓励众创空间进校园、进社区、进场馆，组织青少年创客俱乐部活动，大力推进青少年创客教育，打造北京市中小学生科技创客秀活动，扎实推进从幼儿教育、义务教育、高中教育到高等教育各阶段的科技教育，不断启迪好奇心、培育想象力、激发创造力。

四是北京科普工作服务于北京国际交往中心的建设，首先要促进首都科学传播领域的国际合作，尤其是要巩固和发展国际友好城市之间的科普合作，提高北京国际影响力。通过科普工作，提高北京市民对世界主要国家的礼仪、文化、语言、传统的了解，增强市民的开放包容的心态，提高国际化素质。促使北京优秀的科普作品走向世界，通过科普宣扬北京文化，提升北京的国际知名度，让北京成为世界"科普之城"、国际交往的梦想之城。

五 结语

本报告通过对科普工作先进的 7 个省市开展工作的方式、模式和经验的梳理，为北京科普工作以更高质量、更高水平发展提供了借鉴和参考。北京是全国率先开展科普联席工作会议制度的地区，为政策引导、多部门联合保障科普工作的顺利开展积累了丰厚经验并取得良好成效；上海借助丰富的科普设施资源，在培育精品科普场馆以及建立科普产业化基地上进行了有益探索；广东则在多方联合培育科普人才，为科普工作蓄积后备力量上进行了探索；江苏、浙江、湖北、山东分别在科普电视节目的创新、以特色小镇带动科普小镇的发展、地质旅游科普及基层科普工作上进行了个性化探索。"结合实际、深挖特色、立足需求、努力创新"是各先进地区开展科普工作的共同点，也是其取得工作进展和成效的"有力武器"，本着"相互学习、扬

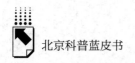
长补短"的精神，地方科普工作就能上一个新的台阶，全国科普工作也会取得更大进步。

参考文献

［1］王诗云、黄丽娜：《我国科普服务与经济发展关系的区域差异研究——基于灰色关联与空间相关性的实证分析》，《科普研究》2016 年第 11 期。

［2］中华人民共和国科学技术部：《中国科普统计（2016 年版）》，科学技术文献出版社，2016。

［3］罗泽榕、刘思伽：《广东农村科普人才协同培养机制探索与实践》，《广东科技》2016 年第 25 期。

［4］刘乐平：《浙江省年产超百亿元特色小镇已有 10 个》，《浙江日报》2019 年 3 月 5 日，http：//www. gov. cn/shuju/2018－10/07/content_ 5328293. htm。

［5］北京市科学技术委员会：《北京市"十三五"时期加强全国科技创新中心建设规划》，2016 年 9 月 22 日。

［6］北京市科技传播中心主编《北京科普发展报告（2017~2018）》，社会科学文献出版社，2018。

B.18
驻京教育、科研机构服务于北京
科普的模式与做法

臧翰芬　叶茂盛*

摘　要：　在知识经济、全球化、市场化的基本背景下，应该形成科研、推广和科普的一条龙式的链条。本报告在充分考虑科普特点的基础上，运用相关理论和多种分析手段，从宏观与微观两个层面对现行驻京教育、科研机构的科普模式与做法进行研究，厘清驻京教育、科研机构在科普上的优势，分析驻京教育、科研机构服务科普大事业的主要模式，以及目前存在的主要问题，为驻京教育、科研机构服务北京科普事业乃至全国的科普大事业提供参考和建议。

关键词：　大科普　科普模式　资源保障　科普活动

人类正在从信息时代迈入知识经济时代。知识经济时代的一个重要特征就是科技和科技普及活动在经济增长中发挥核心作用。驻京教育、科研机构作为在北京的重要科普资源，如何发挥其作用，使科普可以在全国范围内开花、结果，对于科普的不断发展是至关重要的。习近平总书记提出"贯彻新发展理念，建设现代化经济体系"，说明了科普和教育、科研机构的重要

---

* 臧翰芬，中国社会科学院研究生院数量经济学专业博士生，主要研究方向：科普评价、政策评估和经济预测；叶茂盛，硕士，助理研究员，北京市科技传播中心副主任，主要研究领域：科技传播与科学普及、科技创新政策。

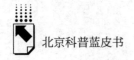

性，教育、科研机构在创新、科研、发展经济方面的重要性毋庸置疑，在科学普及、文化发展方面发挥的作用也不容忽视。

一　驻京教育、科研机构在科普上的优势

北京是全国政治、经济、科技和文化中心，驻京教育、科研机构在科普上存在巨大的优势，主要表现为以下几点：首先，北京的文化、科技场馆众多，尤其博物馆在人类文明发展、进化史上有着重要的地位与意义。它是保存人类文化遗产的重要学习场所，同时是重要的科普传播之地；其次，驻京教育、科研机构与中央部委具有联系上的便利条件，可以快速传达、展示北京的做法，使得科普在全国开花；最后，在科技教育资源相对集中的北京，驻京教育、科研机构在举行高水平、大规模、贴近时代的科普活动方面可以获得更多的资源，举办更好的活动，普及更多受众，可以为科普事业的发展提供更多有价值的经验。驻京教育、科研机构可以依托北京的科技教育资源，开展各种各样的科普培训、博物馆参观活动。

二　服务北京科普的主要模式

驻京教育、科研机构开展科普的模式和做法多种多样，既可以举办各种讲座、向公众开放科研成果，也可以举办各种研究院校的冬令营、夏令营等，还可以与中小学共同组织科普活动和讲座。以下逐一探讨每一种模式对服务北京科普的影响。

（一）公众开放日活动

各个高校、科研院所可以利用附近的图书馆展示最新的科研成果。例如，北京大学、清华大学等高校以及中科院的各个所都定期开设面向公众的开放日，向民众或者青年学生展示最新成果，或者普及一些简单的科学知

识，比较典型的是中国科学院的"公众科学日"活动。"公众科学日"是中国科学院一项重要的科学传播活动。中科院于 2005 年 5 月举办首届"公众科学日"活动以来，此活动每年 5 月开展一届，至今已举办了 14 届。活动的主要内容是科研院所向社会公众开放，并结合科普展览、科普报告、重点实验室开放等形式多样、内容丰富的科学文化传播与交流活动。活动的目的是让更多的公众和青少年走进科研院所，近距离了解科学研究的现状、感受科学研究过程、共享科学研究成果，同时进一步提升科研机构、科研人员服务社会、回报社会的公益意识。以物理所为例，通过展示会游泳的人工鱼，让公众了解其中的科学知识及其应用，这样可以更加生动形象地了解科普、认知科普。自 2005 年首届"公众科学日"开展以来，"公众科学日"活动的社会影响力逐年提升。开放的科研院所、参与互动的院士、一线科学家、科普工作者、科普志愿者及受众人数基本逐年增长。参与的院士基本保持在 20～30 人，参与的科普工作者、科普志愿者人数自 2010 年起显著增加，每年达到 3000 多人次。自 2008 年起，院属机构中开放单位达 90 个以上，累计接待公众已经达到 220 万人次以上。这充分反映了驻京教育、科研机构的科学传播在人力、物力上的投入逐年增加，传播效果得到社会公众的高度关注和普遍认可，也极大地促进了北京科普活动的发展。

（二）科普讲座活动

讲座是大学学术资源的重要组成部分，它是开阔学生视野、把握学科发展、聆听不同学术观点的重要窗口。一个好的讲座可以引发学生思考，促进学生学术能力的发展，达到提高教学质量、促进科学普及的目的。驻京教育机构尤其是大学，每年可以举办不同的讲座活动。比较典型的案例是北京大学的讲座活动。为了进一步促进北大讲座信息的有效送达，北京大学建立了"北大讲座网"。"北大讲座网"提供了讲座信息查阅、讲座录像点播、讲座信息订阅等服务，其建设目标是成为北大各院系学术讲座的统一发布地，并将获得授权的讲座录像免费提供给社会大众，以服务社会、回馈社会，促进高等教育机会平等，促进科学的普及和发展。

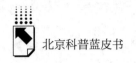
（三）中小学科普活动

中小学可以开展的科普讲座活动就更加丰富多彩。中小学的老师要做好教学准备，比如根据每年的不同形势，开展不同主题的科普活动，激发青少年对科学、技术的兴趣。

驻京教育、科研机构也可以和中小学联合举办科普活动，通过教授课程、举办讲座、进行科学实验等活动方式深入开展科普工作，使中小学学生可以更好地接触和学习科学知识，激发其对科学的兴趣，同时使得驻京教育、科研机构的优势科技、教育资源得到更广泛的传播。

如今科技馆、国学馆已经盖得不少了，如何高效率地运用这些场馆是至关重要的。定期向大家免费开放，尤其是中小学生，老师们要定期带其前往，进行学习和模仿以及科技知识的灌输，培养和激发他们对科学的向往和兴趣。这些场馆要定期到学校开展活动，传播和普及科学知识。对公众免费开放，有新的科技产品或知识，做好传播工作，如通过微信公众号定期推介。

（四）科普竞赛和作品

每年全国都应该开展科普竞赛，然后从各个省选出优秀作品在北京展览，最后全国在评出一、二、三等奖作品。科普竞赛是最富有激励性质的，通过科普学习，激发大学生和科研人员利用自己的知识和兴趣开展研究。

（五）各种夏令营、冬令营

驻京教育、科研机构可以定期举办"走进自然"等各种夏令营、冬令营。各个学校可以和某些机构联合举办，开展自然科普、交通安全等主题活动，激发参与者的潜能。

（六）老年人科普

对于高龄人群也需要进行科普，但是与激发青少年兴趣的科普形式肯定要有所不同。对高龄人群（如60~90岁），他们更需要相关保健知识。各大医院应该对这类人群进行定期的科普，尤其在保健、营养方面，要多请专家定期举办讲座，普及健康、营养以及养生等知识。

（七）社区科普

对于社区存在的问题，科协等组织应该随时通过相应的部门进行了解，选派各大专家进社区举办讲座。

（八）社会实践科普

俗话说，读万卷书行万里路。对驻京教育、科研机构的不同专业大学生，要求他们通过社会实践活动进行科普也是至关重要的。大学生可以通过撰写科普社会实践报告来提升自己的科普素养，增强服务社会的意识组织宣传能力。

三　存在的主要问题

驻京教育、科研机构面向公众的科普工作已经取得了一定的成效，在人力、物力等方面的投入持续增加，受众也保持了一定规模。虽然科普已经获得了长足的发展，但是从长远角度来看，还需要从制度层面保障科学传播工作的科学、规范、有序开展。

（一）科普专项经费短缺

从经费方面来看，驻京教育、科研机构的科普工作尚未设立固定的专项经费支持。虽然有的单位要求拿出一定比例的经费定期向社会公众开放，却并没有正式文件对经费数额、开放形式以及成效做出明确规定。设置的年度科普项目专项经费所支持的单位也很有限，如有的单位要改造升级科普场馆，支持额度一般不超过25万元，项目数量不超过2个。多数单位的科普经费仅可以维持科普工作开展，缺少经费开拓新科普项目。在公众开放日活

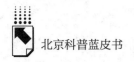

动中，除参观实验室外，没有经费制作展板、展品，成果展示区和挂图也并非专门为科普而设。目前各单位都在争取拓宽科普经费来源渠道，如向其他社会组织和机构申请项目资助，但是这种社会类科普项目金额有限且不稳定，申请难度较大。

（二）科普活动管理松散

从组织建设方面来看，科普体制相对松散，很多驻京教育、科研机构的科普办公室的主要作用是宏观层面的指导，并不具备对具体事务的管理权，因此无法形成有效的管理与监督。2004年9月1日，科技部下发了《关于开展国家重点实验室公众开放活动的通知》，推行"国家重点实验室公众开放"政策。此后，一系列政策文件中均强调了高校、科研院所向社会开放的必要性，指出要给予该项工作长期、持续、稳定的支持，并从开放资源、开放时间等方面对高校及科研机构提出了要求。但是，这些政策性文件缺乏相应的实施细则和考评办法，难以保证开放工作的贯彻落实。

科研机构向公众开放发端于欧洲的"公众理解科学运动"，西方国家早已形成了这样一种观念，即"科学家依靠公众纳税进行科学研究，科研成果应该让公众知道，公众有权知道科学家所从事的研究是否对人类有利，科学家也有责任将自己的研究成果用通俗的语言传播给公众"。在中国，科研体制以及科普传统导致科研机构并没有将开展科普活动作为科学家团体的天职，科研机构向公众开放是难以自发形成的，作为一项由国家主导、自上而下推行的公益科普事业，必须以制度化的形式将向公众开放纳入科研机构的工作，才能保障其长效运行下去。

（三）科普人员专业化程度欠缺

科普工作不同于科研工作，科普人员需具有组织策划公共活动，面向非专业的大众传播科学思想、科学精神、科学知识、科学方法的专业能力，科普队伍应该是具有科技知识、组织管理、大众传播技能等多方面专业知识和能力的人才群体。驻京教育、科研机构公众开放日活动的科普人员除了科研院所的科普管理人员和科普讲解员外，还有大量在职和离退休科研人员及志愿者人员，没有经过专门的培训；非常年开放的单位绝大多数没有成立专门的科普部门及设立专职科普岗位，科普人员也是由行政人员及科研人员兼职承担。而驻京教育、科研机构向公众开放是综合性的社会活动，需要了解公众和社会的科普需求，策划活动方案，组织和协调各方投入参与，开展多样化的科技传播及科普活动。因此，驻京教育、科研机构需要制定相应的科普培训制度，对相关科普人员开展系统专业的培训。

现阶段，参与向公众开放活动的科普人员基本来自驻京教育、科研机构内部的兼职人员，一般没有专职的科普管理人员和专职科普讲解员，主要是大量在职及离退休科研人员、研究生以兼职或志愿者身份参与开放活动。此外，驻京教育、科研机构中普遍存在科普部门和人员不稳定的情况。目前，非常年开放单位科普工作量较小，绝大多数没有必要像常年开放单位一样，成立专门的科普部门并设立专职科普岗位，科普工作由行政人员和科研人员兼职承担即可完成。驻京教育、科研机构内部虽然设立了科普办公室，但一般不设专职科普岗位，最多有 2 名专职科普人员。许多单位即使成立科普办公室，科普工作也仍由其他部门人员兼职承担，每年的负责人都是临时的，对本单位历年开放工作情况、科普资源情况不了解，对科普工作也没有长远规划。

（四）激励和评价制度不到位

从科普评估机制来看，尚未形成科学的科普工作评价体系。大部分科研单位对科普工作的评价往往是追求规模而忽视效果，而国际上许多国家都十分重视科学传播活动中的监测评估，并且一些国家已经形成比较完善的监测评估体系，如德国、澳大利亚等都很重视对投入相对较多的大型科普活动开展适时的评估。驻京教育、科研机构的科普活动如公众开放日并未列入单位或人员绩效的评估之中，也很少有单位请第三方对活动进行系统的评估。尽管各单位在开放活动的起步时间、对开放工作的重视程度、科普队伍人员构成等方面都存在较大差异，但是由于缺少客观公正的评估，所以无法量化差

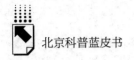
异，因而也就无法形成令人信服的评价，存在"做好做坏一个样"的情况。其实很多参与科普活动的工作者非常希望知道活动的效果和反馈意见，想知道现在整个科普活动中有什么值得借鉴和学习的地方。

对科普人员的考评和激励制度不完善。驻京教育、科研机构只有很少的单位专门制定了针对科普人员的考评制度，多数单位则粗略地沿用科研或行政人员的考评制度；有的单位的科普人员基本为兼职，所以对科普工作没有量化考核。此外，科普人员发表和翻译科普文章往往被认为"学术难度低"或"非学术研究"，而无法按照发表论文数量计算，组织科普活动也无法与科研活动相比，科普与科研工作之间没有公平合理的"兑换"比例。因此很多科普人员虽然工作没少做，但是在单位年终总结时，工作绩效总是"低人一等"。缺乏合理的评定制度，严重影响了科研人员参与科普的积极性。在发达国家，长期以来科研人员直接参与科普活动，科研人员在完成科研任务的同时开展与科研任务相关的科普活动，且这部分内容作为科研成果评估中重要的一部分，直接与科研成果的评审、跟踪和考核挂钩。科普工作与科研或行政工作的性质不同，用同一种标准衡量对于科普人员来说是有失公允的，对科普人员的工作积极性也会产生不利影响。

四 服务北京科普的一些建议

针对驻京教育、科研机构在科普活动开展中存在的问题，需要驻京教育、科研机构加强思想上对科普工作重要性的认识，从制度上和经费上予以支持和保障，充分利用好可科普化的科技资源，如科技教育人员、科技教育基础设施、科技教育成果等，同时制定与职称评定体系相结合的科普工作评价制度，完善科普活动的管理和评价体系，激发科普工作人员参与科普的积极性。

（一）加强教育、科研机构对科普重要性的认识

驻京教育、科研机构要搞好科普工作，必须认识到科普工作的重要意

义，认识到科普工作对科技创新和科技教育事业的重要作用。驻京教育、科研机构必须统一思想，通过宣传引起领导干部的高度重视，把科普工作列入重要工作范畴，充分调动科技工作者的积极性和创造性。科普工作可以营造创新文化氛围，进而推动科技教育成果的转化和应用。驻京教育、科研机构在一些科学技术领域和教育领域的创新成果，或是源于兴趣爱好，或是源于市场需求和竞争挑战，在科技教育创新成果的初期很少为人所知，其价值还在于进行创新成果的转化。而提高创新成果的转化率和公众知名度，针对科技教育成果进行科普宣传和科技教育传播，无疑是很好的一种手段。科学技术和教育的发展已经进入"大科学时代"，科技教育工作者不仅要关心自己的科研教育能否取得成果，更要想方设法让自己的科技教育工作和成果为社会公众所理解、所承认、所支持，这就必须树立起普及科学和让公众理解科学的理念，学习和掌握科普工作的本领，将科技教育成果科普化。

（二）建立健全科普经费保障制度

为了解决科普经费的问题，建议驻京教育、科研机构制定相关文件，明确规定所属机构或部门每年投入科普经费的数额、科普任务及科普成效。对于科研机构，在积极争取多渠道科普经费来源的同时，制定科普经费管理制度，规定各单位每年拿出固定比例的科研经费专门用于做科普，不同资源类型的单位设定不同的比例和经费的限度，以保证各开放单位有数额相对稳定、合理的科普经费。

在条件允许的前提下，经费筹集应该尽量多元化，争取更多的资金渠道，使科普工作有足够的经营和运转资金。发达国家的科普经费投入来自政府投入、基金会投入和企业投入，采用"费用分担"的资助方式，即政府只提供部分经费，其余经费由单位机构从其他渠道获取，如企业捐助和社会捐助。因此，可以借鉴国外建立基金会的做法，同时争取社会的多方支持，通过动员宣传的方法，从社会团体、组织、企业或个人获得科普的资助资金。在彰显科普公益性之余，在条件允许的情况下开发多种自盈利模式，如开发经营科学纪念品、科普展品，开发体验类、

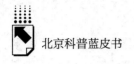

互动类、娱乐类、拓展类、服务类、咨询类科普项目，收取一定费用，尽可能实现经费上的自我循环。

（三）加强对科普队伍的培训

开展科普工作，需要发挥科普工作人员的专业性、创造力和对公众需求的把握。科普工作人员队伍的专业性、积极性、主动性和创造性直接决定了科普活动的水准和质量，而科普工作人员是实现科技教育创新成果对外宣传和成果转化的重要实施运作主体。因此，驻京教育、科研机构应该从以下几个方面加强科普队伍的专业化培训。第一，鼓励并组织科研教育人员参与科普活动。充分利用驻京教育、科研机构人才密集的优势，及时与科研教育人员沟通，提高科研教育人员和行政人员对科普工作的认识水平，鼓励他们主动参与开放活动，为开放工作献计献策。另外，尤其需要提高的是各单位领导的认识水平，对其开展科学传播理论、国内外科普政策及发展趋势等方面的培训，以提高其对科普工作的理解和重视程度，因为单位领导的重视是提高科普人员能力、促进开放工作发展的重要动力保障。第二，对专兼职科普人员进行有针对性的培训。由于大部分单位没有条件以本单位为主体开展培训，所以可以建立并完善多层级、多学科、现代化的培训体系，如可以借助网络视频的手段，利用网络平台，将培训课程分享到网上，这样科普人员就可以有选择地观看自己想学习的课程，从而解决集中培训不现实的难题。第三，还可以积极争取与各领域的国际组织合作，邀请国内外知名专家、学者开展相关领域的科普工作研讨会、培训班，组织科普人员进行观摩学习。第四，可以吸纳科技传播、市场营销策划、科普创作、研究设计开发等新型人才，优化人才结构，实现人才多样化，让整个科普工作在多学科科普人才的融合与知识整合中真正活起来、动起来，提高科普创意策划能力。

（四）制定与职称评定体系相结合的评价制度

虽然国家鼓励驻京教育、科研机构的科技教育人员开展科普工作，但是目前的体制和制度还有很多不适应的地方。例如，参加科普工作的工作人员的职称评定就是一个大问题，很多单位没有制定科研教育人员开展科普活动的评定和奖励制度。因此建议将科普绩效纳入科技教育工作人员业绩考核和职称评定之中，解决好科技教育单位、科技教育人员参加科普的动力和利益问题，营造出有利于开展科普的长效机制和良好环境。

在科普人员职称晋升方面，驻京教育、科研机构各单位应该根据具体情况，制定灵活的标准，例如允许科普人员根据其工作情况自由选择适合其工作内容、工作经验的职称系列，使专职科普人员享有相对公平的晋升机会，并给予其相应的职称待遇，以此来鼓励科普人员提升专业能力，调动其工作积极性。

可以效仿其他国家的一些做法，除设置科普专项资助外，还制定一些硬性规定，迫使非科普专项的科技教育人员行动起来，积极参与科普活动，如每年必须提交一篇以上科普作品。此外，也可以借鉴如注册会计师等种类的资格评定模式，对驻京教育、科研机构的科普工作人员也进行类似的资格评定，作为一种职称评定或激励方式。

（五）完善对科普活动的管理和评价

首先，要建立专门负责科普工作的领导小组，负责科普工作的组织管理，包括驻京教育、科研机构自身的工作规划、政策制定及宏观指导与管理。其次，需要制定科普相关工作人员的管理制度、绩效评估制度、经费管理制度等。通过制度建设，保证科普工作的规范化和常态化。再次，对单位开展的重要科普活动进行评估。因为评估工作和制度能够有效地提高科普人员的能力，是一种有效的激励措施，有条件的单位可将评估结果纳入年终考评体系，赋予其有影响力的权重，对不同类型的单位可以采取不同的考评标准，对科普工作的时间、规模、经费使用、科技教育资源转化为科普资源的数量、原创性等方面提出量化要求，明确奖惩标准和办法。根据评估结果，对成绩比较突出的单位和科普团队给予奖励。可将奖金划分为"集体"和"个人"两部分，其中集体部分累加进受奖单位下一年度科普经费中，个人部分用于奖励受奖单位中的优秀个人。最后，应该制定科普工作管理考评细

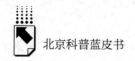

则，明确分工，拿出一定比例的科普经费对表现突出的科普人员给予表彰，并给予其相应的职称待遇，以此来鼓励科普人员提升专业能力，调动其工作积极性。

五 结论

本报告从驻京教育、科研机构在科普工作方面所具有的优势出发，介绍了驻京教育、科研机构服务北京科普的主要工作模式和做法，主要有公众开放日、科普讲座活动、中小学科普活动、科普竞赛、社区科普、社会实践等方式。着重分析了目前驻京教育、科研机构在科普工作方面存在的问题，如经费短缺、科普人员专业化程度欠缺、激励和评价制度不到位等，同时针对这些问题提出了相关的建议。首先要加强教育科研机构对科普重要性的认识，其次要建立健全科普经费保障制度，通过加强对科普队伍的培训和专业化建设，制定与职称评定体系相结合的评价制度，完善科普活动的管理和评价，以便使驻京教育、科研机构能够更好地发挥自身优势，利用好科普教育资源，更好地服务于北京科普事业。

参考文献

［1］董宏志：《浅谈功效驻京办工作——高等教育管理学的视角》，《高教研究与实践》2013 年第 2 期。
［2］李婧：《浅谈科学传播》，《科学观察》2006 年第 4 期。
［3］刘华杰：《科学传播的三种模型与三个阶段》，《科普研究》2009 年第 2 期。
［4］北京市人民政府办公厅：《北京市全民科学素质行动计划纲要实施方案（2016～2020 年）》，2016 年 7 月 1 日。
［5］徐善衍：《在"大科普"时代中探索》，《大众科技报》，2010 年 6 月 22 日。

Abstract

It is the basic project for the construction of science and technology innovation center to thoroughly implement the spirit of the 19th Party Congress and promote the development of science popularization. The high-quality growth of Beijing's popular science career should be guided by Xi Jinping's new era of socialism with Chinese characteristics, adhere to the "government guidance, social participation, market mechanism, innovation-driven" science development mode, deepen the "Beijing Science Popularization" brand, optimize the science supply Quality, improve the science infrastructure, improve the ability of science and technology communication, and build a solid and lasting social foundation for Beijing to strengthen the "four centers" function building, improve the "four services" level, promote the new development of the capital, and create a cultural environment that advocates innovation.

The 19th National Congress of the Communist Party of China emphasized that "advocating a new culture", "promoting the scientific spirit, and popularizing scientific knowledge" provides a fundamental guideline for us to promote popular science work. General Secretary Xi Jinping pointed out that "scientific and technological innovation, scientific popularization is the two wings to achieve innovation and development. Put science popularization at the same level as technological innovation." The general secretary used the metaphor of the image to profoundly reveal the significance of the popularization of science for the development of innovation.

The promotion of the construction of the National Science and Technology Innovation Center in Beijing also requires the simultaneous development of scientific and technological innovation and scientific popularization. The popularization of science is not only the key task of the National Science and Technology Innovation Center, but also the basic project for the construction of

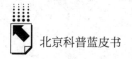
the National Science and Technology Innovation Center.

To this end, the Beijing Science and Technology Communication Center and the Chinese Academy of Social Sciences have planned and published the second Beijing Science Blue Book: Beijing Science Development Report (2018 – 2019). This book further enhances academics on the basis of the first part. Originality and cutting edge. With the core of serving the national science and technology innovation center as the core, with the goal of improving the scientific quality of citizens and strengthening the science and technology ability, the Beijing science popularization ability evaluation index system has been constructed, thus deepening the "Popular Beijing" brand, optimizing the quality of science popularization and improving the provision of popular science infrastructure. Theoretical support. Based on data such as the Beijing Science Development Index, Focusing on the hot issues such as the evaluation of science popularization in Beijing 16 districts and the leading role of Beijing science popularization in the coordinated development of Beijing-Tianjin-Hebei, we will conduct multi-angle analysis and invite experts from the science field such as Ouyang Ziyuan to discuss important issues related to the development of Beijing science popularization. Make a discussion and outlook.

The book is divided into four parts: total report, theoretical discussion, hot spot tracking and typical cases. There are 18 research reports. The overall report is at a global level. It summarizes the latest developments of Beijing's popular science and technology from the perspectives of science resources construction, science popularization and science development. It aims to implement the new development concept of science popularization, realize the internationalization of science popularization, and create science popularization. The eco-sphere strategy and adherence to the joint meeting of popular science work to promote the "Beijing Science Popularization" brand effect give policy recommendations. The total report measures the latest Beijing and national science development index, and for the first time, the results of the Beijing citizenship scientific quality survey are included in the report. The theoretical discussion article takes the important theory of realizing the high-quality development of Beijing science popularization as the research object, and explores the supply-side structural reform of science popularization, the platform construction of popular science resources, the ecological strategic planning of science popularization industry, and the use of new information technology in popular science work. The hotspot tracking article focuses on the key issues of Beijing science development, and enhances the international influence of Beijing science popularization, the reform and innovation of the Beijing Science Popularization Work Conference, the collaborative development of Beijing-Tianjin-Hebei Science Popularization, the construction of Beijing science popularization team and the creation of popular science film and television. Outlook. The typical case article starts from the practice of science popularization in Beijing, and summarizes the experiences of Science and Technology Week activities and the integration of Beijing science resources.

The report seeks to link theory with reality, and summarizes the development achievements and experiences of Beijing's popular science development in a multi-angle and multi-level manner, in response to the new development of Beijing science popularization and new tasks, starting with first-hand statistics and survey data. The Beijing science popularization work will be comprehensively summarized, and a series of suggestions will be made for the future development of Beijing science popularization. It will provide data support and theoretical support for Beijing to better carry out popular science work, and strive to provide useful reference for Beijing and national science popularization managers, workers and researchers. I would like to express my heartfelt gratitude to the experts and scholars who have provided advice and suggestions during the planning and publication of this report and the authors who have made unremitting efforts in the research and writing of the report.

Contents

I General Report

Abstract: To promote the construction of science and technology innovation centers requires the two wings of technological innovation and scientific popularization. Based on the results of the survey of Beijing citizens' scientific quality in the past years, this report analyzes the situation and tasks of comprehensively promoting the development of science popularization and improving the scientific quality of Beijing citizens; from the perspective of popular science resources construction, popular science communication ability and science development, the development of Beijing science popularization in 2017 It is estimated that the 2016 Beijing Science Popularization Index is 5. 08, which is the only region in China with a breakthrough of 5. 00. It benefits from the construction of the National Science and Technology Innovation Center, and all kinds of popular science resources are invested heavily. The growth rate of Beijing's 2016 popular science index is higher than that of Beijing. The average level in previous years increased by 11. 6% compared with 2015. Beijing continues to lead the development of national science popularization; among them, the popular science activities and the construction of popular science talents provide a great impetus for the Beijing science popularization cause. Beijing core functional area and urban development new area are the main engines of Beijing science development. Finally, the report accelerates the supply side structure of science popularization. Suggestions on sexual reform, science and technology popularization, high-quality development of science popularization industry and Beijing science popularization brand construction.

Keywords: Beijing Science Popularization; Citizen Science Quality; Science Resources Construction; Science Comprehensive Evaluation

II Theory Reports

B. 2　Beijing Science Popularization Supply Side Structural Reform

　　　and Innovation Research　　　　　　　*Gao Chang, Liu Tao / 061*

Abstract: Scientific and technological innovation and scientific popularization are the two wings to achieve innovation and development. With the continuous advancement of the national innovation-driven strategy, the demand for science has also changed. This paper analyzes the main problems of the current supply side of science from the aspects of total supply of science, the construction of popular science resources and the change of popular science demand. It focuses on the measures of system construction, communication mode and industrialization development in the process of Beijing science resources construction and innovative means, It carried out theoretical and practical research on advancing the practice of Beijing's popular science supply-side structural reform.

Keywords: Popular Science Resource Optimization; Science Supply Matching; Science Capacity Building

B. 3　Practical Exploration of Platform Construction of Beijing

　　　Science Resources: A Case Study of the Old Scientists

　　　of the Chinese Academy of Sciences

　　　　　　　　Bai Wuming, Xu Deshi, Xu Wenyao and Xu Yanlong / 072

Abstract: This paper focuses on the promotion of the platform construction

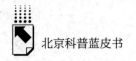

of popular science resources in Beijing, focusing on the innovative practice of the scientific research group of the old scientists of the Chinese Academy of Sciences, and deeply analyzing the successful experience of the "six persistence" of the science lecture group, with a view to providing reference for the innovation and development of science popularization in Beijing. The article also analyzes the necessity of strengthening the scientific and technological resources popularization, the popularization of science resources, and the quality of science work in Beijing and the Chinese Academy of Sciences and other institutions, and puts forward relevant thoughts and suggestions.

Keywords: Popular Science Resources; Platformization; Popular Science Speech; Science and Technology Resources

B. 4 Research on Strategic Concept of Industrial Ecosphere of
Popular Science Industry in Beijing   *Yang Chen*, *Zhang Yuan* / 082

Abstract: Science Popularization is the key task and basic engineering of the construction of Science and Technology Innovation Center. In order to promote the innovation and development of science popularization better, this report pointed out that we should built industrial ecosphere of popular science industry, and actively explore the development mode of science popularization in market operation. So this report firstly elaborated the age value of constructing industrial ecosphere of popular science industry in Beijing, and then analyzed the realistic basis, at last, this report put forward some strategy policy suggestions.

Keywords: Popular Science Industrial Circle; Science Development Strategy; Popular Science Innovation

B. 5 The Role of Beijing Science Popularization Work in the Construction of National Science and Technology Centers

Qiu Chengli / 095

Abstract: The National Science and Technology Innovation Center has rich connotations. Putting science popularization in an important position is an important content of the National Science and Technology Innovation Center and a universal feature of the international innovation center. Beijing attaches great importance to science popularization, implements science development policies, upgrades science supply capacity, organizes mass science and technology activities and other scientific development initiatives, and the science work system is continuously strengthened, thus ensuring the accurate positioning of science popularization work around the national science and technology innovation center. Advance the foundation for the construction of a national science and technology innovation center.

Keywords: National Science and Technology Innovation Center; Science Work System; Science Development Policy

B. 6 Research on the Application of New Technology in the Development of Popular Science Work in Beijing

Li Qun, *Li Enji* / 108

Abstract: The rapid development of science and technology has brought unprecedented challenges to the work of popular science, and also provided a faster, more effective and economical method for the implementation of popular science work. The question of how to integrate popular science work with the information technology of digitalization and network, and promote the construction of popular science information would be an important subject for the future science popularization work. On the basis of combing the present situation of the development of science popularization in Beijing, the new technology which

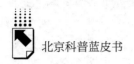
is mainly used in the work of information science popularization was summarized, and the application of the new technology in the future was analyzed.

Keywords: New Information Technology; Informational Popular Science; Intelligent Popular Science

B. 7 Evaluation and Empirical Study on Science Popularization
　　　Work in 16 Districts of Beijing

Liu Jiwei, Min Suqin and Qu Wen / 122

Abstract: This report comprehensively considers the situation of science popularization work in 16 districts of Beijing. Through cluster analysis, 16 districts are divided into four categories. The established evaluation model of science popularization work gives the ranking among groups and within groups and the scores of six dimensions in each district respectively. It evaluates the science popularization work in each district from both quantitative and qualitative aspects. In view of the existing problems, the improvement countermeasures and suggestions are put forward.

Keywords: Popular Science in Districts of Beijing; Cluster Analysis; Popular Science Work Evaluation

B. 8 The Ideas and Strategies of Beijing Science Popularization
　　　Innovation Development

Wang Lingling, Tang Leming and Yu Yue / 143

Abstract: General Secretary Xi Jinping pointed out that "scientific and technological innovation and scientific popularization are the two wings for realizing innovation and development, and it is necessary to place scientific popularization at the same level as technological innovation" at the 2016 National Science and Technology Innovation Conference. This report focuses on the popularization of scientific knowledge and focuses on the "four subjects". From the popularization of science popularization venues to the multi-subjects, from popularization and teaching to refinement and targeted deepening, from knowledge professionalism to deepening participation experience, from the perspective of popular science as a purely public to the gradual cultivation of popular science and the ideas and strategies of Beijing science and technology innovation and development. Finally, the policy recommendations for strengthening the fine management of Beijing science base are given.

Keywords: Popular Science Innovation; Deepening Four Subjects; Science Development Strategy

Ⅲ   Topic Reports

B. 9   Promote the High-Quality Development of Beijing Science Popularization with New Development Concepts

Gao Chang / 158

Abstract: Beijing is the vanguard of the development of science popularization in China. Promoting the high-quality development of Beijing's science popularization is a key part to ensure the country's innovation-driven development strategy success. This report focuses on promoting the scientific spirit communication, exploring the important measures for the high-quality development of Beijing science popularization; scientific planning the goal of high-quality development of Beijing science popularization from the perspective of science popularization of the people; sorting out the working foundation for promoting the development of Beijing science popularization, and excavating Beijing The important ways of the high-quality development of science popularization. The concept of integrated development has established the path of high-quality development in Beijing.

Keywords: New Development Concept; High Quality Development; Beijing Science Popularization Path

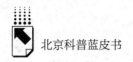
北京科普蓝皮书

B. 10　The Role of Beijing Science Popularization Development

　　　and the Path of Internationalization　　　*Xu Haiyan* / 168

Abstract: As the political and cultural center of China, Beijing is the main body of popular science promotion and has strong science education, communication and popularization ability. This report analyzes the role of the popular science navigation target and finds the gap between Beijing's popular science work in terms of comprehensive strength and technological competitiveness, infrastructure construction, national scientific quality ratio, education methods and concepts. From the transformation of stocks, the completion of high-quality scientific and technological development transformation; optimization of increments, cooperation with the Belt and Road countries; cultural concepts and practice promotion, maintaining the advantages and competitiveness of China's science popularization, proposed the path selection of Beijing science and technology.

Keywords: Innovative Country; Beijing Science Popularization; Heading Standard; Science Popularization Internationalization Path

B. 11　Analysis of the Advantages and Challenges of Beijing Science

　　　Popularization Talents in the New Era

　　　　　　　　　　　　　Hou Yanfeng, Dong Quanchao / 185

Abstract: Popular science work is an important way to promote the scientific quality of citizens. The high-quality development of popular science work requires the support of specialized science talents. The " Science and Technology Popularization and Development Plan of the " 13th Five-Year Plan " in Beijing" put forward new requirements for the construction of Beijing science popularization talent team in the new era. Based on this, based on the latest popular science statistics, this paper analyzes the development status of Beijing science popularization talents, and believes that there are prominent problems in the quantity, quality and stability of professional and part-time science popularization personnel, and there are structural contradictions to some extent. Finally, in response to the above problems, it is proposed to establish a scientific evaluation mechanism, improve training, increase funding and build a cross-border communication platform, build a high-quality science talent team, and promote the high-quality development of Beijing science popularization work.

Keywords: Talent Evaluation Mechanism; Personnel Investment; Popular Science Talent Training

B. 12　Analysis of Beijing Science Popularization with Leading, Driving and Serving in the Coordinated Development for Beijing-Tianjin-Hebei Region　　*Li Ye, Chen Yiyan* / 197

Abstract: Regional science popularization cooperation is an important channel for promoting the level of regional science popularization effectively, improving the science popularization quality of regional citizens, exploring regional economic new-growth points, fostering regional independent innovation in science and technology, and also realizing the comprehensive development of regional science popularization. As a Role with strongest power in Beijing-Tianjin-Hebei region, Beijing should play a leader in the regional science popularization cooperation of Beijing-Tianjin-Hebei. This report discusses the classic cases, which demonstrate regional science popularization cooperation of Beijing, Tianjin and Hebei in recent years, through annual science popularization data under different indicators in these three regions, from the perspective of development, science popularization in Beijing, its leading, driving and serving of coordinated Development for Beijing-Tianjin-Hebei Region has been analyzed seriously, and also putting forward the countermeasures and suggestions.

Keywords: Beijing-Tianjin-Hebei Coordinated Development; Popular Science Cooperation; Beijing Leading Role

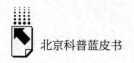

B. 13　Historical evolution and organization of the Beijing Science
and Technology Joint Conference System

Wang Wei, *Long Huadong* / 215

Abstract: The essence of the popular science work system is the norms and standard in science popularization work. It is an important guarantee for the sustained and healthy development of science popularization. Beijing's popular science work has always been at the national leading level, and it is inseparable from Beijing's establishment and implementation of the joint science conference system. This paper expounds the historical background, organizational system and operational status of the joint science conference system in Beijing. From the analysis of the practical significance of the joint conference system to the development of popular science work, it analyzes and studies the organizational means and realistic guarantees for improving the work level of popular science.

Keywords: Popular Science Joint Conference; Science Management System; Science Resource Coordination

Ⅳ　Cases Reports

B. 14　Evaluation of Popular Science Film and Television Works
from the Perspective of Citizen Science Quality
—*An Empirical Analysis Based on Beijing "Science and*
Technology Films Collection"　*Zhang Jiuqing*, *Liu Tao* / 223

Abstract: Popular science film and television works are very important science popularization vehicles. Compared with other popular methods such as popular science essays, popular science books, popular science comedy, popular science broadcasting, etc., science and technology film works must take into account scientific, social and artistic characteristics, and have their own characteristics. Therefore, the evaluation of a popular science work should be comprehensively evaluated in terms of the presentation of science knowledge itself, the writing of scripts, the sound and picture effects, the lens editing, the acceptability of the audience and the potential for product transmission. This report takes 40 popular science and television works in the Popular Science Film. Collection of 2012 −2016 as the research object, and describes these works in terms of the civic scientific quality, the basic subjects, the scientific authority, the breadth of the works, and the artistic level. Performance. This report also attempts to establish a comprehensive evaluation system to score each of the popular science and television works by experts to compare the differences in the overall performance between different works.

Keywords: Popular Science Movies; Citizen Science Quality; Evaluation of Popular Science Works

B. 15   Current Situation, Problems and Countermeasures of Beijing Science and Technology Week Activity Platform Construction   *Zu Hongdi, Tang Jian* / 239

Abstract: As a popular science activity brand with high public participation, wide coverage and great social influence, Beijing Science and Technology Week has become a landmark activity and an important carrier to promote the development of Beijing science popularization. In recent years, Beijing Science and Technology Week has continuously innovated in terms of the theme of the event, the content of the show, the form of the event, and the promotion of the event to meet the growing demand for popular science in the capital. This report mainly discusses the status quo of Beijing Science and Technology Week activity platform construction, sorts out the main characteristics and effects of Beijing Science and Technology Week, analyzes the experience of hosting Beijing Science and Technology Week, and proposes countermeasures to further strengthen the construction of Beijing Science and Technology Week platform.

Keywords: Science and Technology Activity Week; Science Popularization Brand; Science Platform Construction

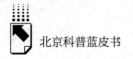

B. 16   Exploration of the Path, Model and Experience of

Scientific Popularization in Beijing   *Liu Lingli, Chen Jie* / 251

Abstract: To improve the public's level of scientific literacy, there are many ways. The government, popular science sites and enterprises have made different attempts in the field of science popularization. The government led the popularization of science, and the funds for popularization of science increased year by year. The resources of popular science venues are becoming more and more rich and colorful, which has cultivated a huge popular science market. The development and expansion of science popularization industry have boosted the development of science popularization in Beijing.

Keywords: Popular Science Funds; Popular Science Venues; Science Popularization Industry; Science Popularization Enterprises

B. 17   Exploration on the Ways, Modes and Experiences of Carrying

out Popular Science Work Between Beijing and Six Provinces

and Cities   *Bi Ran, Deng Aihua* / 261

Abstract: This report aims to improve the scientific literacy of the citizens in Beijing and lead the coordinated development of the Beijing-Tianjin-Hebei science popularization project. It analyzes the various levels of government, science popular science venues and popular science enterprises in Beijing to participate in high-quality and high-standard science in various ways and modes. In response to the government's efforts to lead science popularization, increase science funding, enrich the resources of science museums, and cultivate science popularization markets; develop and expand science popularization industry, and promote the development of Beijing science popularization work to explore the path and mode.

Keywords: Advanced Popular Science Area; Analysis of Popular Science Model; Popularization and Sharing of Popular Science

B. 18   Models and Practices of Beijing Education Institutions
and Research Centers Serving Beijing Science Popularization
Zang Hanfen, Ye Maosheng / 279

Abstract: Under the basic background of knowledge economy, globalization and marketization, a one-stop chain of research, promotion and education should be formed. Based on the value orientation of science popularization, this paper makes use of relevant theories and various analytical methods to fully face the mode and practice of the current educational and scientific institutions in Beijing, based on the full consideration of the characteristics of science. To study the advantages of the educational and scientific research institutions in Beijing on science popularization, analyze the main modes of the service science and technology institutions in Beijing, and the main problems existing in the present, and serve the Beijing education and scientific research institutions in the Beijing science popularization cause and even the whole country. The science major provides reference and advice.

Keywords: Great Science Popularization; Science Model; Resource Guarantee; Science Popularization Activity

社会科学文献出版社

皮书系列

❖ 皮书起源 ❖

"皮书"起源于十七、十八世纪的英国,主要指官方或社会组织正式发表的重要文件或报告,多以"白皮书"命名。在中国,"皮书"这一概念被社会广泛接受,并被成功运作、发展成为一种全新的出版形态,则源于中国社会科学院社会科学文献出版社。

❖ 皮书定义 ❖

皮书是对中国与世界发展状况和热点问题进行年度监测,以专业的角度、专家的视野和实证研究方法,针对某一领域或区域现状与发展态势展开分析和预测,具备原创性、实证性、专业性、连续性、前沿性、时效性等特点的公开出版物,由一系列权威研究报告组成。

❖ 皮书作者 ❖

皮书系列的作者以中国社会科学院、著名高校、地方社会科学院的研究人员为主,多为国内一流研究机构的权威专家学者,他们的看法和观点代表了学界对中国与世界的现实和未来最高水平的解读与分析。

❖ 皮书荣誉 ❖

皮书系列已成为社会科学文献出版社的著名图书品牌和中国社会科学院的知名学术品牌。2016年,皮书系列正式列入"十三五"国家重点出版规划项目;2013~2019年,重点皮书列入中国社会科学院承担的国家哲学社会科学创新工程项目;2019年,64种院外皮书使用"中国社会科学院创新工程学术出版项目"标识。

权威报告·一手数据·特色资源

皮书数据库
ANNUAL REPORT(YEARBOOK)
DATABASE

当代中国经济与社会发展高端智库平台

所获荣誉

- 2016年，入选"'十三五'国家重点电子出版物出版规划骨干工程"
- 2015年，荣获"搜索中国正能量 点赞2015""创新中国科技创新奖"
- 2013年，荣获"中国出版政府奖·网络出版物奖"提名奖
- 连续多年荣获中国数字出版博览会"数字出版·优秀品牌"奖

成为会员

通过网址www.pishu.com.cn访问皮书数据库网站或下载皮书数据库APP，进行手机号码验证或邮箱验证即可成为皮书数据库会员。

会员福利

- 已注册用户购书后可免费获赠100元皮书数据库充值卡。刮开充值卡涂层获取充值密码，登录并进入"会员中心"—"在线充值"—"充值卡充值"，充值成功即可购买和查看数据库内容。
- 会员福利最终解释权归社会科学文献出版社所有。

数据库服务热线：400-008-6695
数据库服务QQ：2475522410
数据库服务邮箱：database@ssap.cn
图书销售热线：010-59367070/7028
图书服务QQ：1265056568
图书服务邮箱：duzhe@ssap.cn

社会科学文献出版社 皮书系列
SOCIAL SCIENCES ACADEMIC PRESS (CHINA)
卡号：513728714731
密码：

基本子库
SUB DATABASE

中国社会发展数据库（下设 12 个子库）

　　全面整合国内外中国社会发展研究成果，汇聚独家统计数据、深度分析报告，涉及社会、人口、政治、教育、法律等 12 个领域，为了解中国社会发展动态、跟踪社会核心热点、分析社会发展趋势提供一站式资源搜索和数据分析与挖掘服务。

中国经济发展数据库（下设 12 个子库）

　　基于"皮书系列"中涉及中国经济发展的研究资料构建，内容涵盖宏观经济、农业经济、工业经济、产业经济等 12 个重点经济领域，为实时掌控经济运行态势、把握经济发展规律、洞察经济形势、进行经济决策提供参考和依据。

中国行业发展数据库（下设 17 个子库）

　　以中国国民经济行业分类为依据，覆盖金融业、旅游、医疗卫生、交通运输、能源矿产等 100 多个行业，跟踪分析国民经济相关行业市场运行状况和政策导向，汇集行业发展前沿资讯，为投资、从业及各种经济决策提供理论基础和实践指导。

中国区域发展数据库（下设 6 个子库）

　　对中国特定区域内的经济、社会、文化等领域现状与发展情况进行深度分析和预测，研究层级至县及县以下行政区，涉及地区、区域经济体、城市、农村等不同维度。为地方经济社会宏观态势研究、发展经验研究、案例分析提供数据服务。

中国文化传媒数据库（下设 18 个子库）

　　汇聚文化传媒领域专家观点、热点资讯，梳理国内外中国文化发展相关学术研究成果、一手统计数据，涵盖文化产业、新闻传播、电影娱乐、文学艺术、群众文化等 18 个重点研究领域。为文化传媒研究提供相关数据、研究报告和综合分析服务。

世界经济与国际关系数据库（下设 6 个子库）

　　立足"皮书系列"世界经济、国际关系相关学术资源，整合世界经济、国际政治、世界文化与科技、全球性问题、国际组织与国际法、区域研究 6 大领域研究成果，为世界经济与国际关系研究提供全方位数据分析，为决策和形势研判提供参考。

法律声明

"皮书系列"（含蓝皮书、绿皮书、黄皮书）之品牌由社会科学文献出版社最早使用并持续至今，现已被中国图书市场所熟知。"皮书系列"的相关商标已在中华人民共和国国家工商行政管理总局商标局注册，如LOGO（▮）、皮书、Pishu、经济蓝皮书、社会蓝皮书等。"皮书系列"图书的注册商标专用权及封面设计、版式设计的著作权均为社会科学文献出版社所有。未经社会科学文献出版社书面授权许可，任何使用与"皮书系列"图书注册商标、封面设计、版式设计相同或者近似的文字、图形或其组合的行为均系侵权行为。

经作者授权，本书的专有出版权及信息网络传播权等为社会科学文献出版社享有。未经社会科学文献出版社书面授权许可，任何就本书内容的复制、发行或以数字形式进行网络传播的行为均系侵权行为。

社会科学文献出版社将通过法律途径追究上述侵权行为的法律责任，维护自身合法权益。

欢迎社会各界人士对侵犯社会科学文献出版社上述权利的侵权行为进行举报。电话：010-59367121，电子邮箱：fawubu@ssap.cn。

社会科学文献出版社